全国高级技工学校电气自动化设备安装与维修专业教材
QUANGUO GAOJI JIGONG XUEXIAO DIANQI ZIDONGHUA SHEBEI ANZHUANG YU WEIXIU ZHUANYE JIAOCAI

PLC应用技术（西门子 上册）

（第二版）

林尔付　主　编

中国劳动社会保障出版社

简　介

本书主要内容包括可编程序控制器基础知识、基本控制指令应用、顺序控制设计法及顺序控制继电器指令应用。

本书由林尔付任主编，范礼平、刘昕雅任副主编，郭文娟、布洪铭、张书、季海群、邓有文、黎斯思参加编写，李长军任主审。

图书在版编目（CIP）数据

PLC 应用技术：西门子．上册／林尔付主编．--2 版．--北京：中国劳动社会保障出版社，2023

全国高级技工学校电气自动化设备安装与维修专业教材

ISBN 978-7-5167-5896-0

Ⅰ．①P…　Ⅱ．①林…　Ⅲ．①PLC 技术－技工学校－教材　Ⅳ．①TM571.6

中国国家版本馆 CIP 数据核字（2023）第 114885 号

中国劳动社会保障出版社出版发行

（北京市惠新东街 1 号　邮政编码：100029）

*

北京谊兴印刷有限公司印刷装订　新华书店经销

787 毫米×1092 毫米　16 开本　14.5 印张　321 千字

2023 年 9 月第 2 版　　2025 年 6 月第 2 次印刷

定价：31.00 元

营销中心电话：400-606-6496

出版社网址：http://www.class.com.cn

http://jg.class.com.cn

前　言

为了更好地适应高级技工学校电气自动化设备安装与维修专业的教学要求，全面提升教学质量，人力资源社会保障部教材办公室组织有关学校的一线教师和行业、企业专家，在充分调研企业生产和学校教学情况、广泛听取教师使用反馈意见的基础上，吸收和借鉴各地技工院校教学改革的成功经验，对现有全国高级技工学校电气自动化设备安装与维修专业教材进行了修订（新编）。

本次教材修订（新编）工作的重点主要体现在以下几个方面。

更新教材内容

◆ 根据企业岗位需求变化和教学实践，针对培养高级工的教学要求，确定学生应具备的知识与能力结构，调整部分教材内容，增补开发教材，合理设计教材的深度、难度、广度，充分满足技能人才培养的实际需求。

◆ 根据相关专业领域的最新技术发展，推陈出新，补充新知识、新技术、新设备、新材料等方面的内容，更新设备型号及软件版本。

◆ 根据最新的国家标准、行业标准编写教材，保证教材的科学性和规范性。

◆ 在专业课教材中进一步强化一体化教学理念，将工艺知识与实践操作有机融为一体，构建“做中学”“学中做”的学习过程；在通用专业知识教材中注重课堂实验和实践活动的设计，将抽象的理论知识形象化、生动化，引导教师不断创新教学方法，实现教学改革。

优化呈现形式

◆ 创新教材的呈现形式，尽可能使用图片、实物照片和表格等形式将知识点生动地展示出来，提高学生的学习兴趣，提升教学效果。

◆ 部分教材将传统黑白印刷升级为双色印刷和彩色印刷，提升学生的阅读体验。例如，《工程识图与 AutoCAD（第二版）》采用双色印刷，《安全用电（第二版）》《机械常识（第二版）》采用彩色印刷，使内容更加清晰明了，符合学生的认知习惯。

提升教学服务

为方便教师教学和学生学习，在原有教学资源基础上进一步完善，结合信息技术的发展，充分利用技工教育网这一平台，构建“1＋4”的教学资源体系，即 1 个习题册和二维码资源、电子教案、电子课件、习题参考答案 4 种互联网资源。

习题册——除配合教材内容对现有习题册进行修订外，还为多种教材补充开发习题册，进一步满足学校教学的实际需求。

二维码资源——在部分教材中，针对重点、难点内容制作微视频，针对拓展学习内容制作电子阅读材料，使用移动设备扫描即可在线观看、阅读。

电子教案——结合教材内容编写教案，体现教学设计意图，为教师备课提供参考。

电子课件——依据教材内容制作电子课件，为教师教学提供帮助。

习题参考答案——提供教材中习题及配套习题册的参考答案，为教师指导学生练习提供方便。

电子教案、电子课件、习题参考答案均可通过技工教育网（http://jg.class.com.cn）下载使用。

致谢

本次教材的修订（新编）工作得到了辽宁、江苏、山东、河南、湖北、广东、广西等省（自治区）人力资源社会保障厅及有关学校的大力支持，在此我们表示诚挚的谢意。

人力资源社会保障部教材办公室

2022 年 6 月

目　录

课题一 可编程序控制器基础知识

任务1 初识可编程序控制器

学习目标

1. 了解可编程序控制器的功能，熟悉可编程序控制器的基本结构。
2. 了解可编程序控制器常用的编程语言，熟悉梯形图和继电器电路图的区别。
3. 理解可编程序控制器的工作原理，熟悉西门子 S7－200 SMART 系列可编程序控制器的型号及特性。
4. 掌握可编程序控制器的选型方法，能根据控制要求进行可编程序控制器的选型。

任务引入

可编程序（逻辑）控制器［programmable（logic）controller，PLC］是以微处理器为基础，综合了计算机技术、自动控制技术和通信技术发展起来的一种通用工业自动控制装置。PLC 已经广泛应用于自动控制的各个领域，并与 CAD/CAM 技术、工业机器人共同成为现代工业控制的三大支柱。

图 1－1－1 所示为西门子 S7－200 SMART 系列 PLC 的模块。

图 1－1－1 西门子 S7－200 SMART 系列 PLC 的模块

本任务的要求是初步认识 PLC 的基本结构、编程语言、工作原理和西门子 S7－200 SMART 系列 PLC 的型号及特性，通过参观企业、观看视频等方式了解 PLC 在实际生产生活中的应用，并根据某电气控制设备的 PLC 控制要求完成 PLC 的选型。

实施本任务所使用的实训设备可参考表 1－1－1。

表 1－1－1　　实训设备清单

序号	设备名称	型号及规格	数量	单位	备注
1	可编程序控制器	西门子 LOGO!、S7－200、S7－200 SMART、S7－300、S7－400、S7－1200、S7－1500 系列 PLC	若干	台	
2		其他品牌 PLC	若干	台	

相关知识

国际电工委员会对 PLC 的定义为：可编程序控制器是一种数字运算操作的电子系统，专为在工业环境应用而设计。它采用可编程序的存储器，用于其内部存储程序，执行逻辑运算、顺序控制、定时、计数与算术操作等面向用户的指令，并通过数字或模拟式输入/输出控制各种类型的机械或生产过程。可编程序控制器及其相关外部设备，都按易于与工业控制系统联成一个整体，易于扩充其功能的原则设计。

经过数十年的发展，PLC 以其具有的逻辑控制、定时与计数控制、运动控制、闭环过程控制、数据处理及通信联网等强大的功能，广泛应用于钢铁、石油、化工、电力、建材、机械制造、汽车、轻纺、交通运输、环保等领域。

一、PLC 的基本结构

PLC 是一种专用于工业自动化控制的计算机，主要由中央处理器（CPU）、存储器、输入/输出（input/output，I/O）接口、I/O 扩展接口、通信接口及电源等组成，其结构示意图如图 1－1－2 所示。

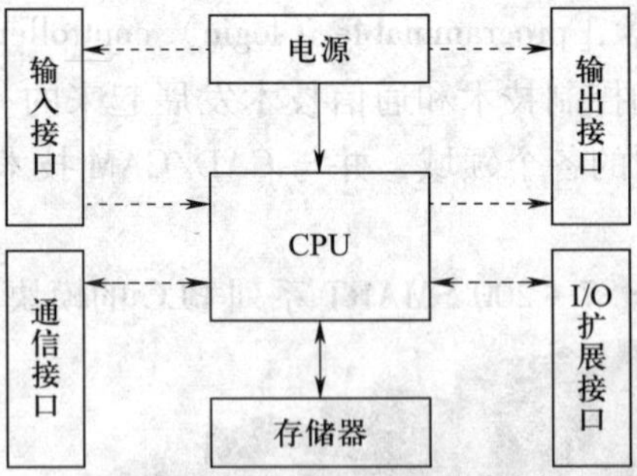

图 1－1－2　PLC 结构示意图

1. CPU

CPU 是 PLC 的运算和控制中枢，也是 PLC 的核心部件，它不断地采集输入信号，执行用户程序，刷新系统的输出。

CPU 由控制器、运算器和寄存器组成，这些电路都集中在一块芯片上，通过控制总线、地址总线和数据总线与存储器、I/O 接口、通信接口等联系。常用的 CPU 类型有通用微处理器、单片机、位片式微处理器、专用微处理芯片等。

2. 存储器

存储器是具有记忆功能的半导体电路，它的作用是存放系统程序、用户程序、逻辑变量和其他信息。

（1）PLC 使用随机存取存储器（RAM）、只读存储器（ROM）和电可擦除可编程只读存储器（EEPROM）三种物理存储器，它们的特点见表 1－1－2。

表 1－1－2　**RAM、ROM 和 EEPROM 的特点**

名称	特点
RAM	RAM 的工作速度快、价格便宜、改写方便。但 RAM 是易失性存储器，断电后存储的信息将会丢失。在关断 PLC 的外部电源后，可以用锂电池保存 RAM 中的用户程序和某些数据。西门子 S7－200 SMART 不使用锂电池
ROM	ROM 是非易失性存储器，断电后仍能保存存储的内容。但 ROM 的内容只能读出，不能写入
EEPROM	EEPROM 是非易失性存储器，断电后它保存的数据不会丢失。PLC 可以读写它，EEPROM 兼有 ROM 的非易失性和 RAM 的随机存取的优点

（2）根据用途的不同，PLC 中的存储器可分为系统程序存储器和用户程序存储器，其作用详见表 1－1－3。

表 1－1－3　**系统程序存储器和用户程序存储器的作用**

名称	作用
系统程序存储器	系统程序存储器用来存放系统程序。系统程序是用来控制和完成 PLC 各种功能的程序，由 PLC 制造厂家编写并固化到 ROM 中，用户不能更改其中的内容
用户程序存储器	用户程序存储器用来存放用户程序及数据。用户程序是指 PLC 用户根据自己的控制要求使用制造厂商提供的编程软件自行编写的应用程序。用户程序需要经常改动，所以用户程序存储器多为可随时读写的 RAM 或 EEPROM。西门子 S7－200 SMART 用 EEPROM 来存储用户程序和需要长期保存的重要数据

在系统程序的管理下，S7－200 SMART 将用户程序存储器的数据存储区划分为过程映像输入寄存器 I、过程映像输出寄存器 Q、位存储器 M、特殊存储器 SM、定时器存储器 T、计数器存储器 C、变量存储器 V、顺序控制继电器 S、局部存储器 L、模拟量过程映像输入寄存器 AI、模拟量过程映像输出寄存器 AQ、累加器 AC 和高速计数器 HC 等区域。

3. 输入/输出接口

输入/输出接口是 PLC 与工业生产现场设备之间的连接部件。

输入接口的作用是将用户输入设备向 PLC 发出的信号（一类是由按钮、转换开关、行程开关、接近开关、继电器触点、传感器等提供的开关量输入信号，另一类是由电位器、测速发电机和各种变换器提供的连续变化的模拟量输入信号）转换成 CPU 能够接收和处理的数字信号，并输送给过程映像输入寄存器。为防止触点抖动或干扰脉冲引起错误的输入信号，输入接口必须有很强的抗干扰能力。提高输入接口抗干扰能力的主要方法是采用光电耦合器和阻容滤波电路。

输出接口的作用是将经过 CPU 处理的数字信号转换成外部输出设备所需要的驱动信号（开关量输出信号或模拟量输出信号）。开关量输出信号用来驱动继电器、接触器、电磁阀、电磁铁、指示灯、报警装置、数字显示装置等输出设备，模拟量输出信号用来驱动调节阀、变频器等执行机构。PLC 输出接口类型有继电器输出、场效应晶体管输出和双向晶闸管输出三种。继电器输出接口既可驱动交流负载又可驱动直流负载；场效应晶体管输出接口只能驱动直流负载；双向晶闸管输出接口只能驱动交流负载。

输入/输出接口都有一定数量的输入/输出端子，每个输入/输出端子对应一个 I/O 点。PLC 外部的输入/输出端子的个数称为 I/O 点数，包括主机集成的 I/O 点数和能扩展的 I/O 点数。

4. I/O 扩展接口

I/O 扩展接口用来扩展 PLC 的 I/O 点数，当用户需要的 I/O 点数超过 PLC 基本单元（即主机，带 CPU）的 I/O 点数时，可通过此接口用扁平电缆线将 I/O 扩展模块（不带 CPU）与 PLC 基本单元相连接，以增加 PLC 的 I/O 点数，从而满足控制系统的要求。其他特殊功能模块也可通过该接口与 PLC 基本单元相连，以完成特定的控制功能。

5. 通信接口

通信接口的主要作用是实现 PLC 与外部设备之间的数据交换（通信）。PLC 通过通信接口可与编程设备、打印机、显示面板、触摸屏、其他 PLC 以及计算机等外部设备实现通信。

6. 电源

电源用于将交流电转换成 PLC 内部所需的直流电。小型整体式 PLC 内部有开关式稳压电源，为 PLC 内部电路（如 CPU、存储器等）的正常工作提供 5 V、12 V、24 V 等直流电，并为输入电路和外部设备（如传感器）提供 24 V 直流电。驱动 PLC 负载的电源由用户提供。中、大型 PLC 都配有专门的电源模块。

PLC 产品种类繁多，其规格和性能也各不相同。扫描右侧二维码，可了解按结构形式和按数字量 I/O 点数对 PLC 进行分类的方法。

二、PLC 的编程语言

国际电工委员会正式颁布的 IEC 61131－3（可编程序控制器编程语言标准）规定了文本化编程语言和图形化编程语言两大类编程语言。前者包括指令表（instruction list，IL）和结构化文本（structured text，ST），后者包括梯形图（ladder diagram，LD）和功能块图（function block diagram，FBD）。

PLC 常用的编程语言包括梯形图和指令表。西门子 PLC 将梯形图简称为 LAD，将指令表称为语句表（statement list，STL）。西门子 S7－200 SMART 支持梯形图、语句表和功能块图三种编程语言。

1. 梯形图

梯形图是 PLC 最常用的编程语言。梯形图源于继电器电路图，与继电器电路图很相似，如图 1－1－3 所示。

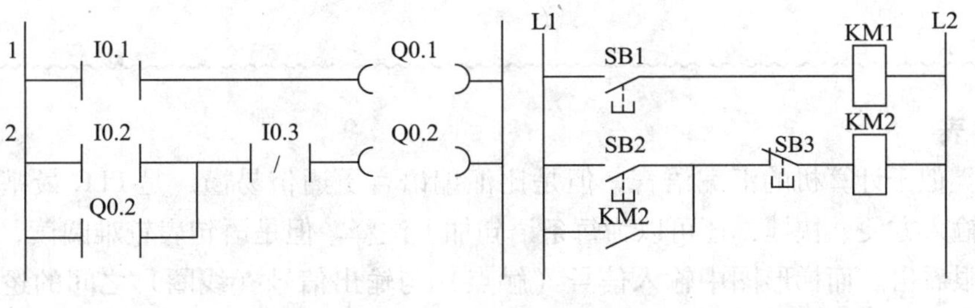

a）　　b）

图 1－1－3　PLC 梯形图和继电器电路图

a）PLC 梯形图　b）继电器电路图

表 1－1－4 给出了 PLC 梯形图中等效继电器线圈和触点的图形符号与继电器电路的对照关系，PLC 等效继电器的动作原理分析方法与传统继电器完全一致。梯形图形象直观，易学易懂，很容易被熟悉继电器电路图的电气技术人员所接受，特别适合数字量逻辑控制。

表 1－1－4　　PLC 等效继电器与继电器电路的电气符号对照

触点或线圈	PLC 等效继电器符号	继电器符号
常开触点	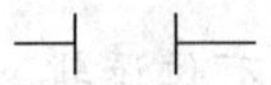	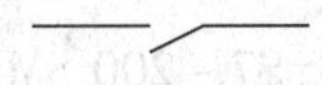
常闭触点		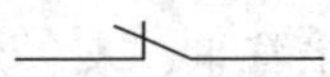
线圈		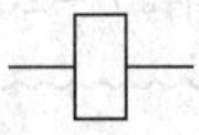

西门子 PLC 梯形图由触点、线圈和方框组成，它们的符号和含义见表 1－1－5。梯形图中的一个梯级即由触点、线圈等组成的一个独立电路称为程序段。

表 1－1－5　　西门子 PLC 梯形图的图形组件

名称	符号	含义
触点	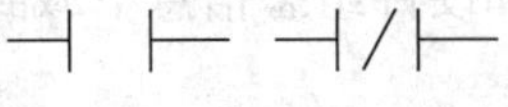	表示逻辑输入条件，如外部的按钮、开关和内部条件等
线圈		通常代表指示灯、继电器、交流接触器或内部的标志位等
方框	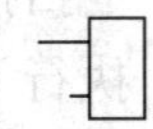	表示定时器、计数器或数学运算等指令

PLC 梯形图是从继电器电路图发展而来的，和继电器电路图很相似，但是二者存在着本质的差别。扫描右侧二维码，可了解 PLC 梯形图和继电器电路图的区别。

2. 语句表

语句表类似于计算机的汇编语言，但是比汇编语言更通俗易懂，是 PLC 最基础的编程语言。语句表输入方便、快捷，还可以为每条语句加上注释。但是语句表较难阅读，其中的逻辑关系很难一眼看出。而梯形图中输入信号（触点）与输出信号（线圈）之间的逻辑关系一目了然，易于理解。因此在设计复杂的数字量控制程序时仍然建议使用梯形图语言。语句表比较适合熟悉 PLC 和程序设计的经验丰富的程序员使用，一般与梯形图配合使用，互为补充。

语句表是由若干条指令组成的程序，指令一般由操作码和操作数组成。操作码用助记符表示，它指示 CPU 要完成的操作，如逻辑运算、算术运算、定时、计数、传送等；操作数则为操作的对象和数据，也就是存储器和数据，也称为编程元件和数据，如输入继电器 I、输出继电器 Q、辅助继电器 M、定时器 T、计数器 C 的设定值等。

PLC 的指令一般分为基本指令和功能指令两大类。基本指令一般包含位逻辑指令、定时器指令、计数器指令等，是使用频率最高的指令。功能指令则是为数据运算及一些特殊功能设置的指令，如传送、比较、移位、转换、数学运算及通信等。

西门子 S7－200 SMART 系列 PLC 总计有位逻辑、时钟、通信、比较、转换、计数器、脉冲输出、数学、PID、中断、逻辑运算、传送、程序控制、移位与循环移位、字符串、表、定时器、子例程、PROFINET 共 19 类指令。扫描右侧二维码，可了解 S7－200 SMART 的 STL 指令集。

三、PLC 的工作原理

1. PLC 的工作模式

PLC 有两种工作模式，即 RUN（运行）模式与 STOP（停止）模式。在 PLC 的面板上用 RUN 和 STOP 发光二极管显示当前的工作模式。

在 RUN 模式下，CPU 通过执行反映控制要求的用户程序来实现控制功能。在 STOP 模式下，CPU 不执行用户程序，可以用编程软件将用户程序和硬件组态信息下载到 PLC。

2. PLC 的扫描工作方式

PLC 通电后，需要对硬件和软件做一些初始化工作。为了使 PLC 的输出及时地响应各种输入信号，初始化后需要反复地分阶段处理各种不同的任务，这种周而复始的循环工作方式称为扫描工作方式，如图 1－1－4 所示。每循环工作一遍称为一个扫描周期。在 RUN 模式下，一个扫描周期由读取输入、执行用户程序、处理通信请求、执行 CPU 自诊断和写入输出五个阶段组成；在 STOP 模式下，一个扫描周期由读取输入、处理通信请求、执行 CPU

自诊断和写入输出四个阶段组成。

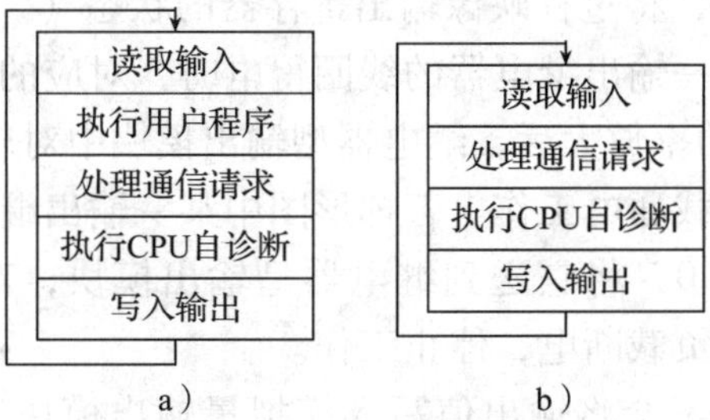

图 1-1-4　扫描过程

a）RUN 模式　b）STOP 模式

（1）读取输入

PLC 的过程映像输入寄存器和过程映像输出寄存器分别用来存放输入信号和输出信号的状态。

在读取输入阶段，PLC 把所有外部数字量输入电路的 I/O 状态读入过程映像输入寄存器。当外接的输入电路闭合时，对应的过程映像输入寄存器为“1”状态（或称为 ON），梯形图中对应输入点的常开触点接通，常闭触点断开。当外接的输入电路断开时，对应的过程映像输入寄存器为“0”状态（或称为 OFF），梯形图中对应输入点的常开触点断开，常闭触点接通。

CPU 在正常扫描周期中不会读取模拟量输入值。当程序访问模拟量输入时，将立即从模块中读取模拟量的转换值。

（2）执行用户程序

PLC 的用户程序由若干条指令组成，指令在存储器中顺序排列。在 STOP 模式下不执行用户程序。在 RUN 模式下的程序执行阶段，如果没有跳转指令，CPU 将从第一条指令开始，逐条顺序地执行用户程序。

在执行指令时，从过程映像 I/O 寄存器或其他位元件的寄存器读出其状态（“0”或“1”），并根据指令的要求执行相应的逻辑运算，运算结果被写入相应的映像寄存器中。因此，各寄存器（只读的过程映像输入寄存器除外）的内容会随着程序的执行而变化。

在程序执行阶段，即使外部输入信号的状态发生了变化，过程映像输入寄存器的状态也不会随之改变，输入信号状态的变化只能在下一个扫描周期的读取输入阶段被读入。

执行程序时，对输入/输出的读写是通过过程映像 I/O 寄存器进行的，而不是实际的 I/O 点，这样做有以下几点好处：一是在程序执行阶段，各输入点的状态是固定不变的，程序执行完毕后再用过程映像输出寄存器的值更新输出点，使系统运行稳定。二是在程序执行阶段，读写过程映像 I/O 寄存器比读写 I/O 点快得多，这样可以提高程序的执行速度。三是 I/O 点是物理接点，只能以位或字节为单位存取，但是过程映像 I/O 寄存器可以按位、字节、字或双字来访问。

（3）处理通信请求

在处理通信请求阶段，执行通信所需的所有任务。

（4）执行 CPU 自诊断

CPU 自诊断功能用来确保固件、程序存储器和所有扩展模块正常工作。

（5）写入输出

CPU 执行完用户程序后，将过程映像输出寄存器的状态（“0”或“1”）传送到输出模块并锁存起来。梯形图中某一输出继电器的线圈得电时，对应的过程映像输出寄存器的值为 1。信号经输出模块隔离和功率放大后，继电器型输出模块中对应的硬件继电器的线圈得电，其常开触点闭合，使外部负载通电工作。若梯形图中某一输出继电器的线圈断电，则对应的过程映像输出寄存器的值为 0，将它送到继电器型输出模块，对应的硬件继电器的线圈断电，其常开触点断开，外部负载断电，停止工作。

CPU 在正常扫描周期中不会将输出值写入模拟量输出模块。当程序访问模拟量输出值时，输出值被立即写入模拟量输出模块。

3. 中断程序的处理

如果在程序中使用了中断，当中断事件发生时，CPU 停止正常的扫描工作方式，立即执行中断程序，中断功能可以提高 PLC 对某些事件的响应速度。

4. 立即输入/输出处理

在程序执行过程中，使用立即输入/输出指令可以直接读、写 I/O 点的值。用立即输入指令读输入点的值时，相应的过程映像输入寄存器的值未被更新。用立即输出指令来改写输出点时，相应的过程映像输出寄存器的值被更新。

整个扫描工作过程中，PLC 对用户程序的扫描有读取输入、执行用户程序和写入输出三个阶段，如图 1－1－5 所示，图中的序号表示该图中梯形图程序的执行顺序。

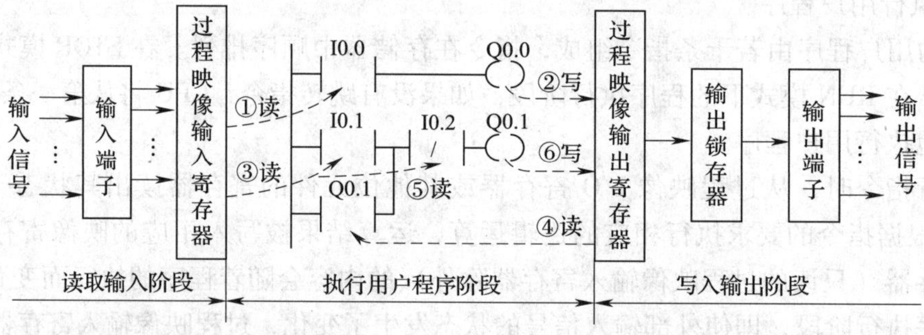

图 1－1－5　用户程序扫描阶段

PLC 在 RUN 模式时，执行一次图 1－1－4a 所示的完整的扫描工作过程所需要的时间称为扫描周期，其典型值为 1～100 ms。其中，执行用户程序所需的时间与用户程序的长短、指令的种类和 CPU 执行指令的速度有很大的关系。用户程序较长时，指令执行时间在扫描周期中占相当大的比例。

由于物理器件及扫描工作方式的原因，PLC 的输出对输入的响应有滞后现象。扫描右侧二维码，可了解 PLC 输入/输出滞后时间及 PLC 控制系统与继电器控制系统的区别。

四、S7-200 SMART 系列 PLC 的型号及特性

S7-200 SMART 是 S7-200 系列 PLC 的升级换代产品，是西门子公司为中国客户量身定制的一款高性价比的小型 PLC 产品。S7-200 SMART 继承了 S7-200 系列 PLC 的诸多优点，指令、程序结构和通信功能也与 S7-200 基本相同，还增加了以太网端口和信号板。S7-200 SMART 系列 PLC 的编程软件融入了许多人性化设计，如新颖的带状式菜单、全移动式界面窗口、方便的程序注释功能以及强大的密码保护等，大幅提高了开发效率，极具市场竞争力，应用前景广阔。

S7-200 SMART 系列 PLC 包括 CPU 模块、扩展模块、信号板和通信模块。

1. CPU 模块

CPU 模块将微处理器、集成电源、输入接口和输出接口组合到一个结构紧凑的外壳中，形成了一个功能强大的整体式小型 PLC，如图 1-1-6 所示。

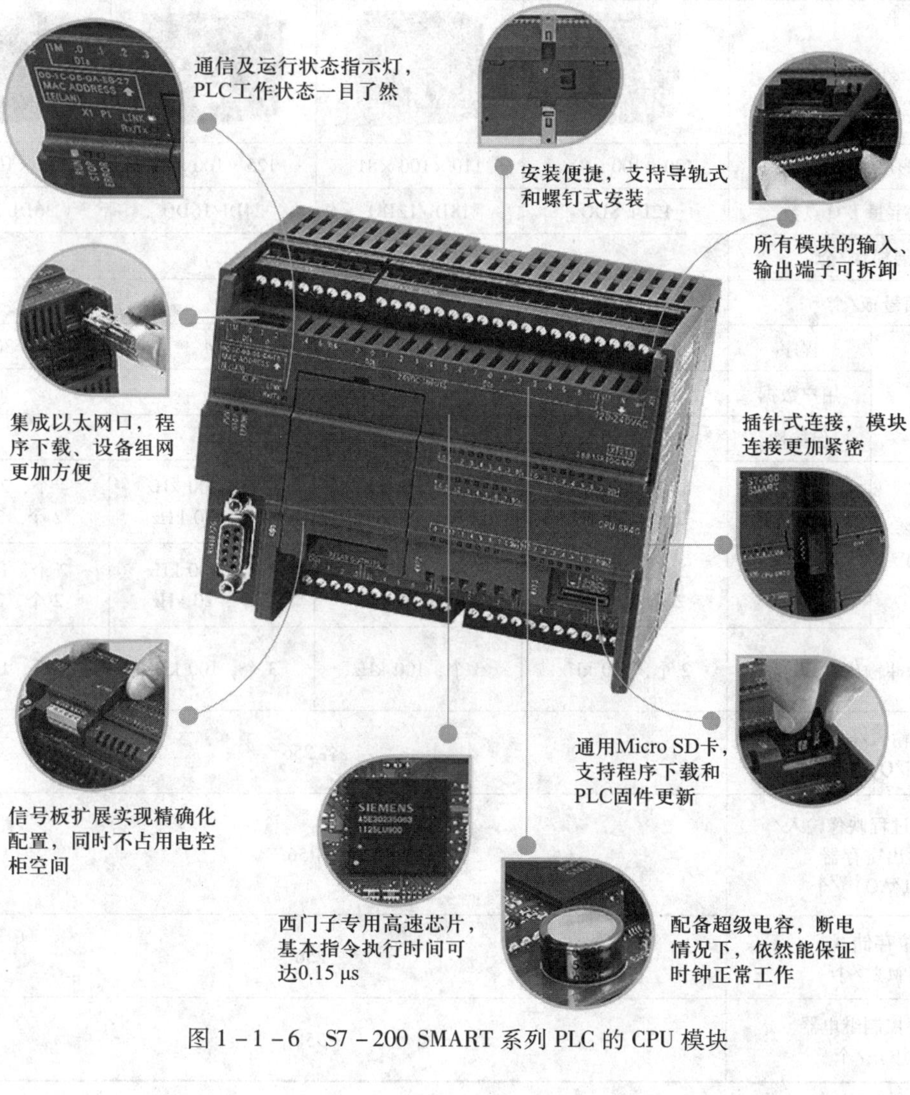

图 1-1-6　S7-200 SMART 系列 PLC 的 CPU 模块

S7－200 SMART 有 14 种 CPU 模块，分为紧凑型和标准型两条产品线。扫描右侧二维码，可了解 S7－200 SMART CPU 模块的型号及特性。

S7－200 SMART 系列 PLC 标准型 CPU 模块的技术指标见表 1－1－6。

CPU 的型号中，CPU 标识的第一个字母 S 表示标准型产品线。CPU 标识的第二个字母 R 表示交流电源供电/继电器输出，T 表示直流电源供电/MOSFET（金属－氧化物半导体场效应晶体管）输出。

表 1－1－6　　S7－200 SMART 系列 PLC 标准型 CPU 模块的技术指标

型号		CPU SR20 CPU ST20	CPU SR30 CPU ST30	CPU SR40 CPU ST40	CPU SR60 CPU ST60
外形					
外形尺寸/mm		90×100×81	110×100×81	125×100×81	175×100×81
板载数字量 I/O 点数		12DI/8DQ	18DI/12DQ	24DI/16DQ	36DI/24DQ
扩展模块/个		最多 6			
信号板/个		1			
用户存储器容量/KB	程序	12	19	24	30
	用户数据	8	12	16	20
	保持性	最大 10			
高速计数器（共 6 个）	单相	4 个，200 kHz 2 个，30 kHz	5 个，200 kHz 1 个，30 kHz	4 个，200 kHz 2 个，30 kHz	4 个，200 kHz 2 个，30 kHz
	A/B 相	2 个，100 kHz 2 个，20 kHz	3 个，100 kHz 1 个，20 kHz	2 个，100 kHz 2 个，20 kHz	2 个，100 kHz 2 个，20 kHz
高速脉冲输出（DC）		2 个，100 kHz	3 个，100 kHz	3 个，100 kHz	3 个，100 kHz
过程映像输入/输出寄存器（I/Q）/个		各 256			
模拟量过程映像输入/输出寄存器（AI/AQ）/个		各 56			
位存储器（M）/个		256			
顺序控制继电器（S）/个		256			

续表

定时器存储器（T）和计数器存储器（C）/个	各256
32位累加器/个	4
脉冲捕捉输入/个	12
循环中断/个	2，分辨率为1 ms
边沿中断/个	上升沿和下降沿各为4（使用可选信号板时各为6）
PID（比例积分微分）回路/个	8
子程序和中断程序/个	最多各128
布尔指令执行速度	0.15 μs/指令
DC 24 V传感器电流/mA	300
端口数/个	PROFINET（LAN）：1 串行端口：1（RS－485） 附加串行端口：1（带有可选RS－232/485信号板）

2. 扩展模块

为了更好地满足应用需求，S7－200 SMART系列PLC包括诸多扩展模块。扩展模块安装在CPU模块的右侧，可分为数字量扩展模块和模拟量扩展模块，用来扩展CPU的I/O点。在工业控制中，某些输入量（如压力、温度、流量、转速等）是模拟量，某些执行机构（如电动调节阀、变频器等）要求PLC输出模拟量信号，而PLC的CPU只能处理数字量。为了解决这一问题，模拟量先被传感器和变送器转换为标准量程的电流或电压（如4～20 mA、1～5 V和0～10 V），然后通过模拟量输入模块的A/D转换器将标准量程的电流或电压转换成数字量。模拟量输出模块的D/A转换器能将PLC中的数字量转换为模拟量电压或电流，再去控制电动调节阀、变频器等执行机构。表1－1－7列出了S7－200 SMART系列PLC扩展模块的型号，图1－1－7所示为16点数字量输入/16点继电器输出的EM DR32扩展模块的实物及面板结构。

表1－1－7　S7－200 SMART系列PLC扩展模块的型号

类型	输入	输出	输入/输出组合
数字量扩展模块	8点数字量输入 EM DE08	8点数字量输出 EM DT08	8点数字量输入/8点数字量输出 EM DT16
	16点数字量输入 EM DE16	8点继电器型数字量输出 EM DR08	8点数字量输入/8点继电器型数字量输出 EM DR16
		16点继电器型数字量输出 EM QR16	16点数字量输入/16点数字量输出 EM DT32
		16点场效应晶体管型数字量输出 EM QT16	16点数字量输入/16点继电器型数字量输出 EM DR32

续表

类型	输入	输出	输入/输出组合
	4 点模拟量输入 EM AE04	2 点模拟量输出 EM AQ02	2 点模拟量输入/1 点模拟量输出 EM AM03
	8 点模拟量输入 EM AE08	4 点模拟量输出 EM AQ04	4 点模拟量输入/2 点模拟量输出 EM AM06
模拟量扩展模块	2 点 16 位 RTD EM AR02 热电阻		
	4 点 16 位 RTD EM AR04 热电阻		
	AI 4 点 16 位 TC EM AT04 热电偶		

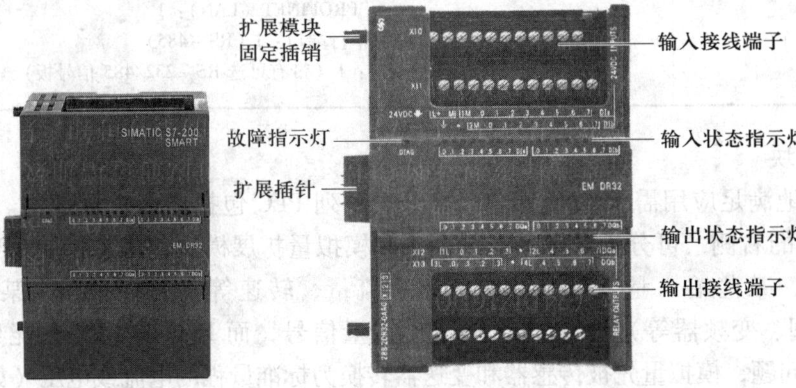

图 1－1－7　EM DR32 扩展模块

3. 信号板

S7－200 SMART 系列 PLC 设计了新颖的信号板扩展功能，给用户提供了更多的选择。信号板的扩展为用户提供了少量额外的数字量 I/O 点、模拟量 I/O 点、电池扩展和通信接口，不会占用额外的空间。信号板安装在标准型 CPU 模块的正面插槽里。S7－200 SMART 系列 PLC 有 SB AE01（1 点模拟量输入）、SB AQ01（1 点模拟量输出）、SB DT04（2 点数字量输入/2 点数字量输出）、SB CM01（RS－485/RS－232 通信）和 SB BA01（电池）信号板。图 1－1－8 所示为 2 点数字量输入/2 点数字量输出的 SB DT04 信号板。

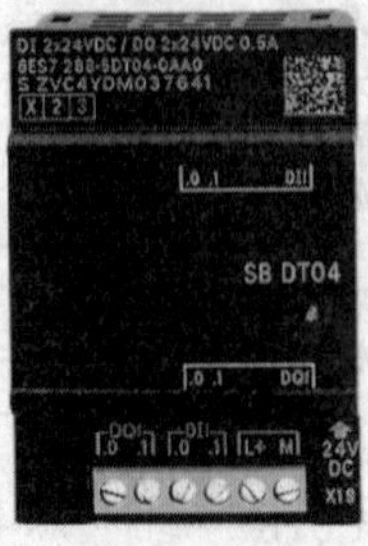

图 1－1－8　SB DT04 信号板

4. 通信模块

通信模块是一种智能模块，具有自己的 CPU 和系统。图 1－1－9 所示为 S7－200 SMART EM DP01 通信模块。它是 PROFIBUS DP 通信模块，可以作 DP 从站和 MPI 从站。

图 1－1－9　EM DP01 通信模块

PLC 产品按地域可分为美国、欧洲和日本三大流派。扫描右侧二维码，可了解常用 PLC 产品的简介。

五、PLC 的选型方法

PLC 的选型应从 PLC 机型、容量、I/O 模块、电源模块、特殊功能模块、通信组网能力等方面综合考虑。

1. PLC 机型的选择

PLC 机型选择的基本原则是在满足功能要求、保证可靠性、维护方便的前提下，力求最佳的性价比。进行 PLC 机型选择时，应主要考虑合理的结构形式、安装方式、相应的功能要求、响应速度的要求、系统可靠性的要求、机型尽可能统一等因素。

（1）合理的结构形式

PLC 主要有整体式和模块式两种结构形式。

整体式 PLC 的特点是结构紧凑、体积小、每个 I/O 点的平均价格较低，一般用于系统工艺过程较为固定的小型控制系统中。

模块式 PLC 的功能扩展灵活方便，在 I/O 点数、输入点数与输出点数的比例、I/O 模块的种类等方面选择余地大且维修方便，一般用于较复杂的控制系统。

（2）安装方式的选择

PLC 系统的安装方式分为集中式、远程 I/O 式以及多台 PLC 联网的分布式。集中式不需要设置驱动远程 I/O 硬件，系统反应快、成本低；远程 I/O 式适用于大型系统，系统装置的分布范围很广，远程 I/O 可以分散安装在现场装置附近，连线短，但需要增设驱动器和远程 I/O 电源；多台 PLC 联网的分布式适用于多台设备分别独立控制、又要相互联系的场合，可以选用小型 PLC，但必须附加通信模块。

（3）相应的功能要求

小型（低档）PLC 一般具有逻辑运算、定时、计数等功能，能够满足只需要数字量控制系统的要求。

对于以数字量控制为主，带有少量模拟量控制的系统，可选用具有 A/D 和 D/A 转换单元以及加减算术运算、数据传送功能的增强型低档 PLC。

对于控制较复杂，要求实现 PID 运算、闭环控制和通信联网等功能的系统，可视控制规模大小及复杂程度，选用中档或高档 PLC。但是中、高档 PLC 价格较贵，一般用于大规模过程控制和集散控制系统等场合。

（4）响应速度的要求

PLC 的扫描工作方式引起的响应延迟可达 2 ~3 个扫描周期。在一般应用场合中，PLC 的响应速度可以满足要求。但对于某些特殊场合，则要考虑选用响应速度快的 PLC，或选用具有高速 I/O 处理功能指令的 PLC，或具有快速响应模块和中断输入模块的 PLC 等，以减少 PLC 的 I/O 响应延迟时间。

（5）系统可靠性的要求

对于一般系统，PLC 的可靠性均能满足需求。对于可靠性要求很高的系统，应考虑采用冗余系统或热备用系统。

（6）机型尽可能统一

对于同一个企业，应尽可能使用机型统一的 PLC。机型统一有三个方面的好处：一是其模块可互为备用，便于备品、备件的采购和管理。二是其功能和使用方法类似，有利于技术人员的培训和技术水平的提高。三是其外部设备通用，资源可共享，易于联网通信，配置上位计算机后易于形成一个多级分布式控制系统。

2. PLC 容量的选择

PLC 的容量选择包括 I/O 点数和用户程序存储容量两个方面参数的选择。

（1）I/O 点数的选择

I/O 点数是 PLC 最重要的性能指标之一，是选用 PLC 的一个重要依据。PLC 的 I/O 点平均价格较高，因此应合理选用 I/O 点的数量，在满足控制需求的前提下力争使用的 I/O 点最少，但必须留有一定的余量。通常 I/O 点数是根据被控对象的输入、输出信号的实际需要，再加上 10% ~15% 的余量来确定。

（2）存储容量的选择

存储容量是指用户程序存储器的容量，不包括系统程序存储器，存储容量决定了 PLC 可以容纳的用户程序的长度。

用户程序所需的存储容量大小与 PLC 系统的功能有关。一般可按下式估算，再按实际需要留适当的余量（20% ~30%）来选择。

存储容量 = 数字量 I/O 点总数 ×10 + 模拟量通道数 ×100

3. I/O 模块的选择

一般来说，I/O 模块的价格占 PLC 价格的一半以上。

（1）数字量输入模块的选择

数字量输入模块可以接收现场输入设备的开关信号，并将输入信号转换为 PLC 内部能够接收的低电压信号，同时实现 PLC 内、外信号的电气隔离。选择时主要应考虑：

1）输入信号的类型及电压等级。数字量输入模块有直流输入、交流输入和交流/直流输入三种类型，主要根据现场输入信号、周围环境因素等进行选择。直流输入模块的延迟时间较短，还可以直接与接近开关、光电开关等电子输入设备连接；交流输入模块的可靠性好，适用于有油雾、粉尘的恶劣环境。

PLC 的数字量输入模块按输入信号的电压大小分类有：直流 5 V、24 V、48 V、60 V 和交流 110 V、220 V 等。应根据现场输入设备与输入模块之间的距离来选择。一般 5 V、24 V 适用于传输距离较近的场合，传输距离较远的场合应选择电压等级较高的模块。

2）输入接线方式。数字量输入模块主要有汇点式和分组式两种接线方式。汇点式数字量输入模块的所有输入点共用一个公共端，而分组式数字量输入模块将输入点分成若干组，每一组（若干个输入点）有一个公共端，各组之间是分隔的。分组式数字量输入模块的每点平均价格较汇点式高。S7－200 SMART 系列 PLC 的 CPU 模块所有输入点共用一个公共端 1M。

3）同时接通的输入点数量。若选用高密度的输入模块（如 24 点、40 点等），则该模块同时接通的输入点数量一般不要超过输入点数量的 60%。

4）输入门槛电平。为了提高系统的可靠性，必须考虑输入门槛电平的高低。门槛电平越高，抗干扰能力越强，传输距离也越远。

（2）数字量输出模块的选择

选择数字量输出模块时，主要应考虑以下因素：

1）输出类型。S7－200 SMART 系列 PLC 的数字量输出模块有继电器输出型和场效应晶体管输出型两种。继电器输出型 PLC 可以驱动直流负载和交流负载，场效应晶体管输出型 PLC 只能驱动直流负载。

2）输出接线方式。按 PLC 输出接线方式的不同，数字量输出模块一般分为分组式输出和分隔式输出两种。分组式数字量输出模块将输出点分成若干组，每一组（若干个输出点）有一个公共端，各组之间是分隔的。分隔式数字量输出模块每一点的输出电路之间都是相互隔离的，每一个输出点可以使用单独的电源。

3）驱动能力。输出模块的输出电流（驱动能力）必须大于负载的额定电流，用户应根据实际负载电流的大小选择输出模块的输出电流。如果实际负载电流较大，输出模块无法直接驱动，可增加中间放大环节。

4）同时接通的输出点数量。选择输出模块时，还应考虑能同时接通的输出点数量。同时接通输出的累计电流值必须小于公共端所允许通过的电流值。一般而言，同时接通的输出点数量不要超出同一公共端输出点数量的 60%。

5）输出的最大电流。输出的最大电流与负载类型、环境温度等因素有关。数字量输出模块的技术指标与不同的负载类型密切相关。另外，双向晶闸管的最大输出电流随环境温度升高而降低，在实际使用中也应注意。

（3）模拟量 I/O 模块的选择

模拟量 I/O 模块的主要功能是数据转换，并与 PLC 内部总线相连，为了安全还设有电气隔离功能。模拟量输入（A/D）模块将现场由传感器检测产生的连续的模拟量信号转换成 PLC 内部可接收的数字量信号；模拟量输出（D/A）模块将 PLC 内部的数字量信号转换为模拟量信号输出。

典型模拟量 I/O 模块的量程为 -10 ~ 10 V、0 ~ 10 V、4 ~ 20 mA 等，可根据实际需要选用，同时还应考虑其分辨率和转换精度等因素。

一些 PLC 制造厂家还提供特殊模拟量输入模块，可用来直接接收低电平信号（如热电阻、热电偶等信号）。

4. 电源模块的选择

电源模块的选择仅对于模块式 PLC 而言，整体式 PLC 无须进行电源模块的选择。

电源模块的选择主要考虑电源额定输出电流和电源输入电压。电源模块的额定输出电流必须大于 CPU 模块、I/O 模块和其他特殊功能模块等消耗电流的总和，同时还应考虑未来 I/O 模块的扩展等因素；电源输入电压一般根据现场的实际需要而定。

5. 特殊功能模块的选择

特殊功能模块包括通信模块、定位模块、脉冲输出模块、高速计数模块、PID 控制模块、温度控制模块等。选择 PLC 时应考虑到特殊功能模块配套的可能性，兼顾硬件与软件两个方面。在硬件方面，首先应保证特殊功能模块可以方便地与 PLC 连接，PLC 应该有相关的连接、安装位置以及接口、连接电缆等附件。在软件方面，PLC 应具有相应的控制功能，可以方便地对特殊功能模块进行编程。

6. 通信组网能力的选择

目前，很多 PLC 都支持多种通信协议（有些需要配备相应的通信模块），应根据实际需要选择合适的通信方式。PLC 控制系统的通信网络主要有以下几种形式：

（1）以 PC 为主站，多台同型号 PLC 为从站，构成简易 PLC 网络。

（2）以一台 PLC 为主站，其他同型号 PLC 为从站，构成主从式 PLC 网络。

（3）PLC 网络通过特定网络接口连接到大型 DCS（集散控制系统）中作为 DCS 的子网。

（4）专用 PLC 网络（各厂商的专用 PLC 通信网络）。

为减轻 CPU 的通信任务，应根据网络组成的实际需要，选择具有不同通信功能（如点对点、现场总线、工业以太网等）的通信处理器。

任务实施

PLC 应用视频

一、参观企业或观看 PLC 应用视频

记录 PLC 的品牌、型号和应用领域，填写于表 1-1-8 中。

表 1-1-8 参观企业或观看 PLC 应用视频记录表

序号	品牌	型号	应用领域
1			
2			
3			

二、PLC 的选型

现有一套电气控制设备，需要用到一台 PLC，要求通过按钮、行程开关、接近开关、

光电开关等开关量输入信号控制继电器、接触器、电磁阀等开关量输出信号，无其他特殊功能要求。经统计，输入信号共20个，输出信号共18个，试根据控制要求进行PLC的选型。

1. 分析控制要求，选择PLC品牌

通过分析控制要求可知，本控制系统只需简单的开关量控制，并且I/O点数较少。因此，S7－200 SMART系列PLC的标准型CPU模块都能满足其控制要求，可从性价比较高的S7－200 SMART系列PLC的标准型CPU模块开始选型。

2. 分析所需I/O点数，选择CPU模块类型

通过分析控制要求可知，此设备所需的I/O点数为38个，其中输出信号为18个，且开关量输出信号变化不频繁。因此，根据表1－1－6所列标准型CPU模块的板载数字量I/O点数，可以排除38点以下的CPU SR20/ST20模块（12DI/8DQ）和CPU SR30/ST30模块（18DI/12DQ）。以下两款型号的CPU模块能满足上述要求。

（1）CPU SR40/ST40模块（24DI/16DQ）

由于该型号CPU模块的输入点数是24，而控制要求的输入点数是20，因此，可满足输入点数的要求，并留有一定的余量。但控制要求18个输出点，而该型号CPU模块只有16个输出点，无法满足要求。若要选择该型号的CPU模块，则可以通过增加数字量输出扩展模块的方式满足输出点数的要求。从表1－1－7所列扩展模块的型号可知，只要增加一个8点继电器型数字量输出扩展模块EM DR08或8点数字量输出扩展模块EM DT08，输出点数（16点＋8点＝24点）即可满足要求。

（2）CPU SR60/ST60模块（36DI/24DQ）

若选择该型号CPU模块，则I/O点数不仅可以满足要求，而且剩余许多。

3. 确定PLC的型号规格

对上述两款CPU模块进行分析可知，若选用CPU SR40/ST40模块则需增加1个数字量扩展模块EM DR08/EM DT08，而CPU SR60/ST60模块可以直接选用。因此只需比较两者的价格就可以确定所选用PLC的型号。如果CPU SR40/ST40模块的价格为2 200元，EM DR08/EM DT08扩展模块为500元；而CPU SR60/ST60模块的价格是2 600元，则应选择性价比较高的CPU SR60/ST60模块。这是因为它们的价格虽然相差不大，但是CPU SR60/ST60模块的I/O点数更多，可满足以后设备改造增加I/O点数的需要。

CPU SR60/ST60模块分别为继电器输出型和场效应晶体管输出型，两者价格几乎相同。由于本任务要求的开关量输出信号变化不频繁，因此优先选用继电器输出型，本任务最终选择的PLC为性价比较高的S7－200 SMART系列PLC的标准型CPU SR60模块。

小提示

在进行PLC选型时，不能忽视I/O点数的余量。因为使用过程中存在一些不可预测的因素，如PLC的I/O点人为或自然损坏，因升级改造需要增加I/O点数等，会导致I/O点数不足，给使用PLC带来不便。所以在选择PLC的I/O点数时，必须留有一定余量。可以根据被控对象的输入、输出信号的实际需要，再加上10%～15%的余量来确定I/O点数。

任务测评

按照表 1－1－9 中的要求进行任务测评。

表 1－1－9 任务测评表

序号	考核内容	配分	考核要求	评分标准	扣分	得分
1	参观企业或观看 PLC 应用视频	20	（1）正确记录 PLC 的品牌及型号 （2）正确记录 PLC 的应用领域	（1）记录 PLC 的品牌及型号有错误或遗漏，每处扣 2 分 （2）记录 PLC 的应用领域有错误或遗漏，每处扣 2 分		
2	PLC 的选型	80	（1）能根据控制要求，正确选择 PLC 品牌 （2）能根据控制要求，分析 I/O 点数，正确选择 CPU 模块类型 （3）能根据控制要求，分析性价比，确定 PLC 的型号规格	（1）不能根据控制要求正确选择 PLC 品牌，扣 20 分 （2）不能通过分析 I/O 点数正确选择 CPU 模块类型，扣 30 分 （3）不能通过分析性价比确定 PLC 的型号规格，扣 30 分		
3	安全与文明生产		遵守安全与文明生产规程	违反安全与文明生产规程，酌情扣分		
开始时间			结束时间		成绩	

任务 2 可编程序控制器硬件安装与接线

学习目标

1. 熟悉 PLC 的面板结构，理解 PLC 的数字量输入/输出电路的工作原理。
2. 熟悉 PLC 的安装与拆卸工艺，掌握 PLC 的接线方法。
3. 能正确安装 PLC 并进行 PLC 的接线。

任务引入

图 1－2－1 所示为使用 S7－200 SMART 系列 PLC 的电气控制柜。PLC 控制系统包括硬件和软件两部分。对于用户而言，硬件部分的工作主要是 PLC 的选型、输入/输出点的分配、PLC 电气控制系统原理图的设计、电气控制元器件的选择、电气控制柜的设计以及 PLC 电气控制系统的安装、调试、维护等。

本任务的要求是正确完成 PLC 硬件的安装和接线，并完成 PLC 控制电路的检测。本任务的重点是学习 PLC 的输入/输出接线方法。

图 1－2－1　使用 S7－200 SMART 系列 PLC 的电气控制柜

实施本任务所使用的实训设备可参考表 1－2－1。

表 1－2－1　　实训设备清单

序号	设备名称	型号及规格	数量	单位	备注
1	可编程序控制器	S7－200 SMART CPU SR60 模块	1	台	配 C45 导轨
2	开关式稳压电源	S－150－24，AC 220 V/DC 24 V	1	台	
3	低压断路器	Multi9 C65N D20，单极	3	个	
4	按钮	LA4－3H	1	个	
5	单极开关	自定	1	个	
6	行程开关	LX19－222	1	个	
7	接近开关	欧姆龙 E2E－X10E1 M30，NPN 型	1	个	三线制
8	热继电器	JR36－20，整定范围 1.5～2.4A	1	个	
9	交流接触器	CJX2－1211，线圈 AC 220 V	2	个	
10	中间继电器	MY2N－J，DC 24 V	1	个	

续表

序号	设备名称	型号及规格	数量	单位	备注
11	电磁阀	自定，额定电压 DC 24 V	1	个	
12	指示灯	自定，额定电压 DC 24 V	1	个	
13	变频器	西门子 V20，0.75 kW，2.2 A	1	台	
14	接线端子排	TB－1520，20 位	2	条	
15	配电盘	600 mm×900 mm	1	块	

相关知识

PLC 的面板结构

一、PLC 的面板结构

图 1－2－2 所示的 S7－200 SMART CPU SR60 模块面板可以分为 6 个部分，分别是接线端子排、通信端口、LED 状态指示灯、I/O 扩展接口、信号板插槽和存储卡插槽。

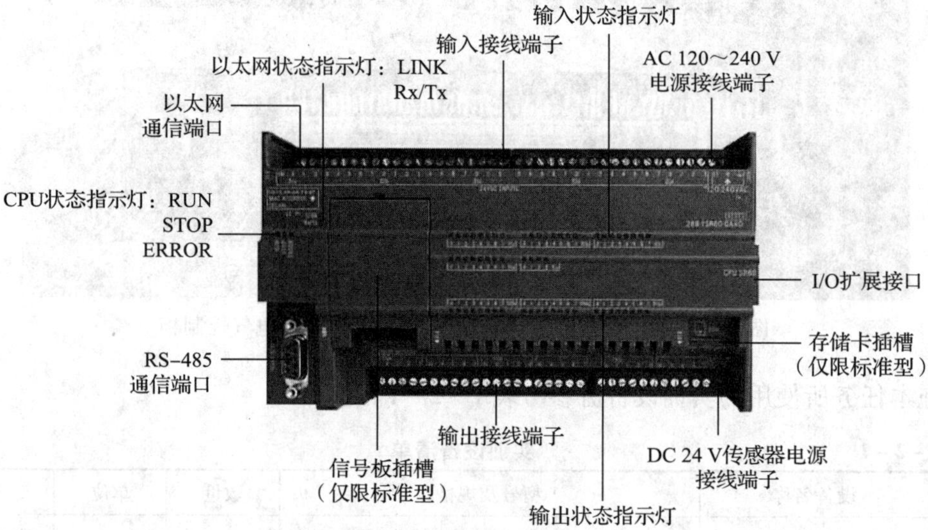

图 1－2－2　S7－200 SMART CPU SR60 模块面板

1. 接线端子排

PLC 通过接线端子与外部设备连接。在 CPU 模块的面板顶部和底部分别有一排接线端子，顶部的接线端子依次为输入电路公共端子 1M、输入接线端子（DI a.0～DI a.7、DI b.0～DI b.7、DI c.0～DI c.7、DI d.0～DI d.7、DI e.0～DI e.3）和 AC 120～240 V 电源接线端子（L1、N、PE）。底部的接线端子依次是输出电路公共端子（1L～6L）、输出接线端子（DQ a.0～DQ a.7、DQ b.0～DQ b.7、DQ c.0～DQ c.7）和 DC 24 V 传感器电源接线端子（L+、M）。西门子 PLC 的输入接线端子用 I 表示，输出接线端子用 Q 表示，均采用八进制编号，以字节为单位设置。表 1－2－2 列出了 CPU SR60 模块的接线端子排引脚位置。

表 1-2-2　　CPU SR60 模块的接线端子排引脚位置

引脚	端子排 X10	端子排 X11	端子排 X12	端子排 X13
1	1M	DI c.3	1L	5L
2	DI a.0	DI c.4	DQ a.0	DQ c.0
3	DI a.1	DI c.5	DQ a.1	DQ c.1
4	DI a.2	DI c.6	DQ a.2	DQ c.2
5	DI a.3	DI c.7	DQ a.3	DQ c.3
6	DI a.4	DI d.0	2L	6L
7	DI a.5	DI d.1	DQ a.4	DQ c.4
8	DI a.6	DI d.2	DQ a.5	DQ c.5
9	DI a.7	DI d.3	DQ a.6	DQ c.6
10	DI b.0	DI d.4	DQ a.7	DQ c.7
11	DI b.1	DI d.5	3L	L+/DC 24 V 输出
12	DI b.2	DI d.6	DQ b.0	M/DC 24 V 输出
13	DI b.3	DI d.7	DQ b.1	
14	DI b.4	DI e.0	DQ b.2	
15	DI b.5	DI e.1	DQ b.3	
16	DI b.6	DI e.2	4L	
17	DI b.7	DI e.3	DQ b.4	
18	DI c.0	L1/AC 120~240 V	DQ b.5	
19	DI c.1	N/AC 120~240 V	DQ b.6	
20	DI c.2	功能性接地	DQ b.7	

在 PLC 控制系统中，各种按钮、行程开关、传感器等主令电器接到 PLC 输入接线端子和公共端子 1M 之间，继电器、接触器、电磁阀等输出设备接到 PLC 输出接线端子和公共端子（1L~6L）之间。

2. 通信端口

CPU 模块面板的左上方有一个以太网通信端口，如图 1-2-3 所示，用于实现以太网通信。通过该以太网通信端口和网线，即可方便地将用户程序下载到 S7-200 SMART 中，省去了专用编程电缆。通过该通信端口还可与其他 CPU 模块、触摸屏、计算机进行以太网通信，轻松组网。

CPU 模块面板的左下侧有一个用于串口通信的 RS-485 通信端口（端口 0），支持 USS 驱动协议、自由口通信、MODBUS RTU 协议以及 PPI 协议，可以与变频器、触摸屏、伺服驱动器等第三方设备通信。标准型 CPU 模块额外支持 SB CM01 信号板（端口 1），该信号板可以通过 STEP 7-Micro/WIN SMART 编程软件组态为 RS-232 通信端口或 RS-485 通信端口。

图 1-2-3　CPU 模块的以太网通信端口

3. LED 状态指示灯

LED 状态指示灯包括输入状态指示灯、输出状态指示灯、CPU 状态指示灯和以太网状态指示灯。

CPU 模块面板中部有上、下两排输入/输出状态指示灯，分别指示输入和输出的逻辑状态。当输入或输出为高电平时，指示灯亮，否则不亮。

CPU 模块面板左侧有三个 CPU 状态指示灯（RUN、STOP 和 ERROR），用来指示 CPU 模块的工作状态信息。其中 RUN 和 STOP 指示灯指示 CPU 当前的工作模式，ERROR 指示灯为红色表示系统错误及诊断。

CPU 模块面板左上侧有两个以太网状态指示灯（LINK 和 Rx/Tx），分别用来指示以太网的连接状态和发送/接收状态。当不连接以太网电缆时，两个指示灯均熄灭。当以太网的物理连接成功时，LINK 指示灯持续点亮。当没有数据交换时，Rx/Tx 指示灯慢闪；当有持续的数据交换时，Rx/Tx 指示灯持续点亮。

4. I/O 扩展接口

CPU 模块面板右侧有一个插针式连接器，即 I/O 扩展接口，它是连接各种扩展模块的接口。

5. 信号板插槽

CPU 模块面板左侧的保护盖下有一个信号板插槽，用来连接信号板，可在不额外占用电气控制柜空间的前提下，扩展 CPU 的性能。通过信号板插槽可以扩展数字量通道、模拟量通道、串行通信端口和时钟保持功能。

6. 存储卡插槽

CPU 模块面板右下侧的保护盖下有一个存储卡插槽，使用市面上通用的 Micro SD 卡即可实现程序传输、PLC 固件升级和恢复出厂设置。

二、PLC 的数字量输入/输出电路

1. 数字量输入电路

图 1－2－4 所示为 S7－200 SMART CPU 模块的数字量输入电路，图中只画出对应于一个输入点 I0.0 的输入电路，输入电流为 4 mA，其他各个输入点对应的输入电路均相同。CPU SR60 模块的输入点共有 36 个，即 I0.0～I0.7、I1.0～I1.7、I2.0～I2.7、I3.0～I3.7 和 I4.0～I4.3。1M 是同一组输入点各内部输入电路的公共点。

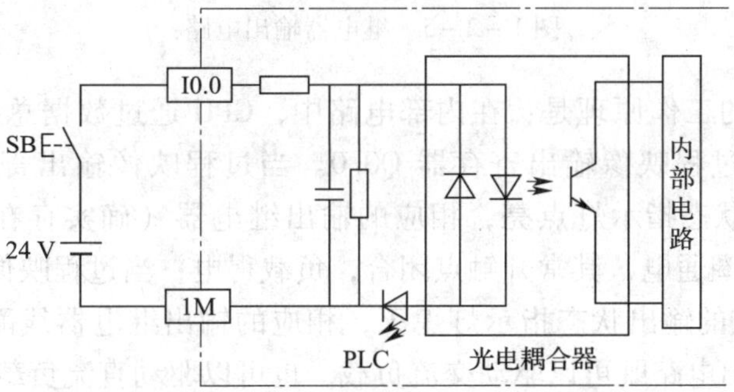

图 1－2－4　数字量输入电路

S7－200 SMART CPU 模块可以用模块内部的 DC 24 V 电源作为输入回路的电源，该电源还可以为接近开关、光电开关等传感器供电。输入电路的主要元件是光电耦合器，具有光电隔离作用。光电耦合器一般由发光二极管和光敏三极管组成，其输入端为发光二极管，输出端为光敏三极管，通过电—光—电转换传递信号。光电耦合器可以有效防止各种干扰信号和高电压信号进入 PLC，提高抗干扰能力和安全性能，并完成高低电平（DC 24 V/5 V）的转换。

数字量输入电路的工作原理是：当按下按钮 SB 时，光电耦合器中两个反向并联的发光二极管中的一个点亮，光敏三极管饱和导通，相应的输入状态指示灯点亮，过程映像输入寄存器 I0.0 为“1”状态；当松开按钮 SB 时，光电耦合器中的发光二极管熄灭，光敏三极管截止，相应的输入状态指示灯熄灭，过程映像输入寄存器 I0.0 为“0”状态。过程映像输入寄存器 I0.0 的逻辑状态通过数据总线送至 CPU，用于控制程序的逻辑运算。

图 1－2－4 中电流从输入端流入，称为漏型输入。如果将图中的电源反接，电流从输入端流出，则称为源型输入。输入点的输入延迟时间可以通过编程软件的系统块设置。

2. 数字量输出电路

S7－200 SMART CPU 模块的数字量输出电路的功率元件有继电器和场效应晶体管两种，负载电源由外部提供。输出电路一般分为若干组，每一组的总电流有限制。

图 1－2－5 所示是继电器输出电路，继电器同时起电气隔离和功率放大作用，每一路只提供一对常开触点。图中只画出对应于一个输出点 Q0.0 的输出电路，其他各个输出点对应的输出电路均相同。CPU SR60 模块的输出点共有 24 个，即 Q0.0～Q0.7、Q1.0～Q1.7 和 Q2.0～Q2.7。1L 是第一组输出点（Q0.0～Q0.3）各内部输出电路的公共点。每个输出点的额定电流与负载的性质有关，如 S7－200 SMART CPU 模块的每个继电器输出点的额定电流是 2 A，可以驱动 AC 200 W 的白炽灯，每一个公共端的额定电流为 10 A。

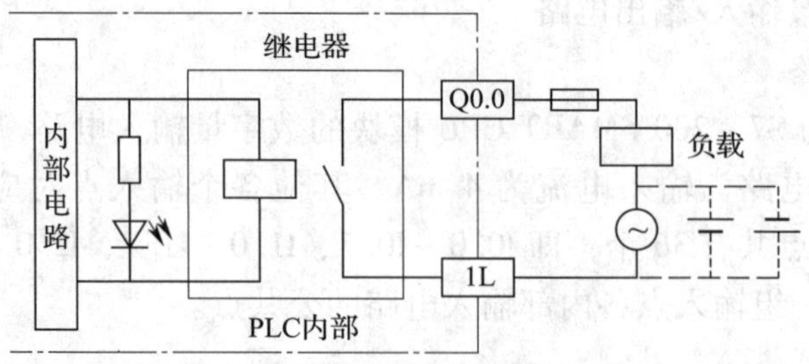

图 1－2－5　继电器输出电路

继电器输出电路的工作原理是：在内部电路中，CPU 通过数据总线将执行用户程序后的逻辑运算结果送至过程映像输出寄存器 Q0.0。当过程映像输出寄存器 Q0.0 的状态为“1”时，相应的输出状态指示灯点亮，相应的输出继电器（确实存在的小型物理继电器，位于 PLC 面板下）线圈通电，其常开触点闭合，负载得电；当过程映像输出寄存器 Q0.0 的状态为“0”时，相应的输出状态指示灯熄灭，相应的输出继电器线圈断电，其触点断开，负载断电。继电器输出电路既可以驱动交流负载，也可以驱动直流负载。其优点是使用电压范围广（DC 5～30 V 或 AC 5～250 V），导通压降小，承受瞬时过电压和过电流的能力较强；缺点是动作速度较慢，使用寿命（动作次数）有一定的限制。因此，继电器输出型 CPU 模块适用于控制继电器和接触器线圈、电磁阀等。如果系统输出量的变化不是很频繁，建议优先选用继电器输出型 CPU 模块。

图 1－2－6 所示是场效应晶体管输出电路。其工作原理是：输出信号送至内部电路中的输出锁存器，再经光电耦合器送至场效应晶体管，后者的饱和导通状态和截止状态相当于触点的接通和断开。图中的稳压二极管用来抑制关断过电压和外部的浪涌电压，以保护场效应晶体管，场效应晶体管输出电路的工作频率可达 100 kHz。

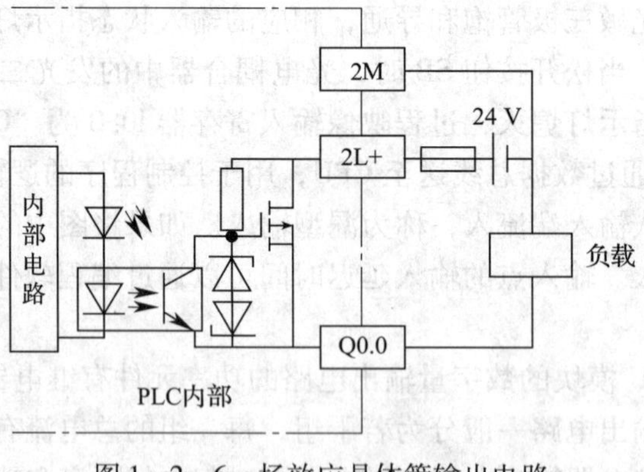

图 1－2－6　场效应晶体管输出电路

场效应晶体管输出电路中每个输出点的额定电流为 0.5 A，每个公共端的额定电流为 6 A。场效应晶体管输出电路只能驱动直流负载。其优点是可靠性强，反应速度快，寿命长；缺点是过载能力稍差。场效应晶体管输出型 CPU 模块适用于驱动高速（Q0.0、Q0.1 和 Q0.3 点可达 100 kHz）、小功率直流负载，如作为直流电子开关输出高速脉冲信号控制步进电动机等。

三、PLC 的安装与拆卸

PLC 的安装与拆卸

如图 1－2－7 所示，S7－200 SMART 系列 PLC 可采用水平或垂直方式安装在面板或标准 DIN 导轨上。水平安装时，CPU 模块在所有扩展模块的左侧；垂直安装时，CPU 模块在所有扩展模块的下方。垂直安装时允许的最高环境温度比水平安装时低 10℃，因此建议尽量选择水平安装方式。

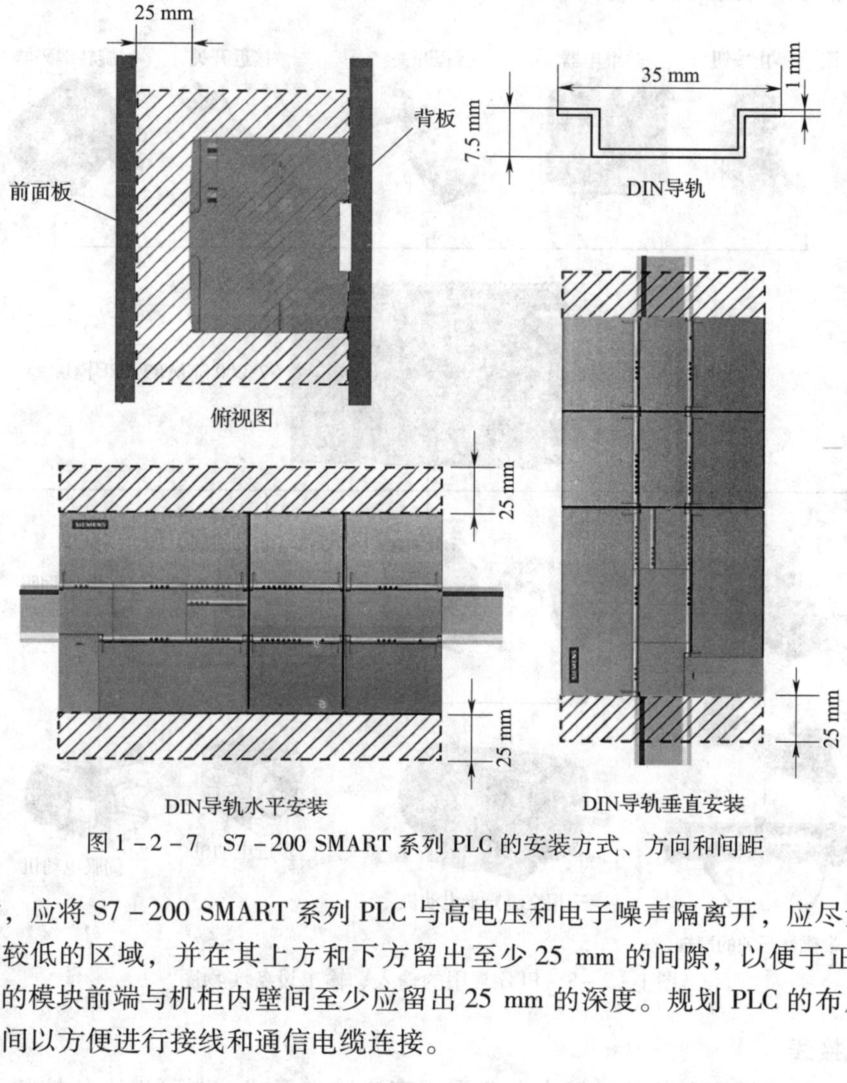

图 1－2－7　S7－200 SMART 系列 PLC 的安装方式、方向和间距

安装时，应将 S7－200 SMART 系列 PLC 与高电压和电子噪声隔离开，应尽量安装在控制柜中温度较低的区域，并在其上方和下方留出至少 25 mm 的间隙，以便于正常的散热。此外，PLC 的模块前端与机柜内壁间至少应留出 25 mm 的深度。规划 PLC 的布局时，应留出足够的空间以方便进行接线和通信电缆连接。

S7－200 SMART 系列 PLC 的安装和拆卸包括 CPU 模块、扩展模块、信号板、端子块连接器及扩展电缆等的安装和拆卸，安装和拆卸方法比较简单。扫描右侧二维码，可了解 S7－200 SMART 系列 PLC 的安装和拆卸方法。

四、PLC 的接线

PLC 的接线包括输入接线、输出接线和供电电源接线。

PLC 的外部设备主要指控制系统中的输入和输出设备。其中，输入设备是对控制系统发出各种控制信号的主令电器，如按钮、开关、各种传感器等。PLC 输出接口带负载的能力是有限的，它是通过执行装置（如继电器、接触器、气动与液动执行装置的电磁阀等）来带动生产机械工作的，这些执行装置就是 PLC 的输出设备。PLC 常用的输入、输出设备实物图如图 1－2－8 所示。

PLC 的接线

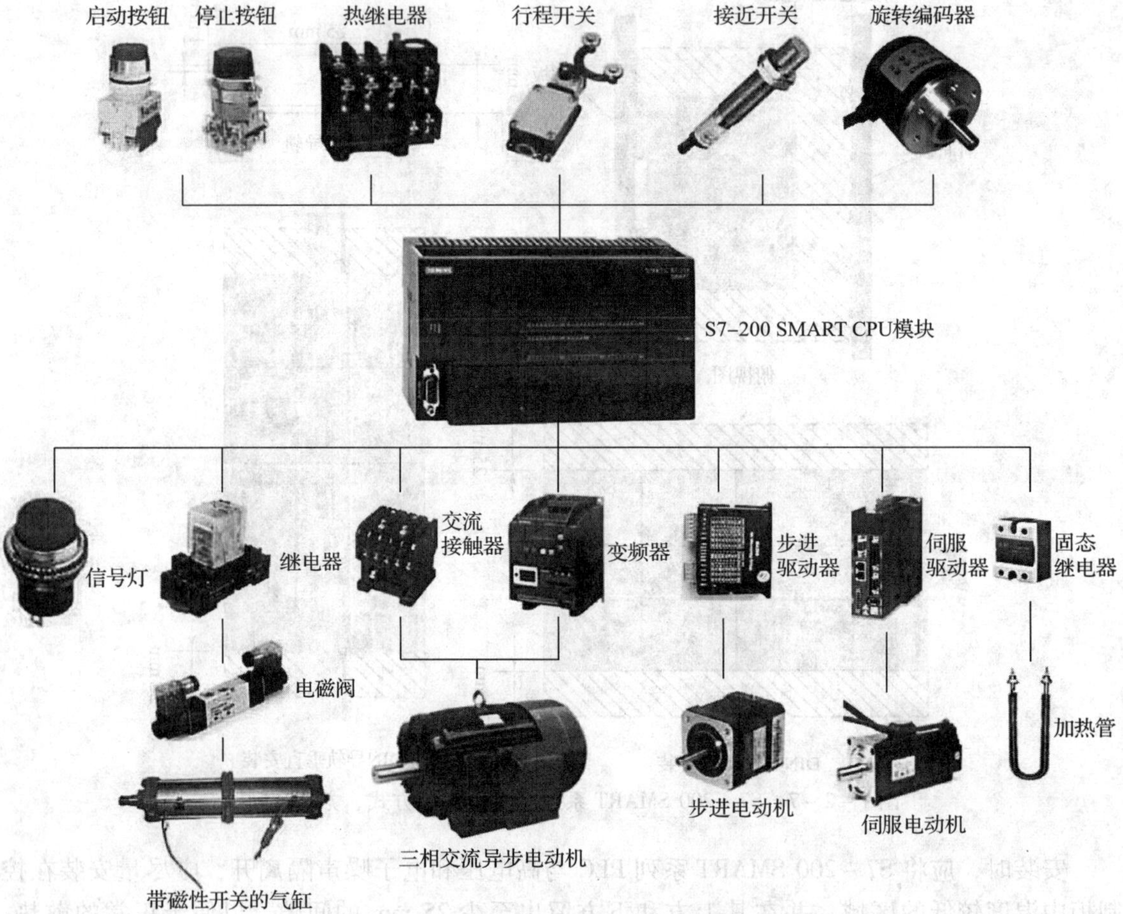

图 1－2－8　PLC 常用的输入、输出设备实物图

1. 输入接线

S7－200 SMART CPU 模块的输入电路采用直流输入形式，既可以由外接的开关式稳压电源供电，也可以由 CPU 模块自带的 DC 24 V 传感器电源（L＋、M）供电（前提是不超过传感器电源的容量）。图 1－2－9 所示为 CPU SR60 模块的输入接线图，其中接近开关分别为二线制接近开关和三线制 PNP 型接近开关。CPU ST60 模块的输入接线与图 1－2－9 相同。

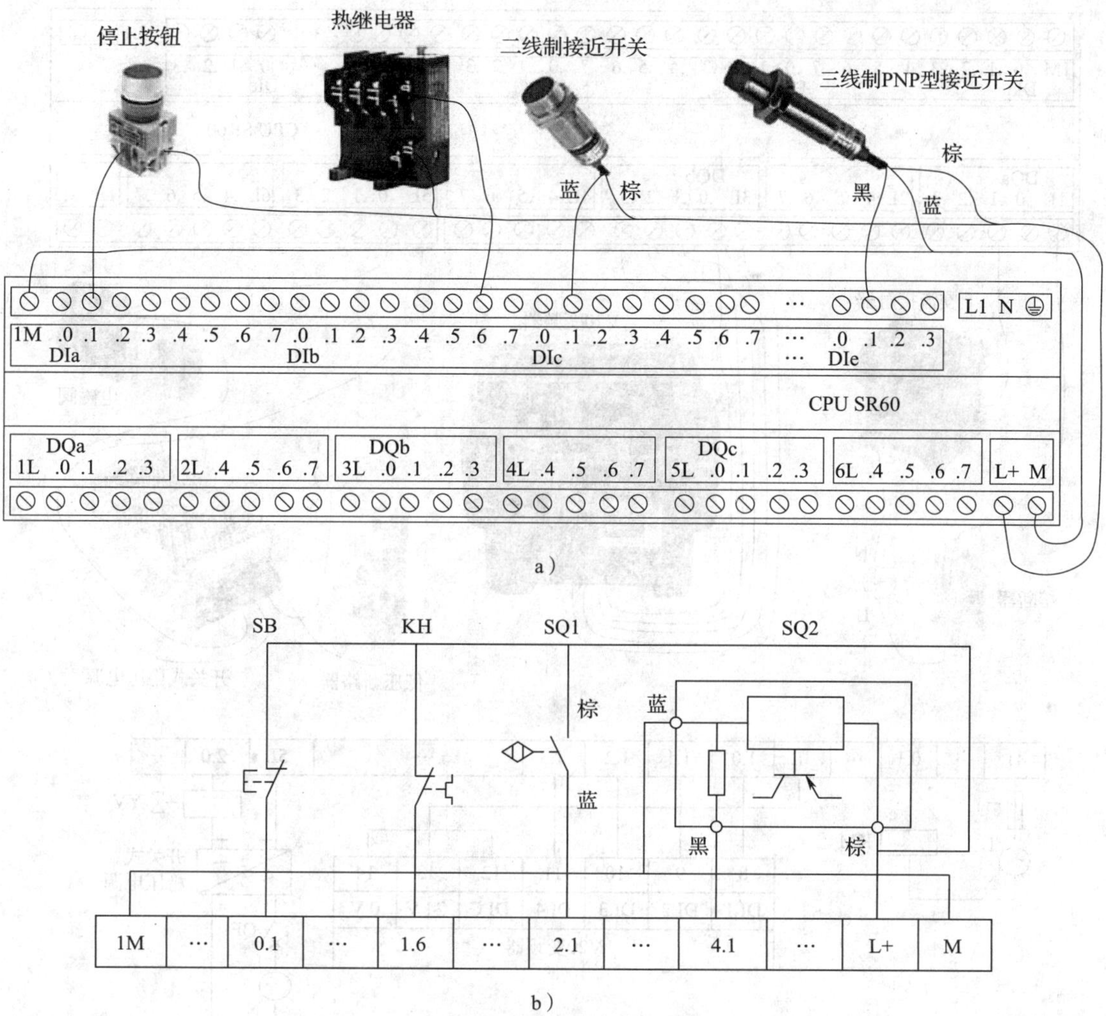

图 1－2－9　CPU SR60 模块的输入接线图

a）接线实物图　b）接线原理图

接近开关是指本身需要电源驱动，输出有一定电压和电流的开关量传感器。根据信号线的不同，接近开关可分为二线制、三线制、四线制三类。扫描右侧二维码，可了解接近开关和 PLC 输入端子的接线方法。

2. 输出接线

S7－200 SMART CPU 模块有继电器输出型和场效应晶体管输出型两种类型的输出回路。其中，继电器输出型既可接交流负载也可接直流负载，场效应晶体管输出型只可接直流负载。

CPU SR60 模块的输出接线图如图 1－2－10 所示。

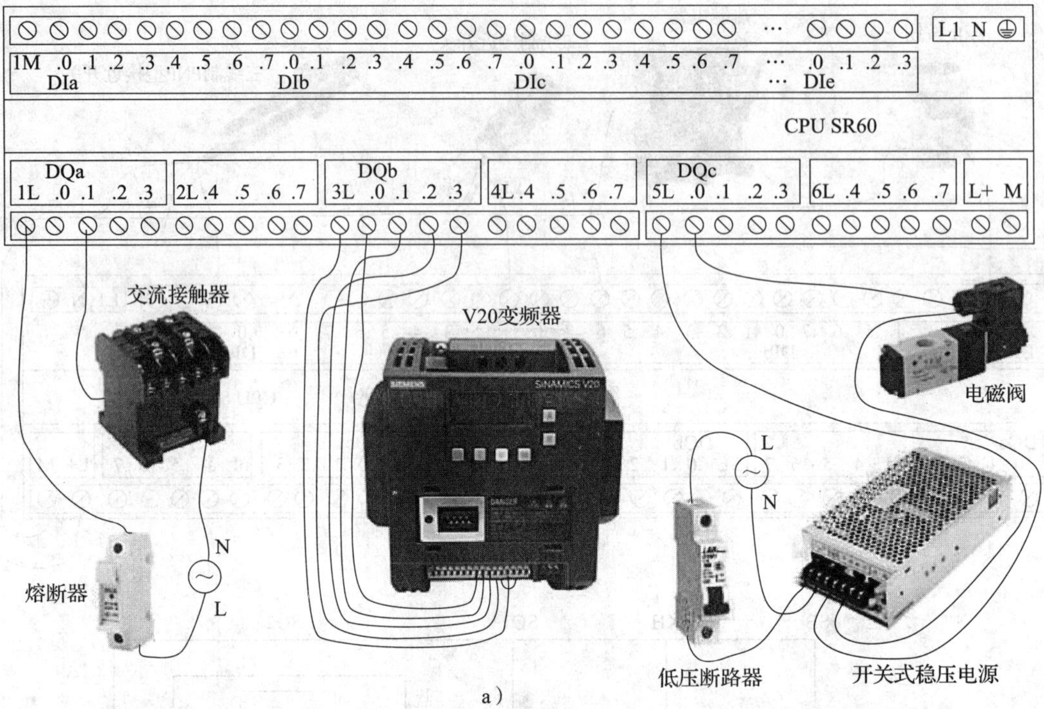

a）

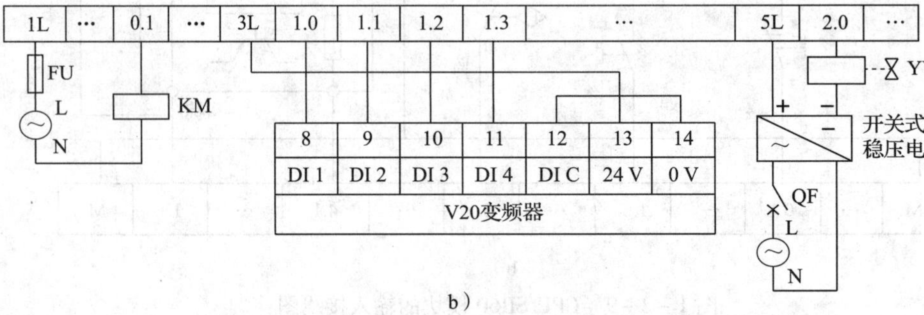

b）

图 1－2－10 CPU SR60 模块的输出接线图

a）接线实物图 b）接线原理图

小提示

（1）PLC 输出各组（包括每组输出端的公共端子）之间是互相独立的。当各输出设备（负载）使用不同的电压时，必须采用分组式输出方式，即把使用相同电源的输出设备（负载）接到同一组，以满足同一组中的输出端子必须接入同一电源的要求。

（2）将抑制电路与感性负载配合使用，以在控制输出断开时限制电压升高。抑制电路可以保护输出，防止通过感性负载的电流中断时产生的高压瞬变导致其损坏。此外，抑制电路还能限制感性负载开闭时产生的电噪声，抑制能力较差的感性负载产生的高频噪声会中断 PLC 的运行。S7－200 SMART 系列 PLC 的场效应晶体管直流输出包含内部抑制电路，该电路足以满足大多数应用对感性负载的要求。由于 S7 - 200 SMART 系列 PLC 的继电器输出触点可用于控制直流或交流负载，所以未提供内部保护。大多数情况下，在直流感性负载两端并联一个二极管即可，如果要求更快的关闭时间，可以再增加一个稳压二极管，如图 1 - 2 - 11a 所示；在交流感性负载两端并联 RC 串联电路如图 1 - 2 - 11b 所示，其中 R 和 C 的取值见表 1 - 2 - 3，假设典型感性负载的功率因数为 0.3，抑制电流小于负载电流的 8%。

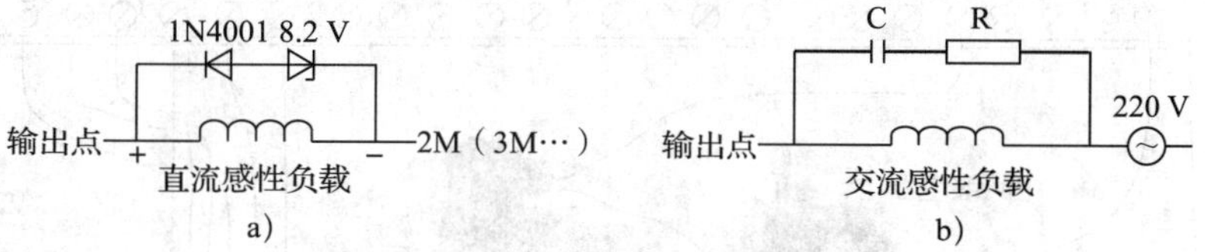

图 1 - 2 - 11　感性负载的抑制电路

a）直流感性负载的抑制电路　b）交流感性负载的抑制电路

表 1 - 2 - 3　　交流感性负载抑制电路的电阻和电容

电感负载		抑制值		
电流有效值/A	视在功率/VA	电阻/Ω	电阻额定功率/W	电容/nF
0.02	4.6	15 000	0.1	15
0.05	11.5	5 600	0.25	470
0.1	23	2 700	0.5	100
0.2	46	1 500	1	150
0.5	115	560	2.5	470
1	230	270	5	1 000
2	460	150	10	1 500

当使用继电器扩展模块切换交流感应负载时，必须在交流负载两端并联外部电阻/电容噪声抑制电路，以防止意外操作。

（3）为了保护 PLC 输出点，建议先使用中间继电器转换，再接交流接触器、电磁阀等感性负载。如果需要带大功率负载，则必须使用中间继电器转换，再接大功率负载，如图 1 - 2 - 12 所示。

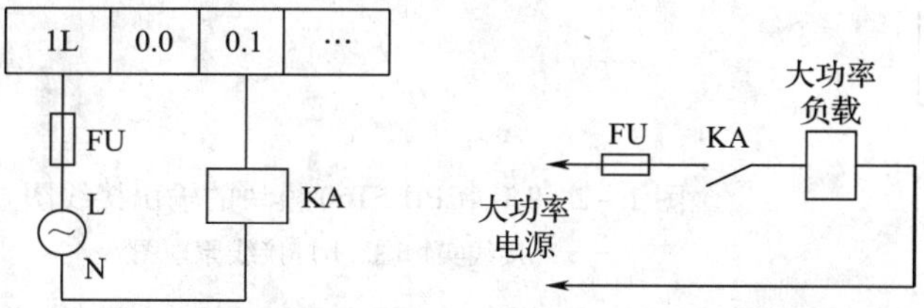

图 1 - 2 - 12　通过中间继电器转换再连接大功率负载

（4）PLC 内部没有熔断器，为防止因负载短路而造成输出接口电路短路，应在输出接口电路中外接熔断器。

场效应晶体管输出型 CPU ST60 模块的输出设备接线图如图 1－2－13 所示。

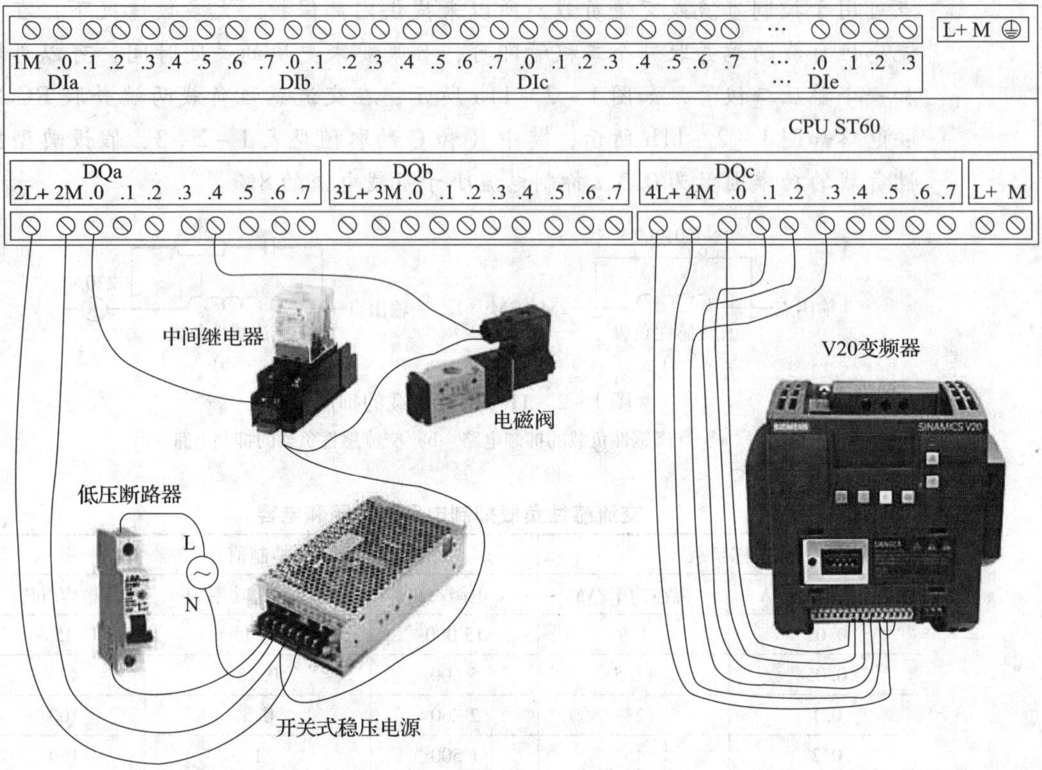

a）

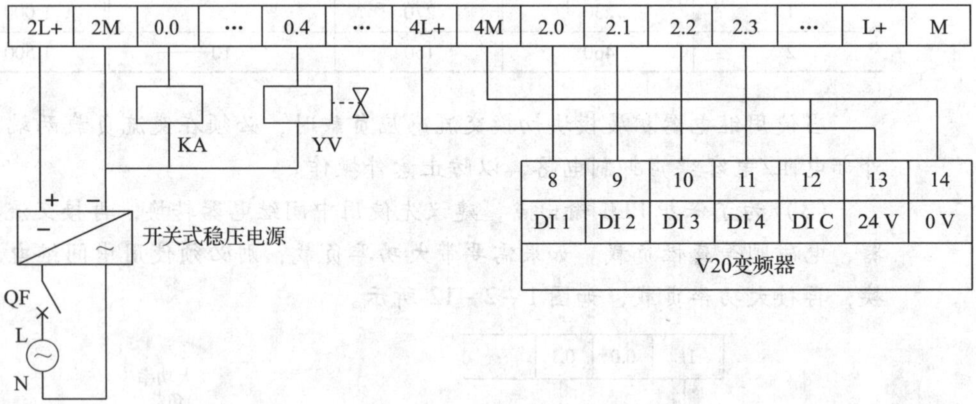

b）

图 1－2－13 CPU ST60 模块的输出接线图

a）接线实物图 b）接线原理图

注意

（1）在进行场效应晶体管输出型 PLC 的输出接线时，不能接入交流电源，否则将导致

PLC输出端的内部电路损坏，严重时会损坏PLC。接入直流电源时，其极性不能接反，否则将导致直流负载无法驱动。2M、3M、4M必须和直流电源的负极（0 V）连接，否则不能形成回路。

（2）在输出点允许的电流范围内，场效应晶体管输出型PLC可以直接接直流接触器、电磁阀等，建议同时在直流接触器、电磁阀的两端反向并联一个二极管。为了保护场效应晶体管的输出点，一般建议先用中间继电器转换，再接直流接触器、电磁阀等输出设备。如果需要带大功率交流负载，必须先接中间继电器，再通过中间继电器触点连接大功率交流负载，如图1－2－14所示。

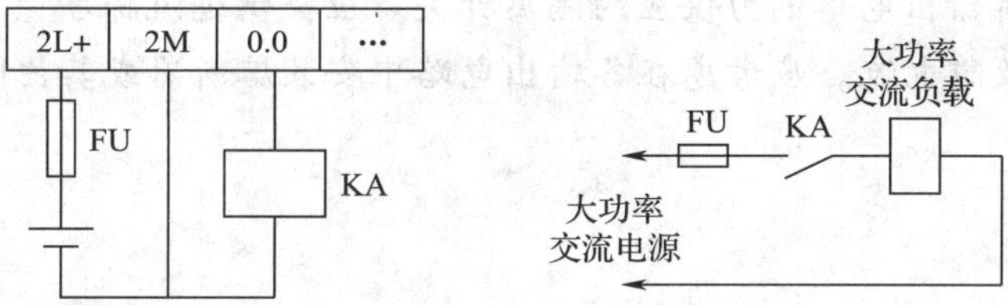

图1－2－14　通过中间继电器触点连接大功率交流负载

3. 供电电源的接线

S7－200 SMART CPU模块有DC 24 V和AC 120～240 V两种供电电源类型。例如，CPU SR60模块只能用交流电源供电，交流电源接在图1－2－15a所示的L1端子和N端子之间，属于交流电源供电/直流数字量输入/继电器数字量输出（AC/DC/Relay）。CPU ST60模块只能用直流电源供电，直流电源接在图1－2－15b所示的L＋端子和M端子之间，属于直流电源供电/直流数字量输入/场效应晶体管直流数字量输出（DC/DC/DC）。

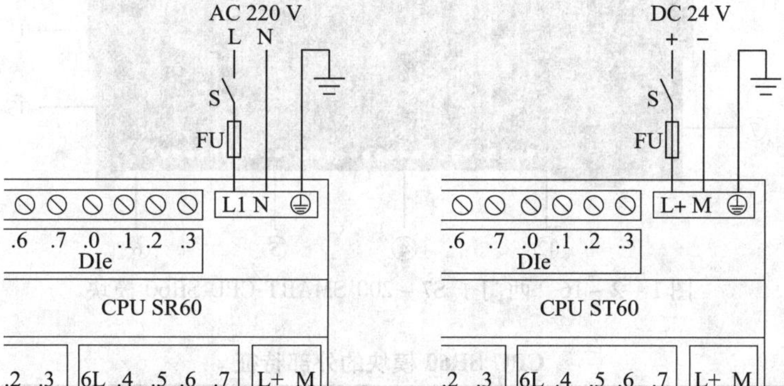

图1－2－15　PLC的供电电源接线图

a）交流电源供电（CPU SR60模块）　b）直流电源供电（CPU ST60模块）

注意

（1）交流电源电压不能超过PLC电压的允许范围AC 85～264 V。为防止电源电压波动过大或过强的噪声干扰导致整个控制系统瘫痪，可采取隔离变压器等有效措施。直流电源电压不能超过 PLC 电压的允许范围 DC 20.4~28.8 V。

（2）应按照接地线、中线、相线的顺序依次接线。其中，PLC 的接地线应为专用接地线并单独接地；用低压断路器（或单极开关加熔断器）将电源与 PLC、所有的输入电路和输出（负载）电路隔离，且相线要经过低压断路器（或单极开关加熔断器）。

（3）应使用独立于 S7-200 SMART 系列 PLC 的急停功能、机电互锁或者其他冗余的安全措施。

（4）当进行 S7-200 SMART CPU 模块接线时，应提供一个可同时切断 CPU 模块电源、所有输入电路和所有输出电路电力供应的隔离开关。应提供过流保护（如熔断器或断路器）以限制电源线中的故障电流。应考虑在各输出电路中安装熔断器或其他限流装置以提供额外保护。

任务实施

一、PLC 外部特征的识别

识别图 1-2-16 所示西门子 S7-200 SMART CPU SR60 模块的外部特征，将各部分名称记录在表 1-2-4 中。

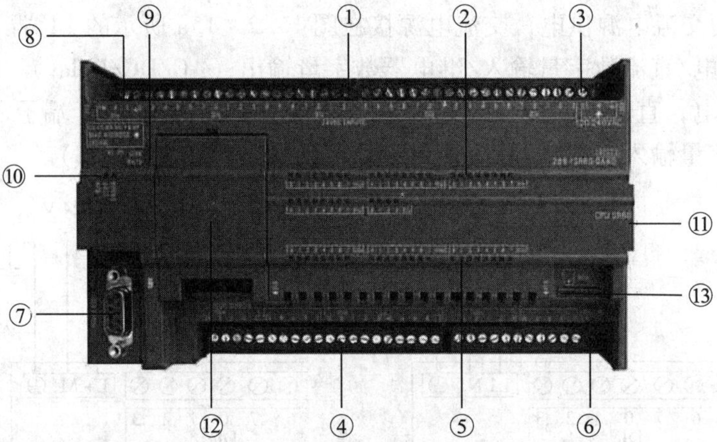

图 1-2-16　西门子 S7-200 SMART CPU SR60 模块

表 1-2-4　**CPU SR60 模块的外部特征**

序号	名称	序号	名称
①		⑧	
②		⑨	
③		⑩	
④		⑪	
⑤		⑫	
⑥		⑬	
⑦			

二、PLC 的安装与接线

1. 接线原理图

参考图 1－2－17 所示的接线原理图进行 S7－200 SMART CPU SR60 模块的安装与接线。

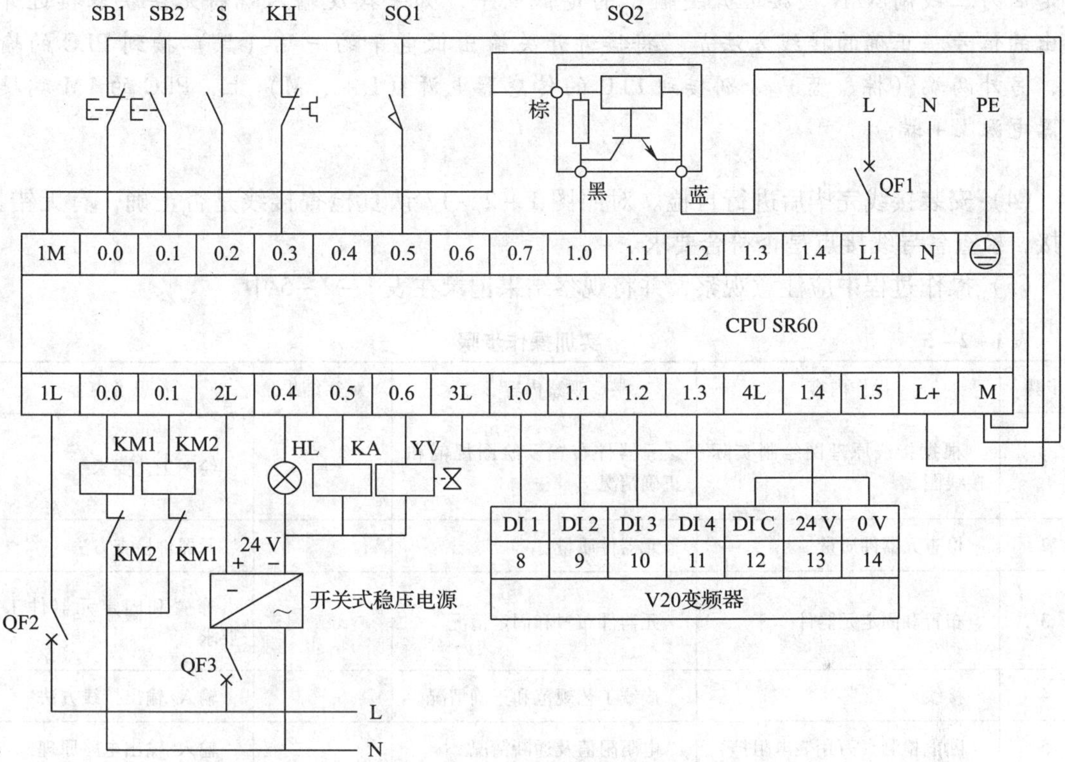

图 1－2－17　S7－200 SMART CPU SR60 模块接线原理图

注意

图 1－2－9 中的 PNP 型接近开关采用了漏型输入接法，图 1－2－17 中的 NPN 型接近开关采用了源型输入接法。由于 S7－200 SMART CPU SR60 的输入端子是不分组的，所以图 1－2－17 中的其他输入设备因 NPN 型接近开关而全部采用了源型输入接法。

2. 步骤及工艺要求

（1）配齐元器件，并检查质量。

（2）绘制元器件布置图，布置和固定元器件。要求元器件布置整齐、匀称、合理，固定牢靠，并贴上醒目的文字符号。

（3）绘制实际接线图，按照工艺要求接线。首先要熟悉输入/输出设备的接线原理和方法，再根据图 1－2－17 所示的接线原理图绘制实际接线图，最后按照工艺要求接线。要求接线紧固、不反圈、不压绝缘皮、不露铜过长、不损伤导线绝缘或线芯、线号编码正确齐全。

操作提示

在三线制 NPN 型接近开关与 PLC 输入端的接线过程中，不能将电源线和输出线接反，这是因为三线制 NPN 型接近开关输出的是低电平，如果接反输入端将无法获取接近开关输出的信号。正确的接线方法是：将接近开关输出低电平的一端（黑）接到 PLC 的输入端，另外两端（棕、蓝）分别接到 PLC 的传感器电源（L+、M）上，PLC 的 1M 端接传感器电源 L+端。

（4）安装接线完毕后进行自检。对照图 1-2-17 认真检查接线是否正确，有无错接、漏接，检查各导线接点是否符合要求。

（5）操作过程中应注意观察，并将观察结果记录在表 1-2-5 中。

表 1-2-5　　实训操作步骤

步骤	操作内容	观察内容	观察结果	思考内容
1	根据接线原理图绘制实际接线图	元器件布置及绘图规范和正确情况		绘图工艺要求
2	检查元器件质量	元器件质量		元器件检查方法
3	布置和固定元器件	元器件布置和固定情况		布置和固定元器件工艺要求
4	接线	接线工艺规范和正确情况		输入/输出接线方法
5	断电检测（万用表电阻挡）	电阻阻值及通断情况		输入/输出电路原理
6	清理台位，整理工具			

任务测评

按照表 1-2-6 中的要求进行任务测评。

表 1-2-6　　任务测评表

序号	考核内容	配分	考核要求	评分标准	扣分	得分
1	识别外部特征	10	正确识别 CPU 模块的外部特征	有错误或遗漏，每处扣 1 分		
2	绘制 PLC 实际接线图	20	正确绘制 PLC 实际接线图	（1）PLC 实际接线图绘制有误或画法不规范，每处扣 2 分 （2）图形符号和文字符号用法错误，每处扣 1 分		

续表

序号	考核内容	配分	考核要求	评分标准	扣分	得分
3	元器件布置和固定	10	元器件布置合理，不损坏元器件，安装牢固	（1）损坏元器件，每个扣5分 （2）元器件布置不整齐匀称、不合理，每个扣2分 （3）元器件安装不牢固，漏装木螺钉等，每个扣2分		
4	接线	40	按照PLC实际接线图安装接线，配线符合工艺要求	（1）布线不紧固、不美观，每根扣2分 （2）反圈、压绝缘皮、损伤导线绝缘或线芯，每根扣2分 （3）线号标记遗漏、误标或不清楚，每处扣1分 （4）不按PLC实际接线图安装接线，每处扣5分		
5	线路检测	20	正确使用万用表电阻挡检测线路电阻阻值及通断情况	（1）不会使用万用表检测，扣5分 （2）检测发现线路有错误，每处扣2分		
6	安全与文明生产		遵守国家相关专业安全与文明生产规程	违反安全与文明生产规程，酌情扣分		
开始时间			结束时间		成绩	

任务3　可编程序控制器编程软件的使用

学习目标

1. 了解PLC的程序结构。

2. 理解PLC的编址方式，了解PLC的编程元件和数据类型。

3. 掌握编程软件的使用方法。

4. 能采用梯形图程序输入法输入PLC控制程序，并能利用梯形图的程序状态监控及强制数据方法模拟调试PLC控制程序。

任务引入

图1－3－1所示为三相异步电动机点动正转控制线路，其中，图1－3－1a为原理图，

图 1－3－1b 为控制时序图。点动正转控制线路适用于电动机短时间运转操作。

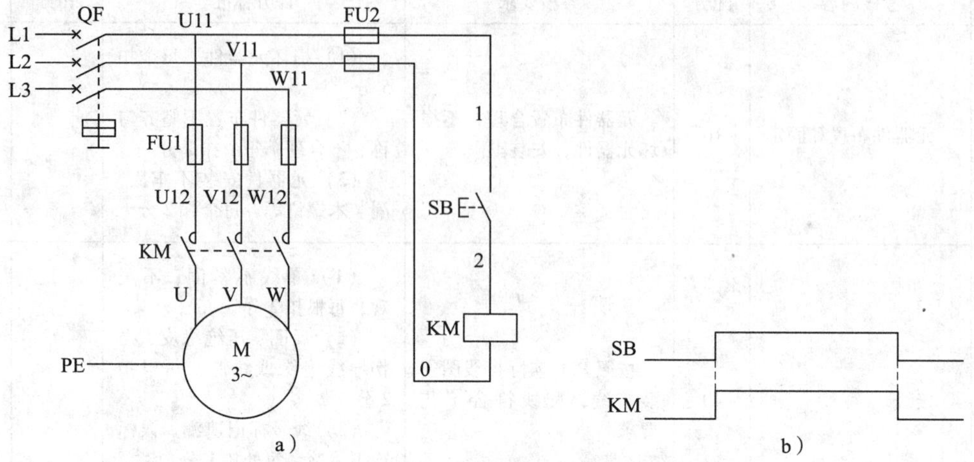

图 1－3－1　三相异步电动机点动正转控制线路

a）原理图　b）控制时序图

本任务要求将图 1－3－1 所示的传统继电器控制方式改为 PLC 控制方式，完成三相异步电动机点动正转 PLC 控制线路的设计、安装和调试。控制要求如下：

1. 按下点动按钮 SB，接触器 KM 线圈得电，电动机 M 启动运转。松开点动按钮 SB，接触器 KM 线圈失电，电动机 M 失电停转。

2. 具有短路保护等必要的保护措施。

利用 PLC 改造继电器控制线路主要是针对控制电路（主电路一般保持不变），即用 PLC 的外部硬件接线和 PLC 存储的程序控制逻辑（如梯形图、语句表等）来代替继电器电路，以实现继电器电路的硬件接线所表达的控制逻辑。

本任务中，点动按钮 SB 属于 PLC 的输入设备，产生输入信号，应与 PLC 的输入端子相连接；接触器 KM 线圈属于输出设备（负载），应与 PLC 的输出端子相连接。由于 S7－200 SMART 系列 PLC（继电器输出型）输出端子允许的电压范围为 AC 5～250 V，因此，需要将图 1－3－1 中接触器 KM 线圈的额定电压由 AC 380 V 改为 AC 220 V，以适应 PLC 输出端子的电压要求。

对于电动机点动正转控制线路中点动按钮 SB 和接触器 KM 线圈之间的简单逻辑关系，根据表 1－1－2 中 PLC 等效继电器与继电器电路的电气符号对照关系即可设计出 PLC 控制程序。本任务的重点是学习编程软件的使用方法。

实施本任务所使用的实训设备可参考表 1－3－1。

表 1－3－1　　实训设备清单

序号	设备名称	型号及规格	数量	单位	备注
1	微型计算机	带 STEP 7－Micro/WIN SMART 软件	1	台	
2	编程电缆	以太网电缆或 USB－PPI 电缆	1	条	
3	可编程序控制器	S7－200 SMART CPU SR60	1	台	配 C45 导轨

续表

序号	设备名称	型号及规格	数量	单位	备注
4	低压断路器	Multi9 C65N D20，单极	2	个	
5	低压断路器	Multi9 C65N D20，三极	1	个	
6	熔断器	RT28－32/4	3	个	
7	按钮	LA19	1	个	绿色
8	交流接触器	CJX2－1211，线圈 AC 220 V	1	个	
9	接线端子排	TB－1510，10 位	1	条	
10	配电盘	600 mm×900 mm	1	块	
11	三相异步电动机	Y801－4，0.75 kW	1	台	

相关知识

一、PLC 的程序结构

S7－200 SMART CPU 的控制程序由主程序、子程序和中断程序组成。主程序、子程序和中断程序总称为程序组织单元（program organizational units，POU），各程序的含义见表 1－3－2。

表 1－3－2　程序组织单元中各程序的含义

名称	含义
主程序	主程序是程序主体，每个项目都必须有并且只能有一个主程序，在主程序中可以调用子程序，子程序又可以调用其他子程序。每个扫描周期都要执行一次主程序
子程序	子程序是可选的，仅在被其他程序调用时执行。同一个子程序可以在不同的地方被多次调用。一个项目最多可以有 128 个子程序。使用子程序可以简化程序代码并缩短扫描时间
中断程序	中断程序用来及时处理与用户程序的执行时序无关的操作，或者用来处理无法事先预测何时发生的中断事件。中断程序不是由用户程序调用，而是当中断事件发生时由操作系统调用。一个项目最多可以有 128 个中断程序。中断程序是用户编写的

二、PLC 的编程元件、编址方式和数据类型

1. 编程元件

在系统程序的管理下，S7－200 SMART 系列 PLC 将用户程序存储器的数据存储区划分为若干个区域，并将这些区域赋予不同的功能，由此组成了各种内部元件，这些内部元件就是 PLC 的编程元件。沿用传统继电器的命名习惯，PLC 的编程元件包括输入继电器（即过程映像输入寄存器）I、输出继电器（即过程映像输出寄存器）Q、辅助继电器（即位存储器或标志存储器）M、特殊辅助继电器（即特殊存储器）SM、定时器（即定时器存储器）T、计数器（即计数器存储器）C、变量存储器 V、顺序控制继电器 S、局部存储器 L、模拟量输入继电器（即模拟量过程映像输入寄存器）AI、模拟量输出继电器（即模拟量过程映像输出寄存器）AQ、累加器 AC 和高速计数器 HC 等。

值得注意的是，PLC 的内部并不存在这些实际的物理元件，与其对应的只是用户程序存储器的数据存储区中的各个存储区域。一个继电器对应存储器的一个基本单元，即 1 位二进制数；多个继电器对应多个基本单元，8 个基本单元构成一个 8 位二进制数，即 1 个字节，正好占用存储器的一个存储单元；连续两个存储单元构成一个 16 位二进制数，即 1 个字；连续的两个字构成 1 个双字。各种编程元件各自占有一定数量的存储单元。使用这些编程元件，实质上就是将相应存储器的存储内容以位、字节、字或双字的形式进行存取。

2. 编址方式

PLC 存储器由许多存储单元组成，每个存储单元都有唯一的地址，可以根据存储器地址来存取数据。存储器的单位可以是位、字节、字、双字，编址方式可以是位编址、字节编址、字编址和双字编址。

（1）位编址

位编址由存储器标识符、字节地址、分隔符和位号四部分组成。位编址也称为“字节．位”编址，如 I0.1、M0.0、Q0.3 等。如图 1－3－2 所示，I3.4 表示图中黑色标记的位地址，I 是存储器（过程映像输入寄存器）的标识符，3 是字节地址，4 是位号，字节地址 3 和位号 4 之间用点号“．”隔开。

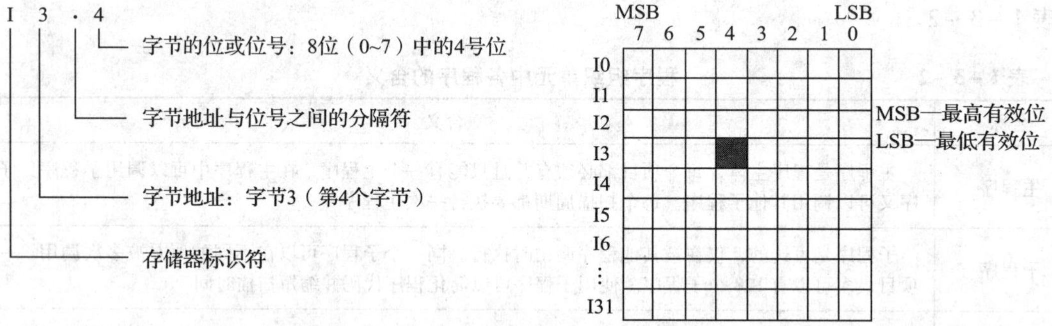

图 1－3－2　位地址 I3.4 的表达方式

按照“字节．位”编址的存储器有：I、Q、M、SM、S、L 和 V。

（2）字节、字和双字编址

字节、字和双字编址方式见表 1－3－3。

表 1－3－3　字节、字和双字编址方式

编址方式	编址格式、示例及存储器	
字节编址	格式	存储器标识符 + B + 字节地址，如 IB0、QB0、VB100 等
	示例	MSB 7　LSB 0　VB100 [VB100] V B 100 —— 字节地址；B —— 按字节编址；V —— 存储器标识符
	存储器	I、Q、M、SM、S、L、V 和 AC

续表

编址方式		编址格式、示例及存储器
字编址	格式	存储器标识符＋W＋起始字节地址，如 VW100 表示 VB100、VB101 这两个字节组成的字，其中 VB100 是高有效字节，VB101 是低有效字节
	示例	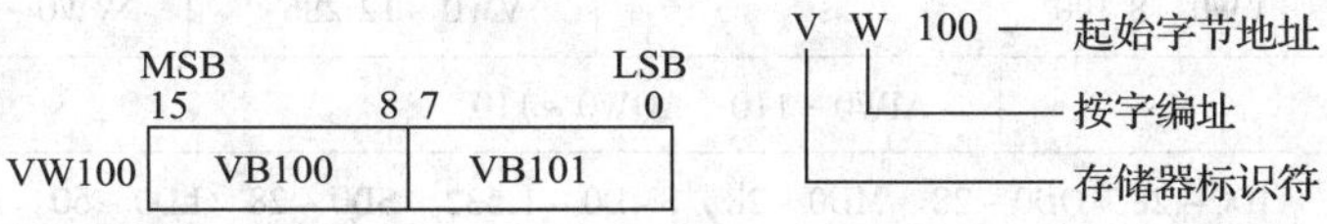
	存储器	I、Q、M、SM、S、T、C、L、V、AC、AI 和 AQ
双字编址	格式	存储器标识符＋D＋起始字节地址，如 VD100 表示由 VW100、VW102 这两个字组成的双字或由 VB100、VB101、VB102、VB103 这 4 个字节组成的双字，其中 VB100 是最高有效字节，VB103 是最低有效字节
	示例	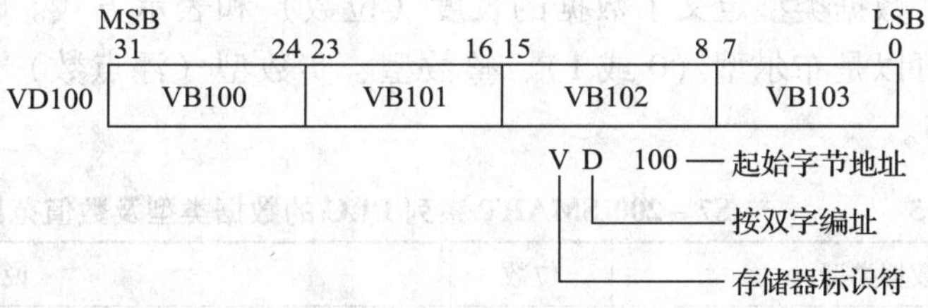
	存储器	I、Q、M、SM、S、L、V、AC 和 HC

小提示　变量存储器 V 主要用于存储变量，可以存放数据运算的中间运算结果或设置参数。在进行数据处理时，会经常用到变量存储器。变量存储器可以是位编址，也可以是字节、字、双字编址。其中，位编址的编号范围根据 CPU 型号的不同而有所差异，CPU SR20/ST20 为 V0.0～8 191.7 共 8 KB 存储容量，CPU SR30/ST30 为 V0.0～12 287.7 共 12 KB 存储容量，CPU SR40/ST40 为 V0.0～16 383.7 共 16 KB 存储容量，CPU SR60/ST60 为 V0.0～20 479.7 共 20 KB 存储容量。

S7－200 SMART CPU 存储器的范围见表 1－3－4。S7－200 SMART CPU 通过地址访问数据，地址是访问数据的依据，访问数据的过程称为寻址。

表 1－3－4　　S7－200 SMART CPU 存储器的范围

寻址方式	紧凑型 CPU	CPU SR20 CPU ST20	CPU SR30 CPU ST30	CPU SR40 CPU ST40	CPU SR60 CPU ST60
位访问（字节．位）	I0.0～31.7　Q0.0～31.7　M0.0～31.7　SM0.0～1 535.7　S0.0～31.7　T0～255　C0～255　L0.0～63.7				
	V0.0～8 191.7		V0.0～12 287.7	V0.0～16 383.7	V0.0～20 479.7
字节访问	IB0～31　QB0～31　MB0～31　SMB0～1 535　SB0～31　LB0～63　AC0～3				
	VB0～8 191		VB0～12 287	VB0～16 383	VB0～20 479

续表

寻址方式	紧凑型 CPU	CPU SR20 CPU ST20	CPU SR30 CPU ST30	CPU SR40 CPU ST40	CPU SR60 CPU ST60
字访问	IW0 ~ 30　QW0 ~ 30　MW0 ~ 30　SMW0 ~ 1 534　SW0 ~ 30　T0 ~ 255　C0 ~ 255　LW0 ~ 62　AC0 ~ 3				
	VW0 ~ 8 190		VW0 ~ 12 286	VW0 ~ 16 382	VW0 ~ 20 478
	—	AIW0 ~ 110　AQW0 ~ 110			
双字访问	ID0 ~ 28　QD0 ~ 28　MD0 ~ 28　SMD0 ~ 1 532　SD0 ~ 28　LD0 ~ 60　AC0 ~ 3　HC0 ~ 3				
	VD0 ~ 8 188		VD0 ~ 12 284	VD0 ~ 16 380	VD0 ~ 20 476

3. 数据类型

PLC 的编程语言中，大多数指令要与数据对象一起进行操作。不同的数据对象具有不同的数据类型，数据类型定义了数据的长度（位数）和表示方式。S7 - 200 SMART 系列 PLC 的数据类型可以是布尔型（0 或 1）、整数型、实数型（浮点数）或字符串型，其数值范围见表 1 - 3 - 5。

表 1 - 3 - 5　　S7 - 200 SMART 系列 PLC 的数据类型及数值范围

数据类型		位数	说明
布尔型（BOOL）		1	位范围：0，1
无符号整数	字节型（BYTE）	8	字节范围：0 ~ 255
	字型（WORD）	16	字范围：0 ~ 65 535
	双字型（DWORD）	32	双字范围：0 ~ （$2^{32}-1$）
有符号整数	字节型（BYTE）	8	字节范围：－128 ~ 127
	整型（INT）	16	整数范围：－32 768 ~ 32 767
	双整型（DINT）	32	双字整数范围：-2^{31} ~ （$2^{31}-1$）
实数型（REAL）		32	$\pm 1.175\ 495 \times 10^{-38}$ ~ $\pm 3.402\ 823 \times 10^{38}$（ANSI/IEEE 754 - 1 985 浮点数）
字符串型		32	每个字符以字节形式存储，最大长度为 255 个字节，第一个字节定义该字符串的长度

编程中经常会使用常数，常数数据长度可以字节、字和双字为单位。在机器内部，数据都是以二进制形式存储的，但常数的书写可以用二进制、十进制、十六进制、ASCII 码或浮点数（实数）等多种形式。关于几种常数形式的说明如下：

（1）二进制的书写格式为“2#二进制数值”，如 2#0001010110101100。

（2）十进制的书写格式为“十进制数值”，如 2 138。

（3）十六进制的书写格式为“16#十六进制数值”，如 16#3BD7。

（4）ASCII 码的书写格式为“ASCII 码文本”，如 show terminus。

（5）浮点数的书写格式按 IEEE 浮点数格式，如 10.8。

小提示　“#”为常数的进制格式说明符，如果常数无任何格式说明符，则系统默认为十进制数；浮点数的书写必须有小数点。

三、STEP 7 – Micro/WIN SMART V2.7 编程软件的使用

STEP 7 – Micro/WIN SMART V2.7 编程软件是基于 Windows 操作系统的应用软件，由西门子公司专为 S7 – 200 SMART 系列 PLC 研制开发。该软件功能强大，界面友好，有联机帮助功能，既可用于开发用户程序，又可实时监控用户程序的执行状态。STEP 7 – Micro/WIN SMART V2.7 编程软件能在 Windows 7（32 位、64 位）/Windows 10 上运行，支持 LAD、STL、FBD 语言。在沿用 STEP 7 – Micro/WIN 优秀编程理念的同时，增加了更多的人性化设计，使编程更加方便，开发项目更加高效。只需一根普通网线即可通过以太网端口连接计算机进行编程，无须其他编程电缆。

编程软件的界面

1. 编程软件的界面

STEP 7 – Micro/WIN SMART V2.7 编程软件的界面如图 1 – 3 – 3 所示。

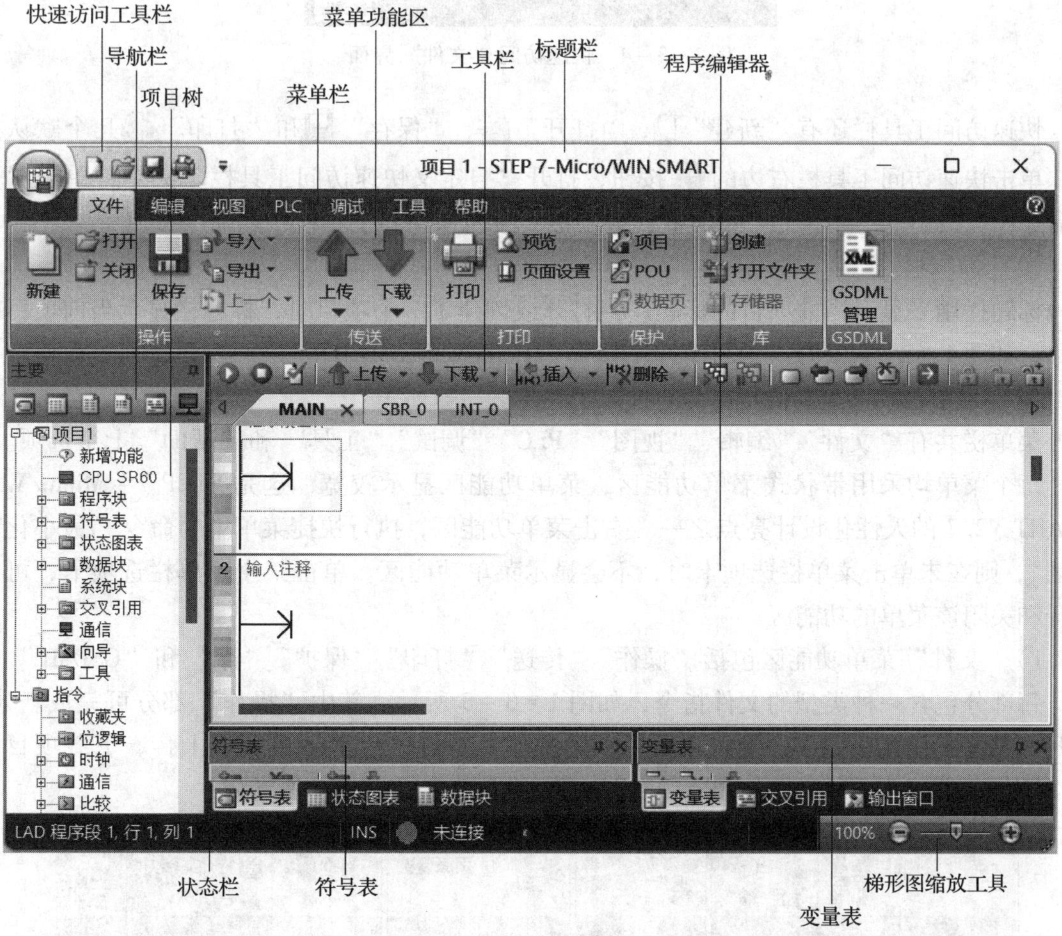

图 1 – 3 – 3　STEP 7 – Micro/WIN SMART V2.7 编程软件的界面

（1）快速访问工具栏

快速访问工具栏在界面的左上方。单击快速访问工具栏中的“文件”按钮，弹出图 1－3－4 所示的界面，可简单、快速地访问“文件”菜单的大部分功能以及最近文档。

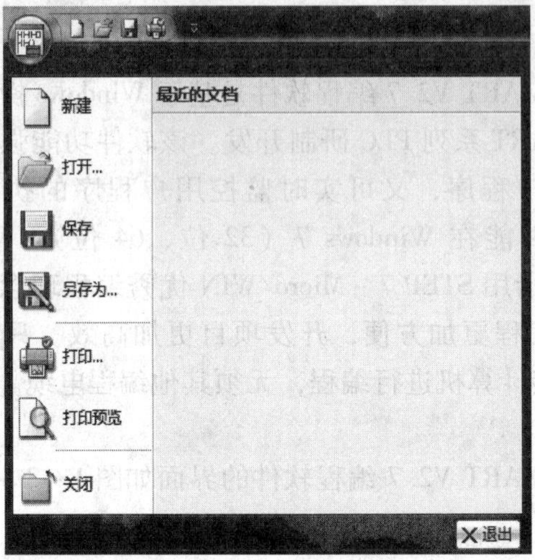

图 1－3－4　快速访问“文件”界面

快速访问工具栏还有“新建”、“打开”、“保存”和“打印”几个默认按钮。单击快速访问工具栏右边的按钮，打开“自定义快速访问工具栏”菜单，单击“更多命令…”，弹出“自定义”对话框，可以增、减快速访问工具栏中的命令按钮。

（2）标题栏

标题栏用来显示当前项目的标题。当打开或创建了一个项目时，标题栏显示当前项目的名称，如图 1－3－3 中的“项目 1－STEP 7－Micro/WIN SMART”。

（3）菜单栏和菜单功能区

菜单栏共有“文件”“编辑”“视图”“PLC”“调试”“工具”和“帮助”七个选项。

每个菜单均采用带状式菜单功能区，菜单功能区显示较宽，这是 STEP 7－Micro/WIN SMART V2.7 的人性化设计亮点之一。右击菜单功能区，执行快捷菜单中的命令“最小化功能区”，则在未单击菜单栏选项卡时，不会显示菜单功能区。单击某个菜单栏选项卡，可以打开和关闭该菜单的功能区。

1）“文件”菜单功能区包括“操作”“传送”“打印”“保护”“库”和“GSDML”部分，每部分包含一种类型的文件指令，如图 1－3－5 所示。其中“操作”部分可完成新建、打开、关闭、保存、导入、导出、上一个等操作。“传送”部分可完成上传、下载项目等操作。

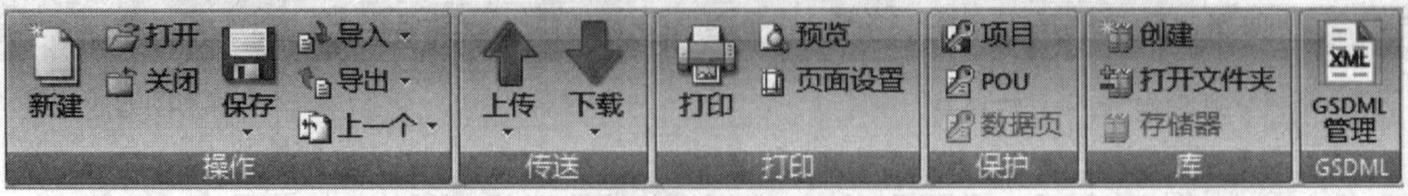

图 1－3－5　“文件”菜单功能区

2）“编辑”菜单功能区包括“剪贴板”“插入”“删除”和“搜索”部分，这些部分对多种编辑命令进行了分组，如图1－3－6所示。其中“剪贴板”部分可完成粘贴、剪切、复制、撤销等操作。“插入”部分可在程序中插入对象，包括图表、数据页、子程序等，还可以在程序中插入行、列、程序段、水平线、垂直线等。可用的“插入”菜单选项取决于正在编辑的窗口组件和光标位置。

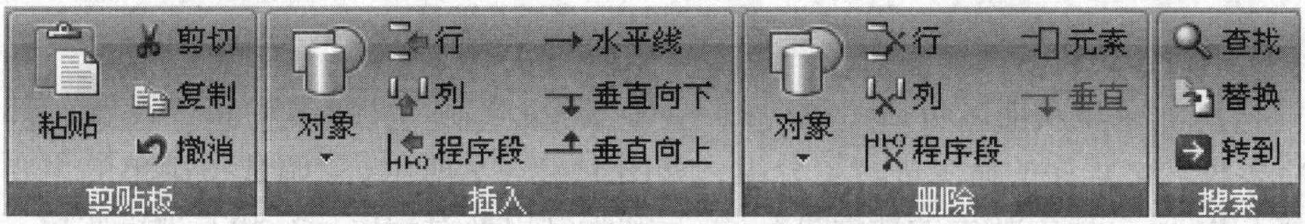

图1－3－6　“编辑”菜单功能区

3）“视图”菜单功能区包括“编辑器”“窗口”“符号”“注释”“书签”和“属性”部分，如图1－3－7所示。其中“编辑器”部分可完成STL、LAD、FBD选择操作。“窗口”部分可完成符号表、状态图表、数据块、交叉引用、系统块、通信、变量表、项目树、输出窗口、复位视图等组件的选择操作，各组件的作用见表1－3－6。

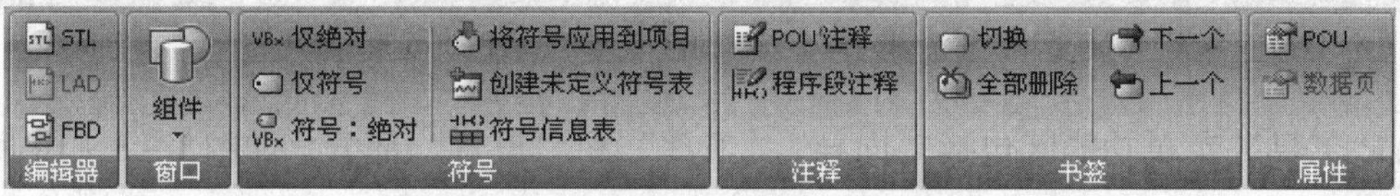

图1－3－7　“视图”菜单功能区

表1－3－6　“窗口”部分各组件的作用

组件	作用
符号表	用于为存储器的地址定义符号。用符号代替存储器的地址，便于记忆和阅读程序。符号表中定义的符号为全局变量，可以用于所有的POU
状态图表	用表格或趋势视图来监视、修改和强制程序执行时指定变量的状态
数据块	用于给V存储区地址分配数据初始值
交叉引用	用于检查段序中参数当前的赋值情况，可以防止无意间的重复赋值。必须编译程序后才能查看交叉引用
系统块	用于为S7－200 SMART CPU模块、信号板和扩展模块组态并设置各种参数
通信	用于建立计算机与PLC之间的通信连接以及通信参数的设置和修改
变量表	用于定义对特定POU局部有效的变量
项目树	用于提供编程用到的所有命令和PLC指令的快捷操作
输出窗口	用于列出最近编译的POU和在编译期间发生的所有错误
复位视图	用于将所有窗口重置为默认视图

4）“PLC”菜单功能区包括“操作”“传送”“存储卡”“信息”和“修改”部分，这些部分将多种PLC命令进行了分组，如图1－3－8所示。其中“操作”部分可完成PLC的

RUN/STOP 模式选择和编译操作。“传送”部分可完成上传、下载项目等操作。

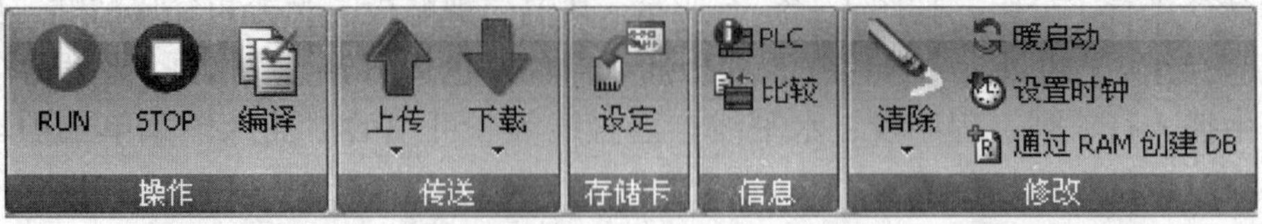

图 1－3－8　“PLC”菜单功能区

5）“调试”菜单功能区包括“读/写”“状态”“强制”“扫描”和“设置”部分，这些部分将多种调试程序的命令进行了分组，如图 1－3－9 所示。“调试”菜单的主要功能是在线连接 CPU 后，对 CPU 中的数据进行读/写和强制以及对程序运行状态进行监控。这里的“执行单次”和“执行多次”扫描功能是指 CPU 从停止状态开始执行一个扫描周期或多个扫描周期后自动进入停止状态，常用于对程序的单步或多步调试。

图 1－3－9　“调试”菜单功能区

6）“工具”菜单功能区包括“向导”“工具”和“设置”部分，如图 1－3－10 所示。

图 1－3－10　“工具”菜单功能区

7）“帮助”菜单功能区包括“Web”“信息”和“版本”部分，供访问不同类型的信息，如图 1－3－11 所示。

图 1－3－11　“帮助”菜单功能区

（4）项目树和导航栏

项目树用于组织项目。一个项目包含的基本组件有程序块、数据块、系统块、符号表、状态图表、交叉引用。程序块、数据块、系统块必须下载到 PLC，而符号表、状态图表、交叉引用不必下载到 PLC。其中，程序块显示当前项目包含的 POU。右击某个 POU，可以对其进行重命名。一个项目必须有且只能有一个主程序，所以主程序是无法删除的。

右击项目树的空白区域，可以选择快捷菜单中的“单击打开项目”命令，设置用单击或双击的方式打开项目树中的对象。

单击“工具”菜单功能区中的“选项”按钮，再单击“选项”对话框中的“项目树”，“启用指令树自动折叠”多选框用于设置打开项目树中的某个文件夹时，是否自动折叠项目树中原来打开的文件夹。

单击项目树右上角的按钮，项目树将隐藏到界面的最左边，程序编辑器的区域将会扩大。将光标放到隐藏的项目树图标上，项目树将会重新出现，此时单击项目树右上角的按钮，项目树将自动固定到界面左侧原来的位置。

项目树上方的导航栏包含“符号表”“状态图表”“数据块”“系统块”“交叉引用”和“通信”六个按钮。单击导航栏中的某个按钮与单击项目树中对应选项的效果是相同的。

（5）程序编辑器

程序编辑器是编写和修改用户程序的区域。STEP 7 - Micro/WIN SMART 提供了 STL、LAD 和 FBD 三个程序编辑器。

在程序编辑器中打开用户程序有两种方法：一是单击“文件”菜单功能区的“新建”“打开”或“导入”按钮，打开 STEP 7 - Micro/WIN SMART 项目。二是在项目树中打开“程序块”文件夹，方法是单击“程序块”文件夹前的⊞或双击“程序块”文件夹，然后双击主程序、子程序或中断程序，以打开所需的 POU，也可以单击选中相应的 POU 后按 Enter 键打开。

可以通过“视图”菜单功能区的“编辑器”部分将程序编辑器更改为 LAD、FBD 或 STL。通过“工具”菜单功能区的“设置”部分，可配置启动时的默认编辑器。

程序编辑器窗口包括工具栏、POU 选择器、POU 注释、程序段编号、程序段注释和装订线六部分，如图 1 - 3 - 12 所示。程序编辑器窗口中各部分的作用见表 1 - 3 - 7。

图 1 - 3 - 12　程序编辑器窗口

表 1 - 3 - 7　　程序编辑器窗口各部分的作用

序号	名称	作用
①	工具栏	包括一些常用操作按钮以及可放置到程序段中的通用程序元素
②	POU 选择器	能够在主程序、子程序和中断程序之间进行切换，主程序始终是第一个选项卡。当用户在主程序外建立子程序或中断程序时，相应的选项卡会自动出现
③	POU 注释	显示在 POU 中第一个程序段上方，提供详细的 POU 注释。每条 POU 注释最多可以有 4 096 个字符

续表

序号	名称	作用
④	程序段编号	为程序段进行编号。编号会自动进行，取值范围为 1 ~ 65 536
⑤	程序段注释	显示在程序段旁，为每个程序段提供详细的注释。每条程序段注释最多可有 4 096 个字符
⑥	装订线	位于程序编辑器窗口左侧的灰色区域，可在该区域内单击选择单个程序段或拖动选择多个程序段。STEP 7 - Micro/WIN SMART 还在此区域显示各种符号，如书签和 POU 密码保护锁。

（6）工具栏

编程软件将最常用的操作以按钮形式设定到工具栏中，以提供简便的鼠标操作，如图 1 - 3 - 13 所示。

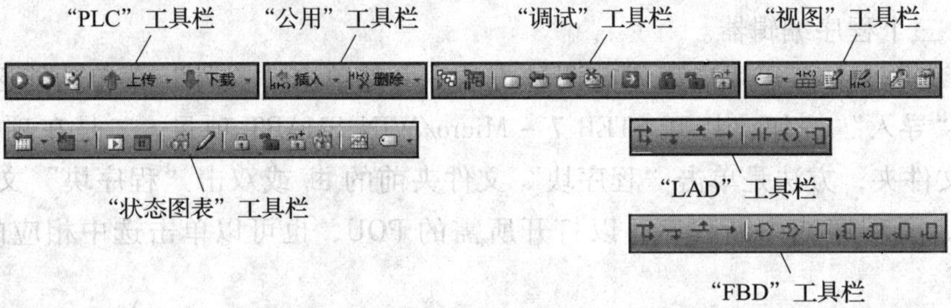

图 1 - 3 - 13　工具栏

STL 程序编辑器包括“PLC”“公用”“调试”和“视图”四个工具栏，LAD 和 FBD 程序编辑器在 STL 程序编辑器的基础上分别增加了“LAD”和“FBD”工具栏。当打开状态图表时，“状态图表”工具栏处于可见状态，该工具栏提供处理状态图表的常用功能。

（7）状态栏

状态栏位于主窗口底部，提供软件执行操作的相关信息。在编辑模式下，状态栏显示编辑器的信息，如当前是 INS（插入）模式还是 OVR（覆盖）模式，可以用 Insert 键切换这两种模式。此外，状态栏还可以显示在线状态信息，包括 CPU 状态、通信连接状态、CPU 的 IP 地址和可能的错误等。还可以用状态栏右边的梯形图缩放工具放大和缩小梯形图程序。

2. 编程软件的窗口操作

采用全移动式界面窗口也是 STEP 7 - Micro/WIN SMART V2. 7 编程软件的人性化设计之一。每个编辑窗口均可按选择的方式停放、浮动以及排列在屏幕上。可单独显示每个窗口，也可合并多个窗口以从对应选项卡访问各窗口。

编程软件的窗口操作

扫描右侧二维码，可了解 STEP 7 - Micro/WIN SMART V2. 7 编程软件界面的窗口操作方法。

任务实施

一、选配 PLC

根据控制要求，本任务只需要简单的开关量控制，并且仅有点动按钮 SB 和接触器 KM 这两个外部设备，即只需要 1 个输入点和 1 个输出点。如限于从 S7－200 SMART 系列 PLC 中选择，选择 S7－200 SMART CPU SR20 模块即可满足要求。受实际教学条件限制，本书将统一选择西门子 S7－200 SMART CPU SR60 模块（除有特殊要求的任务），而不再根据任务控制要求的不同对 PLC 机型、容量等做实际选择。

二、分配 I/O 地址

I/O 地址分配见表 1－3－8。

表 1－3－8　I/O 地址分配

输入				输出			
输入设备	文字符号	作用	输入继电器	输出设备	文字符号	作用	输出继电器
点动按钮	SB	点动	I0.0	接触器	KM	控制电动机	Q0.0

三、绘制并安装 PLC 控制线路

三相异步电动机点动正转 PLC 控制线路图如图 1－3－14 所示。

PLC 控制线路布线

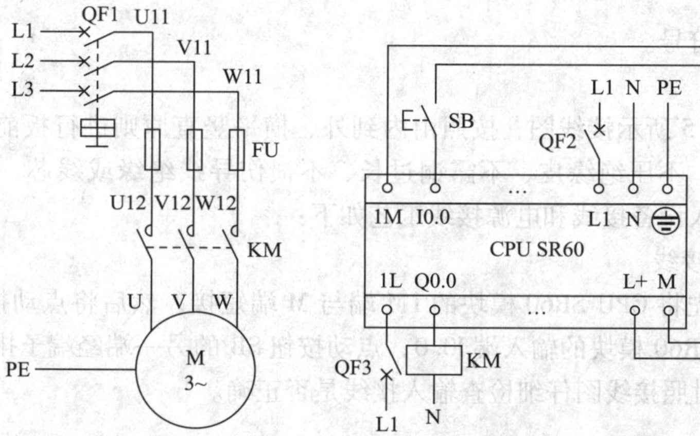

图 1－3－14　三相异步电动机点动正转 PLC 控制线路图

根据三相异步电动机点动正转 PLC 控制线路图绘制 PLC 控制接线图，如图 1－3－15 所示。安装 PLC 控制线路时，接触器 KM 线圈暂时不接到 PLC 输出端 Q0.0，待模拟调试通过后再连接。

1. 配齐并检查元器件

根据表 1－3－1 配齐相关的元器件，检查元器件的规格是否符合要求，并用万用表检测元器件是否完好。

2. 布置和固定元器件

按照图 1－3－15 布置、固定元器件。要求元器件布置整齐、匀称、合理，固定牢靠，

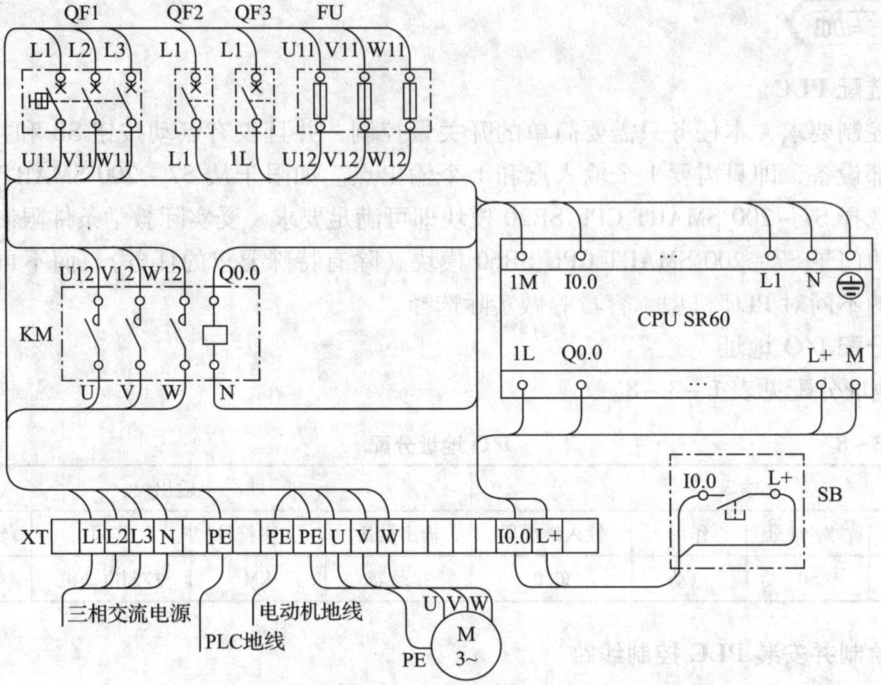

图 1－3－15　三相异步电动机点动正转 PLC 控制接线图

并贴上醒目的文字符号。

3. 布线

根据图 1－3－15 所示接线图，按照由内到外、横平竖直原则进行板前明线布线，要求布线紧固、不反圈、不压绝缘皮、不露铜过长、不损伤导线绝缘或线芯、线号编码正确齐全。其中，PLC 输入设备接线和电源接线工艺如下：

（1）输入设备接线

根据接线图，先将 CPU SR60 模块的 1M 端与 M 端短接，然后将点动按钮 SB 的一端经端子排 XT 接 CPU SR60 模块的输入端 I0.0，点动按钮 SB 的另一端经端子排 XT 接 CPU SR60 模块的 L＋端，再对照接线图仔细检查输入接线是否正确。

（2）电源接线

根据接线图，先将 CPU SR60 模块的 ⏚ 端经端子排 XT 接地，然后将 CPU SR60 模块的 N 端经端子排 XT 接电源的 N 线，再将 CPU SR60 模块的 L1 端经低压断路器 QF2、端子排 XT 接电源的 L1 线。最后对照接线图仔细检查电源接线是否正确。

注意

（1）所有安装都必须在断电时进行。

（2）输入设备接线时，可以使用 CPU SR60 模块提供的 DC 24 V 传感器电源，也可以使用外部 DC 24 V 开关式稳压电源。

（3）S7－200 SMART CPU 模块的工作电源有 120～240 V 单相交流电源和 24 V 直流电

源两种。要根据 CPU 模块上标注的电源类型选择工作电源，如果把 AC 220 V 电源接到标注有“DC/DC/DC”的 CPU 模块的工作电源端（L+、M 之间），则会烧坏此 CPU 模块。

（4）PLC 的 ⏚ 端必须采用单独的接地装置接地，且接地线应尽量短而粗。

4. 自检

先对照接线图检查接线是否无误，再使用万用表检测电路的通断情况是否正确。

四、设计梯形图程序

1. 创建项目

（1）启动编程软件

双击计算机桌面上的 STEP 7 - Micro/WIN SMART 图标，打开编程软件，STEP 7 - Micro/WIN SMART 编程软件的界面如图 1 - 3 - 3 所示。

（2）创建新项目

启动编程软件后会自动创建一个新的项目。当 STEP 7 - Micro/WIN SMART 已经运行时，也可以用以下方法创建一个新的项目：

1）单击“文件”菜单功能区的“新建”按钮。

2）在快速访问工具栏中单击“新建”按钮。

3）按〈Ctrl + N〉快捷键组合。

小提示

当 STEP 7 - Micro/WIN SMART 已经运行时，可以用以下方法打开现有的项目：

1）在“文件”菜单功能区中单击“打开”按钮，然后导航到要打开的项目。

2）在“文件”菜单功能区中单击“上一个”按钮的下拉箭头，然后选择最近打开的项目。

3）在 Windows 资源管理器中导航到相应目录，然后双击要打开的项目。STEP 7 - Micro/WIN SMART 项目是带有“. smart”文件扩展名的文件。

4）按〈Ctrl + O〉快捷键组合。

（3）命名和保存项目

单击“文件”菜单功能区或快速访问工具栏中的“保存”按钮，或单击“保存”按钮的下拉箭头并从下拉菜单中选择“另存为”，或按〈Ctrl + S〉快捷键组合，弹出“另存为”对话框，如图 1 - 3 - 16 所示。

在“另存为”对话框中选择项目保存路径，文件名输入为“电动机点动正转 PLC 控制”，保存类型为“STEP 7 - Micro/WIN SMART 文件（＊. smart）”，然后单击“保存”按钮。

2. 硬件组态

S7 - 200 SMART 系列 PLC 与 S7 - 200 系列 PLC 不同，使用前需要对其进行硬件组态。

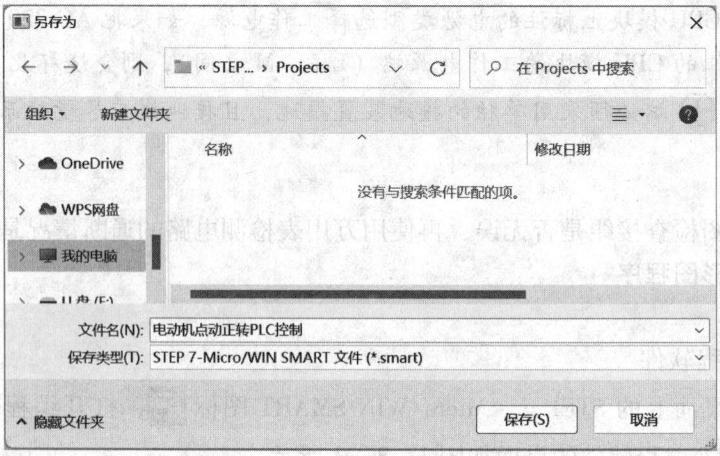

图 1－3－16　“另存为”对话框

硬件组态的任务是用系统块生成一个与实际硬件系统相同的系统，组态的 CPU 模块、信号板和扩展模块最好与实际硬件安装的位置和型号完全一致。组态硬件时，还需要设置 CPU 模块、信号板和扩展模块的参数，即给参数赋值。

单击导航栏中的“系统块”按钮，或双击项目树中的“系统块”，或直接双击项目树中的 CPU 型号，弹出“系统块”对话框，如图 1－3－17 所示。

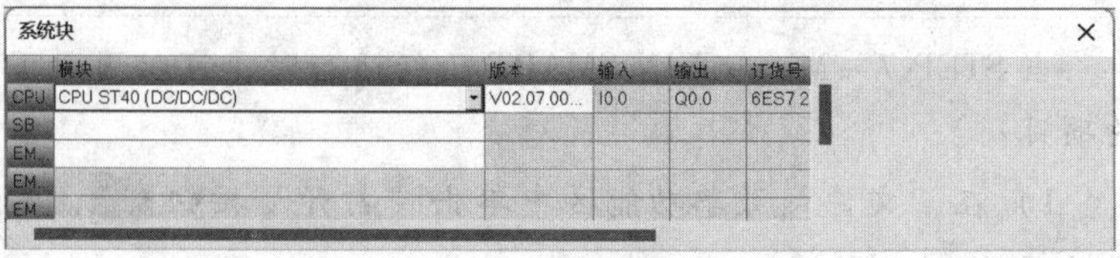

图 1－3－17　“系统块”对话框的上半部分

单击“CPU”行、“模块”列所确定的单元最右边的按钮，在下拉列表中选择实际使用的 CPU SR60（AC/DC/Relay），然后单击“确定”按钮，自动关闭“系统块”对话框。硬件组态完毕后，要对其进行保存。

小提示

（1）如果项目中组态的 CPU 型号或固件版本号与实际使用的 CPU 型号或固件版本号不匹配，下载项目时 STEP 7－Micro/WIN SMART 将发出警告信息。可以继续下载，但如果连接的 CPU 不支持项目需要的资源和功能，将会出现下载错误。

（2）如果使用信号板，可以单击“系统块”对话框中“SB”行、“模块”列所确定的单元最右边的按钮，设置信号板的型号。如果没有使用信号板，则该行为空白。用同样的方法还可以在“EM0～EM5”行设置实际使用的扩展模块的型号。扩展模块必须连续排列，中间不能有空行。如果想删除 CPU 模块、扩展模块或信号板，则选中对应单元，按 Delete 键删除即可。

硬件组态给出了 PLC 输入/输出点的地址，为设计用户程序打下了基础。S7－200 SMART 系列 PLC 输入/输出点的地址分配原则与 S7－200 系列 PLC 有所不同。扫描右侧二维码，可了解 S7－200 SMART 系列 PLC 输入/输出点的地址分配原则。

3. 编辑符号表

通过编辑符号表，用具有实际含义的符号来代替编程元件的绝对地址，可以方便阅读和程序调试。在实际工程中设计梯形图程序时，一般都需要编辑符号表。

符号表的制作

单击导航栏中的“符号表”按钮，或双击项目树“符号表”文件夹中的某个表名，即可打开符号表。项目树的“符号表”文件夹中有“表格 1”“系统符号”“POU Symbols”和“I/O 符号”四个对象，右击“I/O 符号”，选择快捷菜单中的“删除”命令删除 I/O 符号。然后在符号表中输入符号及相应地址，如图 1－3－18 所示。

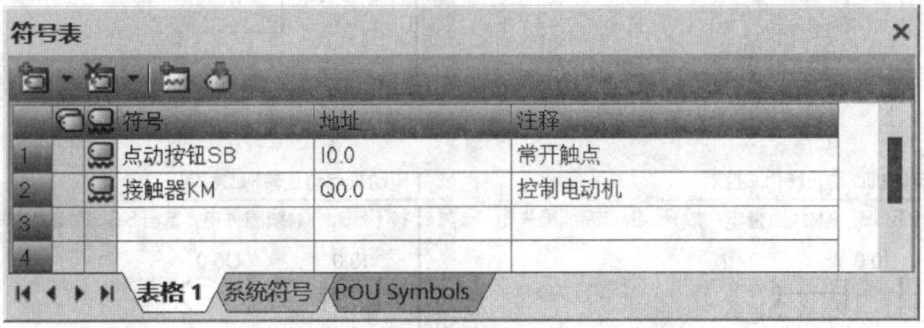

图 1－3－18　符号表

为了方便程序的调试和阅读，可以用符号表来定义地址或常数的符号。扫描右侧二维码，可了解符号表与符号表地址的使用方法。

4. 编写并输入程序

根据 I/O 地址分配表，按照表 1－1－4 所示的 PLC 等效继电器与继电器电路的电气符号对照关系，将图 1－3－1 所示电路中的点动按钮 SB（常开触点）和接触器 KM 线圈等电气元件用 PLC 梯形图中对应的软继电器符号表示，即可得到功能相同的梯形图，如图 1－3－19 所示。

梯形图程序输入方法

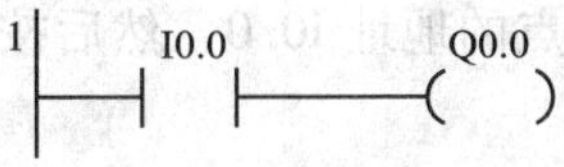

图 1－3－19　电动机点动正转 PLC 控制梯形图

生成新项目后，会自动打开梯形图程序编辑器的 MAIN（主程序）窗口。在 LAD 程序编辑器的 MAIN 窗口中，按以下步骤输入图 1－3－19 所示电动机点动正转 PLC 控制梯形图。

（1）输入程序注释和程序段注释

单击图 1－3－20a 中的“程序注释”处，输入程序注释为“电动机点动正转 PLC 控制”。单击“程序段注释”处，输入程序段 1 的注释为“按下 SB，KM 线圈得电；放开 SB，KM 线圈失电”，如图 1－3－20b 所示。

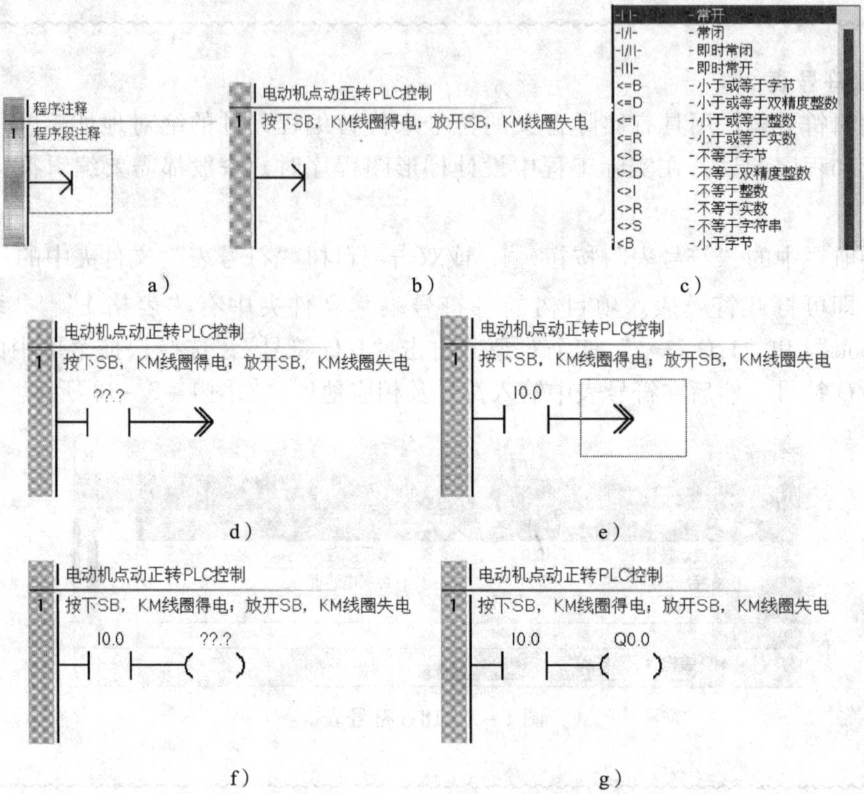

图 1－3－20　输入梯形图

a）原始状态　b）输入注释　c）“触点”下拉列表　d）输入常开触点 ⊣⊢

e）输入地址 I0.0　f）输入线圈 -( )　g）输入地址 Q0.0

（2）输入常开触点 I0.0

1）利用“LAD”工具栏按钮输入常开触点 I0.0。

① 将光标定位到程序段 1 左端箭头处，单击“LAD”工具栏中的“触点”按钮 ⊣⊢，出现触点下拉列表，如图 1－3－20c 所示。

② 单击常开触点 ⊣⊢ 或利用回车键选择常开触点即可将常开触点 ⊣⊢ 输入到所要编辑的位置，如图 1－3－20d 所示。

③ 在“??.?”处输入常开触点的地址 I0.0，然后按 Enter 键确认，如图 1－3－20e 所示。至此，一个指令输入完毕。

小提示　右击程序段 1 左端箭头处，选择快捷菜单中的“插入”命令，也可以输入常开触点 ⊣⊢。

2）利用项目树输入常开触点 I0.0，步骤如图 1－3－21 所示。

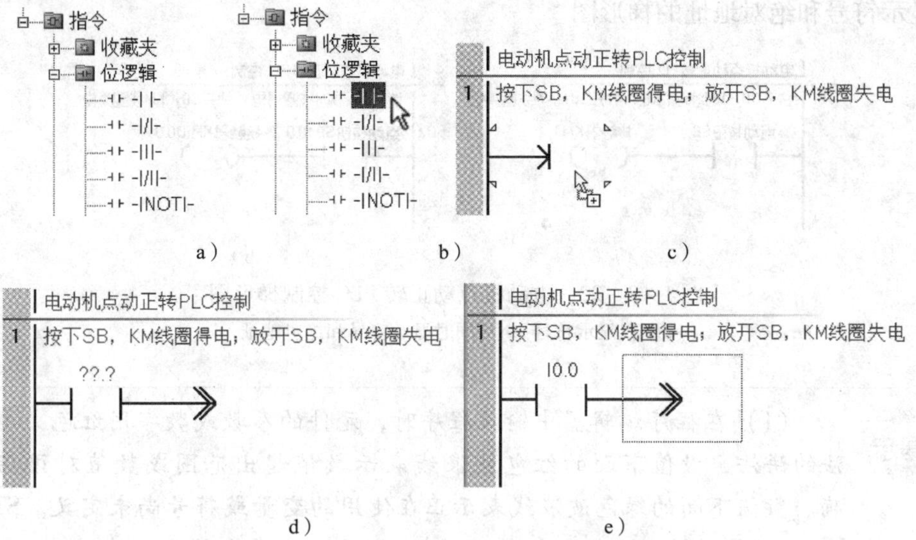

图 1－3－21　利用项目树输入常开触点 I0.0

a）选择指令类别　b）选择常开触点 -| |-　c）拖动至对应位置

d）释放指令　e）输入地址 I0.0

① 选择指令类别。在项目树的“指令”文件夹中单击“位逻辑”左侧的 ⊞，或双击“位逻辑”文件夹，如图 1－3－21a 所示。

② 选择指令。在打开的“位逻辑”文件夹中单击常开触点 -| |-，如图 1－3－21b 所示。

③ 拖动指令到对应位置。按住鼠标左键，拖动选择的常开触点 -| |- 到程序段 1 左端箭头处，如图 1－3－21c 所示。

④ 释放指令。释放鼠标左键，完成常开触点 -| |- 的放置，如图 1－3－21d 所示。

⑤ 在“??.?”处输入常开触点的地址 I0.0，然后按 Enter 键确认，如图 1－3－21e 所示。至此，一个指令输入完毕。

小提示

先在程序编辑器中将光标定位到程序段 1 左端箭头处，然后双击项目树中的常开触点 -| |-，常开触点 -| |- 也会自动出现在定位的位置上。

可以将常用的编程元件（如触点、线圈等）拖放到项目树“指令”列表的“收藏夹”文件夹中，方便编程时使用它们。

（3）输入线圈 Q0.0

将光标移动到常开触点 I0.0 的右边一格位置，采用与输入常开触点 I0.0 相同的方法输入线圈 -( )，如图 1－3－20f 所示。输入线圈 -( ) 的地址 Q0.0，如图 1－3－20g 所示。至此，梯形图输入完毕。

图 1－3－20f 所示梯形图是仅显示绝对地址的梯形图。在“视图”菜单功能区中单击“仅符号”按钮，即可得到图 1－3－22a 所示的仅显示符号的梯形图。若要同时查看符号和

绝对地址，在“视图”菜单功能区中单击“符号:绝对”按钮，即可得到图1－3－22b所示的同时显示符号和绝对地址的梯形图。

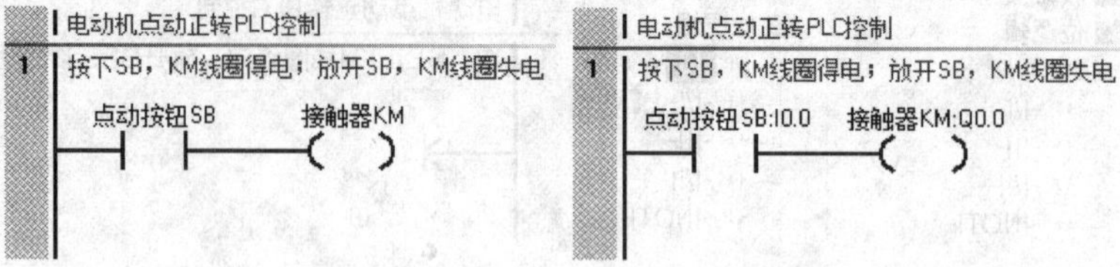

a）　　　　b）

图1－3－22　电动机点动正转PLC控制梯形图

a）仅显示符号　b）同时显示符号和绝对地址

小提示

（1）在程序编辑器中输入程序时，元件的参数或数字用红色文本表示非法的语法，数值下面的红包波浪线表示数值超出范围或数值对该指令不正确。数值下面的绿色波浪线表示正在使用的变量或符号尚未定义。STEP 7－Micro/WIN SMART允许先输入程序，后定义变量和符号。

（2）单击程序编辑器或“状态图表”工具栏中的“切换寻址”按钮，可在三个视图间进行切换，每单击按钮一次将进行一次切换。单击向下箭头，将会列出三个视图供选择。在程序编辑器或状态图中使用〈Ctrl＋Y〉快捷键也可在不同的地址和符号视图间进行切换。

5. 编译程序

用户程序编辑完成后，要利用STEP 7－Micro/WIN SMART的编译功能进行编译，一方面可以检查用户程序的语法是否有错误，另一方面通过编译将用户程序转换为PLC能够识别的机器码，方可下载到PLC中运行。

单击“PLC”菜单功能区中的“编译”按钮，或单击程序编辑器工具栏中的“编译”按钮，对项目进行编译。也可以在项目树中右击项目名称、“程序块”文件夹、“数据块”文件夹或“系统块”文件夹中的任意一个，然后在快捷菜单中选择“全部编译”命令，对项目进行编译，如图1－3－23所示。

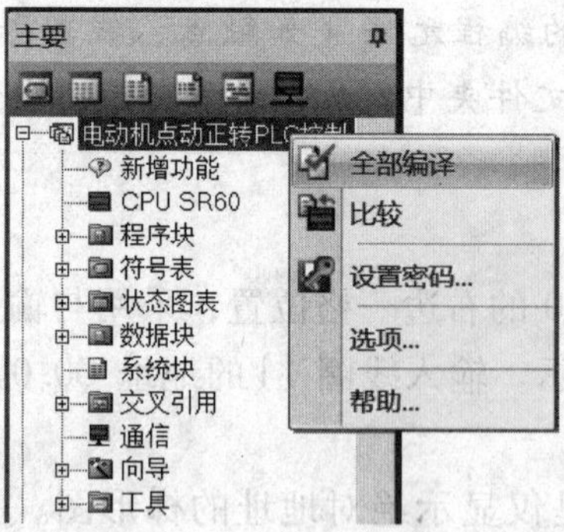

图1－3－23　选择“全部编译”命令

编译成功后，输出窗口将显示编译的结果，如图 1－3－24 所示。如果没有编译程序，下载前编程软件将自动对程序进行编译。

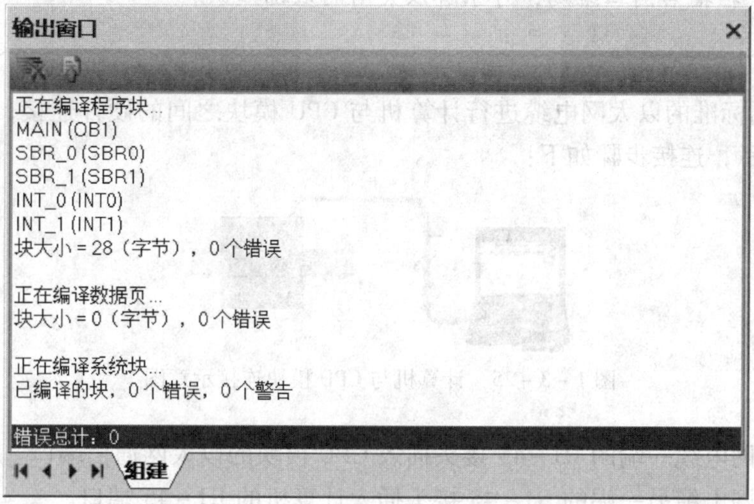

图 1－3－24　输出窗口显示编译结果

小提示　如果程序有语法错误，编译后将会在输出窗口中显示错误的个数、原因和错误在程序中的位置。双击某一条错误，将会打开出错的程序块，用光标指示错误位置。必须改正程序中所有的错误才能完成下载。

6. 保存项目

当梯形图输入完毕并通过编译后，单击“文件”菜单功能区中的“保存”按钮，或单击快速访问工具栏中的“保存”按钮，程序即可保存下来。

五、模拟调试

在实际生产中，一般要先在实验室对用户程序做模拟调试，用小型开关和按钮来模拟 PLC 实际的输入信号，通过模块上各输出位对应的发光二极管，观察各输出信号的变化是否满足设计要求，以确保安全生产。只有用户程序模拟调试成功后，才可以将 PLC 安装在控制现场，接入实际的输入信号和负载，进行现场联机调试。

1. 建立通信

（1）连接计算机与 PLC

建立通信的方法

西门子 S7－200 SMART 标准型 CPU 模块可以通过以太网和运行 STEP 7－Micro/WIN SMART 的计算机通信。单台 CPU 模块连接计算机时，可以使用标准的以太网电缆，也可以使用交叉以太网电缆。两台设备的一对一通信不需要以太网交换机，含有两台以上设备（CPU、HMI、PC）的网络需要使用以太网交换机或路由器。可以使用普通的交换机或路由器，也可以使用西门子的 4 端口以太网交换机 CSM 1277。

S7－200 SMART 系列 PLC 能通过以太网与编程计算机、人机界面和其他 S7 系列 PLC 通信。扫描右侧二维码，可了解以太网的基础知识。

本任务使用标准的以太网电缆进行计算机与 CPU 模块之间的硬件连接，连接示意图如图 1－3－25 所示，连接步骤如下：

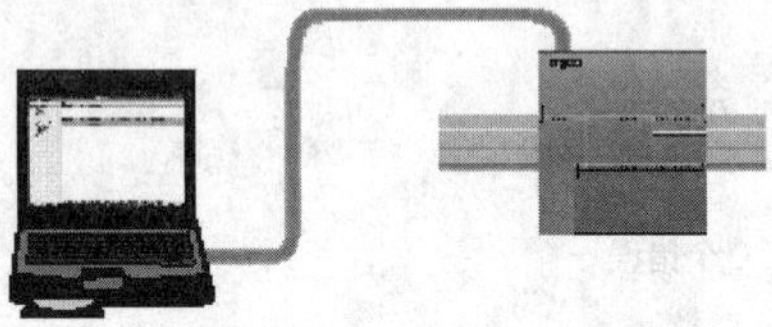

图 1－3－25　计算机与 CPU 模块连接示意图

1）将以太网电缆一端的 RJ－45 接头插入 CPU 模块的以太网通信端口。

2）将以太网电缆另一端的 RJ－45 接头插入计算机的 RJ－45 端口。

（2）设置 CPU 模块的 IP 地址

为了使信息准确地传送到目的地，连接到以太网的每台设备都必须拥有一个唯一的 IP 地址。

双击项目树或导航栏中的“系统块”，弹出“系统块”对话框，如图 1－3－26 所示。自动选中上方窗口中的“CPU”和左侧窗口中的“通信”，在右侧窗口中设置 CPU 的以太网端口参数和背景时间参数。

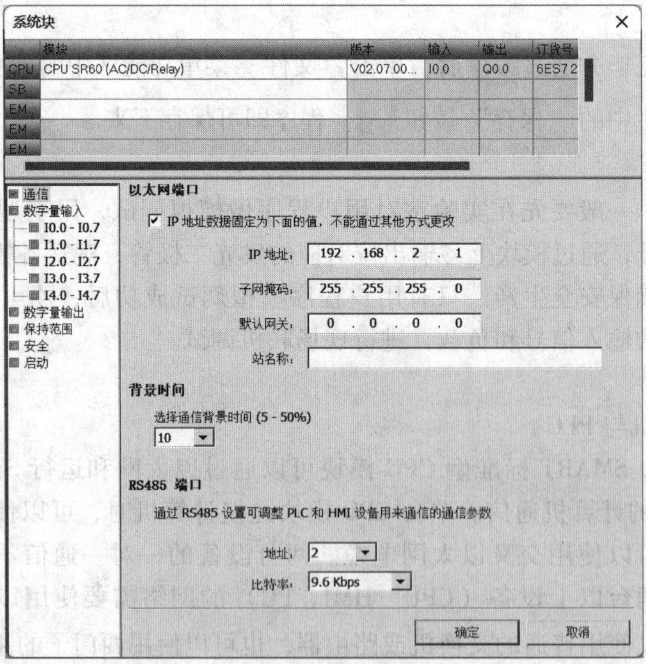

图 1－3－26　“系统块”对话框

本任务选择默认的以太网端口参数，即 IP 地址为 192. 168. 2. 1，子网掩码为 255. 255. 255. 0，默认网关为 0. 0. 0. 0。背景时间选择默认的 10。RS485 端口参数无须设置。设置完成后，单击“确定”按钮，确认设置的参数，并自动关闭“系统块”对话框。

小提示

如果选中多选框“IP 地址数据固定为下面的值，不能通过其他方式更改”，则输入的是静态 IP 信息，只能在“系统块”对话框中更改 IP 信息，并将它下载到 CPU 模块。如果未选中该多选框，则此时的 IP 地址信息为动态 IP 信息，可以在“通信”对话框中更改 IP 信息，或使用用户程序中的 SIP ADDR 指令更改 IP 信息。静态和动态 IP 信息均存储在永久性存储器中。

子网掩码通常为 255. 255. 255. 0，CPU 模块和编程设备的 IP 地址中的子网地址与子网掩码应完全相同。同一个子网中各设备的子网内地址不能重叠。如果同一个网络中有多台 CPU 模块，其中一台 CPU 模块可以保留出厂时默认的 IP 地址 192. 168. 2. 1，其他 CPU 模块必须将默认的 IP 地址更改为网络中唯一的其他 IP 地址。

背景时间即处理通信请求的时间占扫描周期的百分比。增大背景时间将会增加扫描时间，从而降低控制过程的运行速度。背景时间一般选择默认的 10%。

(3) 设置计算机网卡的 IP 地址和子网掩码

如果计算机的操作系统为 Windows7，在采用以太网电缆连接计算机和 CPU 的情况下，打开“控制面板”，单击“查看网络状态和任务”按钮，再单击“本地连接”按钮，弹出“本地连接状态”对话框。单击对话框中的“属性”按钮，在“本地连接属性”对话框中双击“此连接使用下列项目”列表中的“Internet 协议版本 4（TCP/IPv4）”，弹出“Internet 协议版本 4（TCP/IPv4）属性”对话框，如图 1 - 3 - 27 所示。

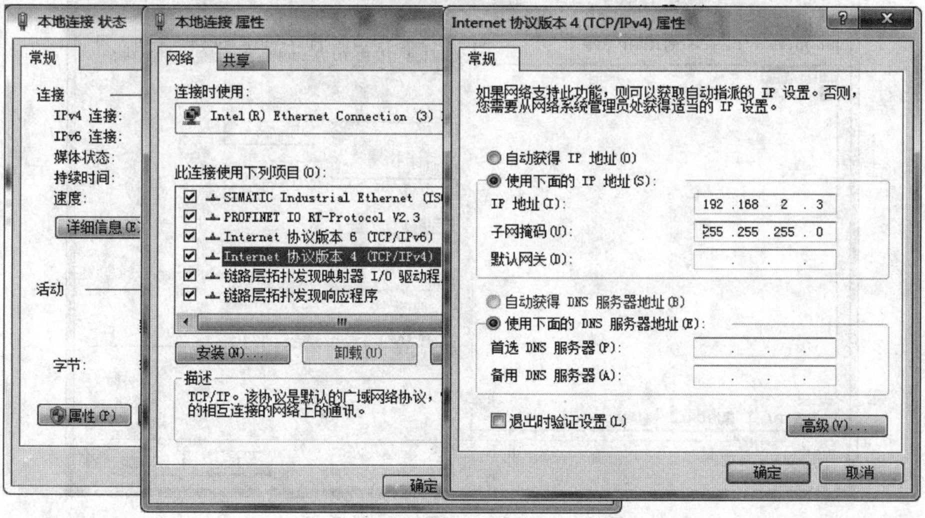

图 1 - 3 - 27　设置计算机网卡的 IP 地址

选中“使用下面的 IP 地址”，键入 PLC 的以太网端口 IP 地址中的“192.168.2”，IP 地址的第 4 个字节是子网内设备的地址，可以取 0～255 中的某位，但不能使 IP 地址与子网中其他设备的 IP 地址重叠。单击“子网掩码”输入框，自动出现默认的子网掩码 255.255.255.0。一般情况下，网关的 IP 地址无须设置。

设置完成后，单击各级对话框中的“确定”按钮，最后关闭控制面板。

小提示 使用宽带上网时，一般只需要选中图 1－3－27 中的“自动获得 IP 地址”。如果计算机的操作系统是 Windows XP，打开计算机的控制面板，双击“网络连接”图标，在“网络连接”对话框中右击所有网卡对应的连接图标，如“本地连接”图标，选择快捷菜单中的“属性”命令，弹出“本地连接状态”对话框。选中“此连接使用下列项目”列表中的“Internet 协议（TCP/IP）”，单击“属性”按钮，弹出“Internet 协议（TCP/IP）属性”对话框，设置计算机网卡的 IP 地址和子网掩码。

（4）建立以太网通信联系

检查确认 PLC 输入接线、电源接线和以太网电缆连接正确后，按照以下步骤建立计算机和 PLC 的以太网之间的通信联系。

1）CPU 模块通电。合上电源开关 QF2，CPU 模块通电，CPU 模块上的 STOP 状态指示灯黄灯亮。若 CPU 模块上的以太网 LINK 指示灯持续点亮，表示以太网的物理连接成功；若以太网 Rx/Tx 指示灯慢闪，表示目前没有数据交换；若以太网 Rx/Tx 指示灯持续点亮，表示有持续的数据交换。

2）通信设置。单击导航栏中的“通信”按钮，或在“视图”菜单功能区的“组件”下拉列表中选择“通信”，弹出“通信”对话框，如图 1－3－28 所示。

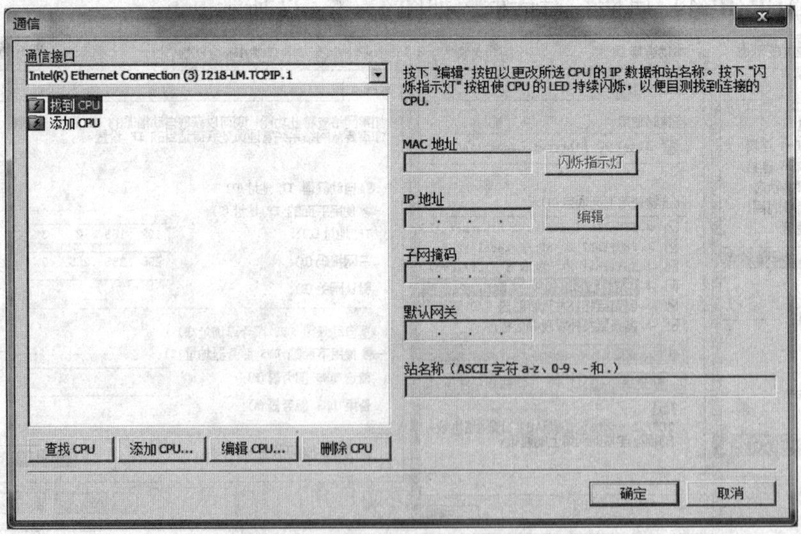

图 1－3－28　“通信”对话框

在“通信”对话框中，单击“通信接口”的下拉按钮▾，选择个人计算机使用的以太网网卡。然后单击“查找 CPU”按钮，将在“找到 CPU”下列出以太网网络上连接的 CPU 模块的 IP 地址，如图 1－3－29 所示，表明计算机与 PLC 建立了以太网通信联系。最后单击“确定”按钮，关闭“通信”对话框，可以在编程软件界面的状态栏看到 PLC 的连接状态。

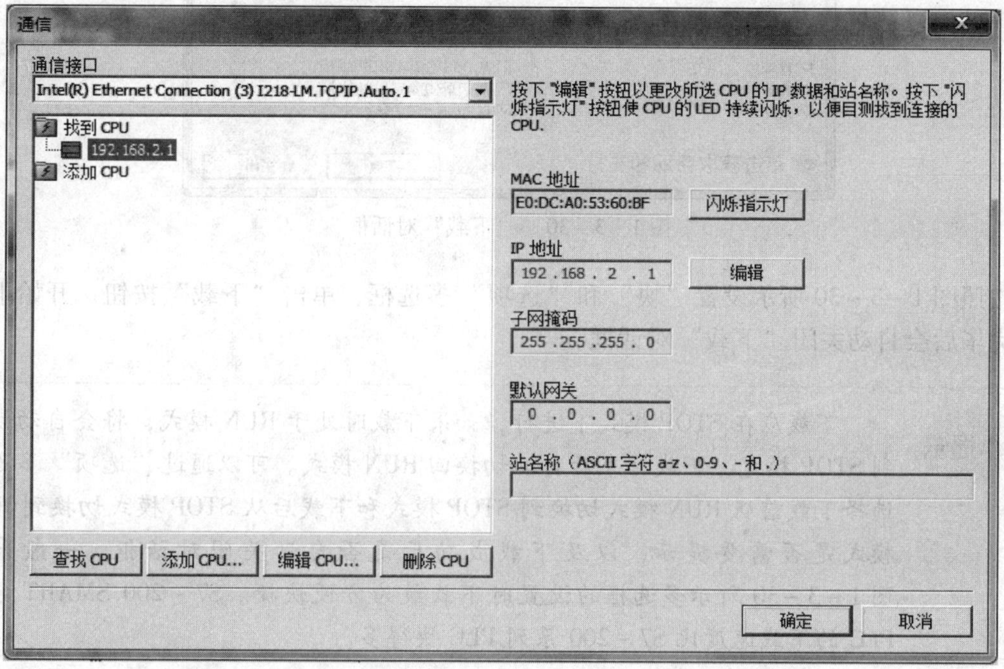

图 1－3－29　显示以太网网络上连接的 CPU 模块的 IP 地址

小提示　以太网网卡与个人计算机的硬件有关，可以通过右击“我的电脑”→“管理”→“设备管理器”→“网络适配器”查到。

使用 USB－PPI 电缆可以通过任意串行端口（包括 RS－485 端口、信号板端口和 DP01 PROFIBUS 端口）对 S7－200 SMART 系列 PLC 所有型号的 CPU 模块进行编程。扫描右侧二维码，可了解使用 USB－PPI 电缆进行 STEP 7－Micro/WIN SMART 编程的步骤。

2. 下载程序

单击“文件”菜单功能区中的“下载”按钮，或单击工具栏中的“下载”按钮，如果弹出“通信”对话框且 CPU 的 IP 地址正确，则单击“确定”按钮，将会弹出“下载”对话框，如图 1－3－30 所示。

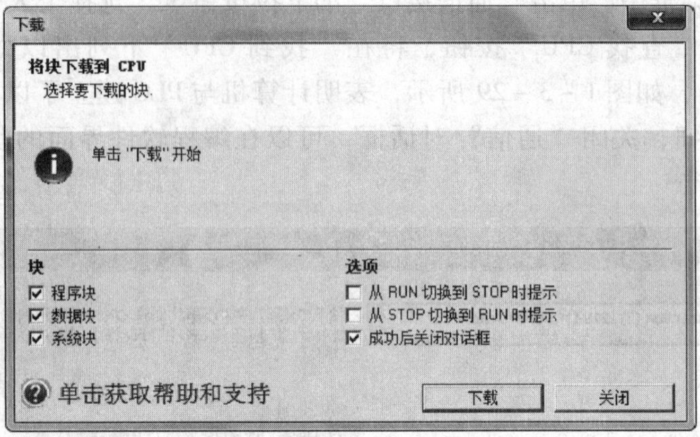

图 1－3－30　“下载”对话框

按照图 1－3－30 所示设置“块”和“选项”多选框，单击“下载”按钮，开始下载。下载完毕后会自动关闭“下载”对话框。

小提示

下载应在 STOP 模式下进行，如果下载时处于 RUN 模式，将会自动切换到 STOP 模式，下载结束后自动切换回 RUN 模式。可以通过“选项”多选框选择下载前从 RUN 模式切换到 STOP 模式和下载后从 STOP 模式切换到 RUN 模式是否需要提示，以及下载成功后是否自动关闭对话框。一般采用图 1－3－30 所示多选框的设置时下载最为方便快捷。S7－200 SMART 系列 PLC 的下载速度比 S7－200 系列 PLC 快得多。

3. 运行程序

单击“PLC”菜单功能区中的“RUN”按钮，或单击程序编辑器工具栏中的“RUN”按钮，弹出图 1－3－31 所示的“RUN”对话框，再单击对话框中的“是”按钮，CPU 将进入 RUN 模式。CPU 模块上的 STOP 指示灯熄灭，RUN 指示灯点亮。

图 1－3－31　“RUN”对话框

S7－200 SMART CPU 模块上没有模式选择开关来切换 CPU 的 RUN/STOP 模式。扫描右侧二维码，可了解 S7－200 SMART 系列 PLC 的几种切换 CPU 工作模式的方法。

4. 监控和调试程序

当PLC处于RUN模式时，可以通过“调试”菜单功能区中的按钮、“调试”工具栏中的按钮或“状态图表”工具栏中的按钮对用户程序进行监控和调试。例如，可以通过程序编辑器的程序状态、状态图表中的表格和趋势视图中的曲线读取和显示PLC中数据的当前值。如果PLC没有实际的I/O接线，还可以直接在程序上和状态图表中通过写入数值或强制数据功能调试用户程序。

“状态”是指显示程序在PLC中执行时有关PLC数据的当前值和能流状态的信息。扫描右侧二维码，可了解查看PLC数据动态改变的三种方式。

使用梯形图的程序状态监控功能，可以形象直观地看到梯形图中触点、线圈的状态和指令方框输入、输出参数的当前值。这里使用梯形图的程序状态监控和强制功能来监控和调试本任务的程序。

（1）梯形图程序状态监控

梯形图的程序状态监控

1）启用程序状态监控。当PLC处于RUN模式时，在LAD程序编辑器窗口中单击“调试”工具栏中的“程序状态”按钮，或单击“调试”菜单功能区中的“程序状态”按钮，监控初始画面如图1－3－32a所示。

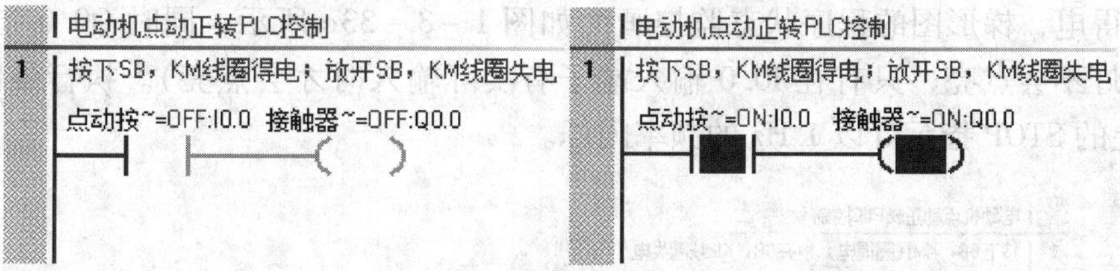

a）　　　　　　b）

图1－3－32　梯形图的程序状态监控画面

a）未按下点动按钮SB　b）按下点动按钮SB

2）“点动按钮按下”的监控。按下点动按钮SB，I0.0常开触点闭合，线圈Q0.0得电，梯形图的程序状态监控画面如图1－3－32b所示，同时CPU模块上的I0.0指示灯和Q0.0指示灯点亮。

3）“点动按钮放开”的监控。放开点动按钮SB，I0.0常开触点断开，线圈Q0.0失电，监控画面恢复为图1－3－32a所示的初始画面，同时CPU模块上的I0.0指示灯和Q0.0指示灯熄灭。

4）停止程序状态监控。单击“调试”工具栏中的“程序状态”按钮，或单击“调试”菜单功能区中的“程序状态”按钮，停止梯形图的程序状态监控。

PLC 必须处于 RUN 模式才能查看连续的状态更新。扫描右侧二维码，可了解梯形图程序状态监控时梯形图画面的变化情况。

（2）梯形图程序状态监控时的强制

注意

强制功能可以在现场不具备某些外部条件的情况下模拟工艺状态。例如，通过强制 V、M 来模拟逻辑条件；通过强制 I/O 点来模拟物理条件；通过对输入点的强制代替输入端外接的小型开关来调试程序。强制功能使程序的调试非常方便，但是，如果 S7－200 SMART 系列 PLC 与其他设备相连，强制功能可能导致系统进程无法预料，甚至引起人员伤亡、设备损坏等事故，所以要慎用强制操作。

梯形图程序状态监控时的强制

可以通过“调试”菜单功能区的“强制”部分的按钮执行强制、取消强制、全部取消强制、读取所有强制等操作。

1）模拟“点动按钮”按下的强制操作。如图 1－3－33a 所示，在梯形图的程序状态监控初始画面中右击元件“点动按钮 SB：I0.0”的地址，在快捷菜单中选择“强制”命令。然后在弹出的“强制”对话框（见图 1－3－33b）中选择默认值 ON，单击“强制”按钮，则 I0.0 被强制为 ON（被强制的 I0.0 数值旁边显示显性强制图标），I0.0 常开触点闭合，线圈 Q0.0 得电，梯形图的程序状态监控画面如图 1－3－33c 所示，同时 Q0.0 指示灯点亮（I0.0 指示灯不会点亮，只有在 I0.0 输入端子有实际输入时才会点亮）。执行强制操作后，CPU 模块上的 STOP 指示灯以 1 Hz 的频率闪烁。

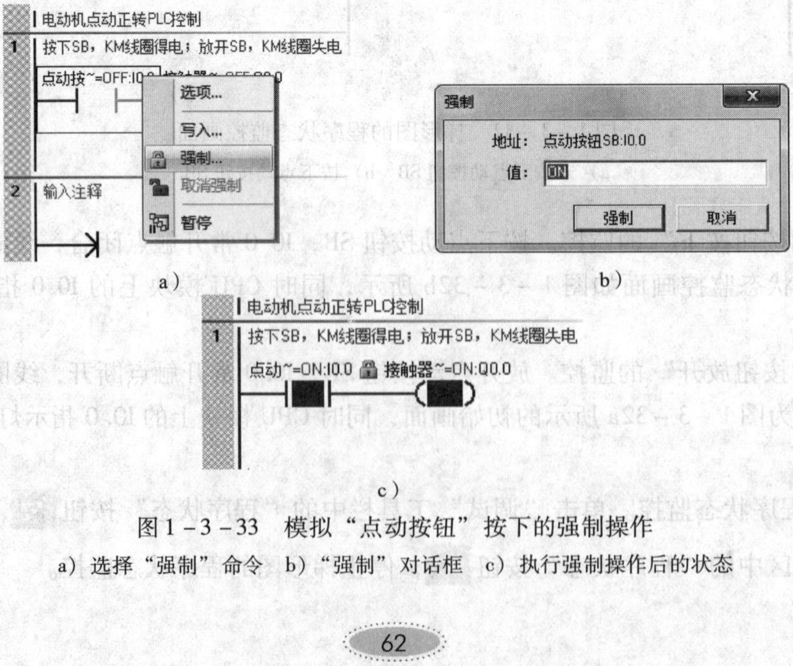

a）　b）　c）

图 1－3－33　模拟“点动按钮”按下的强制操作

a）选择“强制”命令　b）“强制”对话框　c）执行强制操作后的状态

也可以单击元件“点动按钮 SB：I0.0”的地址，然后单击“状态图表”工具栏中的“强制”按钮，或单击“调试”菜单功能区中的“强制”按钮，对 I0.0 进行强制。

2）模拟“点动按钮”放开的强制操作。右击被强制为 ON 的元件“点动按钮 SB：I0.0”的地址，选择快捷菜单中的“强制”命令（见图 1－3－34a），在弹出的“强制”对话框（见图 1－3－34b）中选择默认值 OFF，然后单击“强制”按钮，则 I0.0 被强制为 OFF（被强制的 I0.0 数值旁边显示显性强制图标），I0.0 常开触点断开，线圈 Q0.0 失电，梯形图的程序状态监控画面如图 1－3－34c 所示，同时 CPU 模块上的 Q0.0 指示灯熄灭。强制 I0.0 后不能用外接的小型开关改变 I0.0 的强制值。

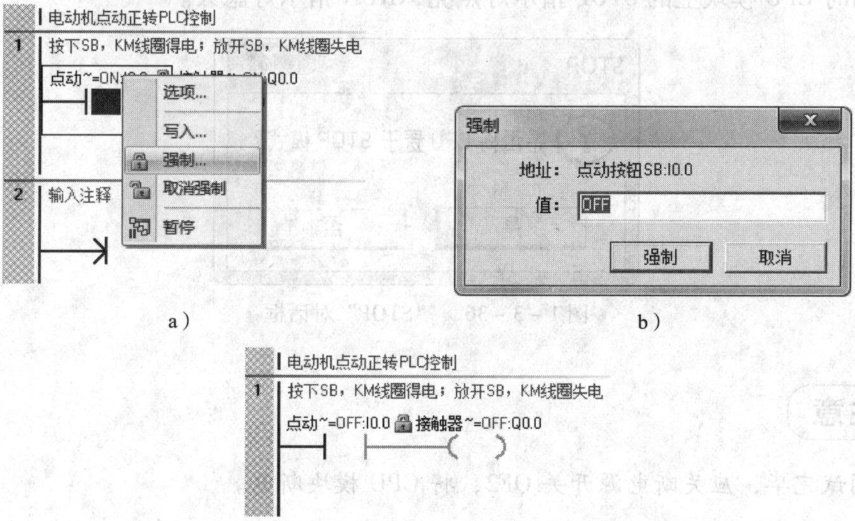

a）　b）　c）

图 1－3－34　模拟“点动按钮”放开的强制操作

a）选择“强制”命令　b）“强制”对话框　c）执行强制操作后的状态

3）取消强制操作。右击被强制为 OFF 的元件“点动按钮 SB：I0.0”的地址，选择快捷菜单中的“取消强制”命令，取消对 I0.0 的强制，I0.0 数值旁边的显性强制图标消失，监控画面如图 1－3－35 所示，CPU 模块上的 STOP 指示灯熄灭。

也可以选择被强制为 OFF 的元件“点动按钮 SB：I0.0”的地址，然后单击“状态图表”工具栏中的“取消强制”按钮，或单击“调试”菜单功能区中的“取消强制”按钮，取消对 I0.0 的强制。

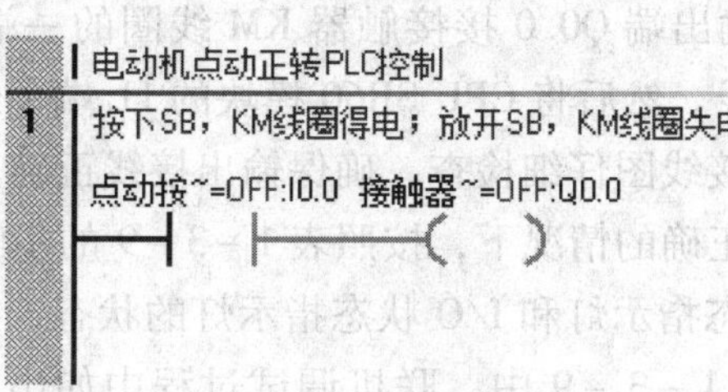

图 1－3－35　取消强制操作

强制是将存储单元置于某种状态，一旦该存储单元被强制就会一直保持该状态，和其他存储单元的状态无关。扫描右侧二维码，可了解强制数据的特点。

5. 停止程序

单击“PLC”菜单功能区中的“STOP”按钮，或单击“PLC”工具栏中的“STOP”按钮，弹出图 1－3－36 所示的“STOP”对话框。单击“是”按钮，则 CPU 停止运行用户程序，同时 CPU 模块上的 STOP 指示灯点亮，RUN 指示灯熄灭。

图 1－3－36 “STOP”对话框

注意

模拟调试完毕，应关断电源开关 QF2，将 CPU 模块断电。

可以利用“系统块”的“数字量输出”节点组态所选模块的数字量输出选项。当 CPU 模块处于 STOP 模式时，可将数字量输出点设置为特定值，或者保持为切换到 STOP 模式之前存在的输出状态。扫描右侧二维码，可了解组态数字量输出的方法。

六、联机调试

梯形图程序模拟调试成功后，接上实际负载，进行联机调试。

在确认断电的情况下，将接触器 KM 连接到 CPU SR60 模块的输出端 Q0.0。根据接线图，先将 CPU SR60 模块的输出端 Q0.0 接接触器 KM 线圈的一端，接触器 KM 线圈的另一端经端子排 XT 接电源的 N 线。然后将 CPU SR60 模块的 1L 端子经低压断路器 QF3、端子排 XT 接电源的 L1 线。再对照接线图仔细检查，确保输出接线正确。

在确认所有接线及通信正确的情况下，按照表 1－3－9 的步骤进行联机调试，同时观察以太网状态指示灯、CPU 状态指示灯和 I/O 状态指示灯的状态，接触器 KM 线圈得电及电动机 M 运行情况，并记录于表 1－3－9 中。联机调试过程中如出现故障，应立即切断电源，分析原因，检查电路。排除故障后，方可重新进行调试，直到调试成功。

表 1－3－9　　　　　　　　　　　　　联机调试记录表

步骤	操作内容	观察内容	观察结果	思考内容
1	合上电源开关 QF1、QF2 和 QF3	以太网状态指示灯、CPU 状态指示灯和 I/O 状态指示灯的状态		PLC 的工作模式和工作原理
2	通过编程软件，将 PLC 置于 RUN 模式			
3	按下点动按钮 SB	I/O 状态指示灯的状态、接触器 KM 得电及电动机 M 运行情况		
4	松开点动按钮 SB			
5	通过编程软件，将 PLC 置于 STOP 模式	CPU 状态指示灯和 I/O 状态指示灯的状态		
6	关断电源开关 QF1、QF2 和 QF3			

任务测评

按照表 1－3－10 中的要求进行任务测评。

表 1－3－10　　　　　　　　　　　　　任务测评表

序号	考核内容	配分	考核要求	评分标准	扣分	得分
1	电路设计	40	根据控制要求正确分配 I/O 地址，绘制 PLC 控制接线图，设计梯形图程序	（1）I/O 地址分配错误或遗漏，每处扣 2 分 （2）接线图绘制有误或画法不规范，每处扣 2 分 （3）梯形图结构不合理，违反编程规则，每处扣 2 分		
2	电路安装	30	按照 PLC 控制接线图安装接线，元器件布置合理，不损坏元器件，安装牢固，配线符合工艺要求	（1）损坏元器件，每个扣 5 分 （2）元器件布置不整齐匀称、不合理，每个扣 2 分 （3）元器件安装不牢固，漏装木螺钉等，每个扣 2 分 （4）布线不紧固、不美观，每根扣 2 分 （5）反圈、压绝缘皮、损伤导线绝缘或线芯，每根扣 2 分 （6）线号标记遗漏、误标或不清楚，每处扣 1 分 （7）不按 PLC 控制接线图接线，每处扣 5 分		
3	通电调试	30	按照要求进行通电调试，并记录指示灯的状态以及接触器 KM 得电和电动机 M 运行情况	（1）通电调试步骤不正确，每次扣 5 分 （2）运行一次不成功扣 10 分，两次不成功扣 20 分，三次不成功扣 30 分 （3）记录指示灯的状态以及接触器 KM 得电和电动机 M 运行情况错误，每处扣 1 分		
4	安全与文明生产		遵守国家相关专业安全与文明生产规程	违反安全与文明生产规程，酌情扣分		
开始时间			结束时间		成绩	

课题二 基本控制指令应用

任务1 三相异步电动机单向连续运转 PLC 控制

学习目标

1. 掌握编程元件 I、Q、M 及 SM 的功能和使用方法。

2. 掌握标准触点指令、输出指令及 S/R 指令的表示形式和使用方法，并掌握使用启保停电路编程与使用 S/R 指令编程的对应关系。

3. 能运用语句表程序输入法输入 PLC 控制程序，并能运用语句表的程序状态监控及强制数据方法模拟调试 PLC 控制程序。

4. 能分别使用启保停电路和 S/R 指令设计三相异步电动机单向连续运转 PLC 控制程序。

任务引入

图 2－1－1 所示为三相异步电动机单向连续运转控制线路图，其中，图 2－1－1a 为原理图，图 2－1－1b 为控制时序图。单向连续运转控制线路适用于电动机较长时间连续运转的场合。

本任务要求将图 2－1－1 所示的传统继电器控制方式改为 PLC 控制方式，完成三相异步电动机单向连续运转 PLC 控制线路的设计、安装和调试。控制要求如下：

1. 当按下启动按钮 SB1 时，电动机启动并连续运行；当按下停止按钮 SB2 或热继电器 KH 动作时，电动机停止运行。

2. 具有短路、过载保护等必要的保护措施。

依据继电器控制方式改为 PLC 控制方式的原则，主电路保持不变，控制电路改用 PLC 实现。当采用 PLC 控制电动机单向连续运转时，必须将启动按钮 SB1、停止按钮 SB2、热继电器 KH 等发出的控制指令送到 PLC 的输入端，经过程序运算，再用 PLC 的输出去驱动接

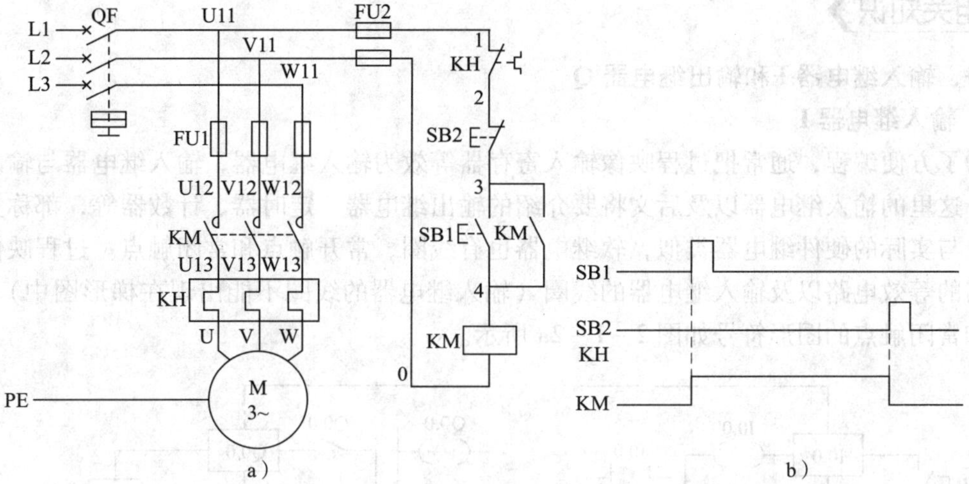

图 2－1－1　三相异步电动机单向连续运转控制线路图

a）原理图　b）时序图

触器 KM 线圈得电或断电，从而控制电动机的启动、运行和停止。启动按钮 SB1、停止按钮 SB2、热继电器 KH 属于输入设备，应与 PLC 的输入端子相连接；接触器 KM 线圈属于输出设备（即负载），应与 PLC 的输出端子相连接。其中，接触器 KM 线圈的额定电压应该选择 AC 220 V。

对于线路图中按钮、触点和线圈的串、并联逻辑关系，应使用 PLC 的标准触点指令和输出指令编写控制程序，也可以直接使用 S/R 指令编程。

实施本任务所使用的实训设备可参考表 2－1－1。

表 2－1－1　　　　实训设备清单

序号	设备名称	型号及规格	数量	单位	备注
1	微型计算机	带 STEP 7－Micro/WIN SMART 软件	1	台	
2	编程电缆	以太网电缆或 USB－PPI 电缆	1	条	
3	可编程序控制器	S7－200 SMART CPU SR60	1	台	配 C45 导轨
4	低压断路器	Multi9 C65N D20，单极	2	个	
5	低压断路器	Multi9 C65N D20，三极	1	个	
6	熔断器	RT28－32/4	3	个	
7	按钮	LA4－3H	1	个	
8	热继电器	JR36－20，整定范围 1.5～2.4 A	1	个	
9	交流接触器	CJX2－1211，线圈 AC 220 V	1	个	
10	接线端子排	TB－1520，20 位	1	条	
11	配电盘	600 mm×900 mm	1	块	
12	三相异步电动机	Y801－4，0.75 kW	1	台	

相关知识

一、输入继电器 I 和输出继电器 Q

1. 输入继电器 I

为了方便编程，通常把过程映像输入寄存器等效为输入继电器，输入继电器与输入端子相连。这里的输入继电器以及后文将要介绍的输出继电器、定时器、计数器等，都称为软继电器。与实际的硬件继电器类似，软继电器也有线圈、常开触点和常闭触点。过程映像输入寄存器的等效电路以及输入继电器的线圈（输入继电器的线圈不能出现在梯形图中）、常开触点和常闭触点的图形符号如图 2－1－2a 所示。

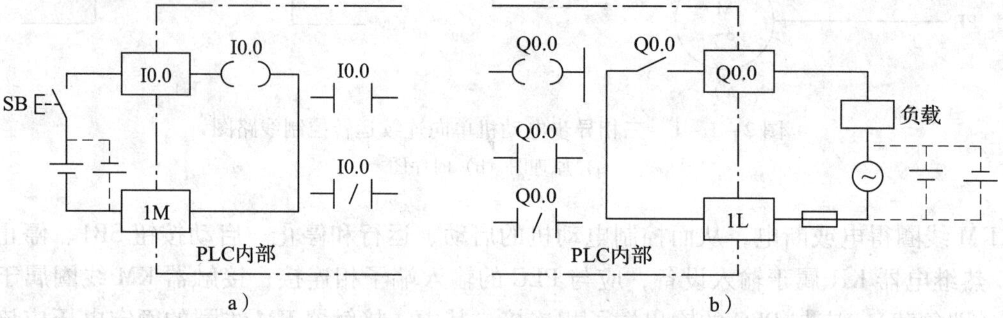

图 2－1－2　过程映像输入/输出寄存器的等效电路

a）过程映像输入寄存器　b）过程映像输出寄存器

过程映像输入寄存器等效电路的工作原理是：当按下按钮 SB 时，过程映像输入寄存器 I0.0 为“1”状态，相当于输入继电器 I0.0 线圈得电，其常开触点闭合、常闭触点断开；当松开按钮 SB 时，过程映像输入寄存器 I0.0 为“0”状态，相当于输入继电器 I0.0 线圈断电，其常开触点恢复断开，常闭触点恢复闭合。

输入端可以外接常开触点或常闭触点，也可以接多个触点组成的串、并联电路。在梯形图中，可以无限次使用输入继电器的常开触点和常闭触点。

注意

由于输入继电器 I 的线圈仅受外部按钮等硬件控制，所以在 PLC 程序中只出现输入继电器的触点，而不出现输入继电器的线圈。换句话说，输入继电器 I 只能由外部输入信号驱动，而不能由 PLC 内部指令驱动。

S7－200 SMART 标准型 CPU 模块的输入继电器的有效地址范围为 I0.0～I31.7、IB0～IB31、IW0～IW30、ID0～ID28。

2. 输出继电器 Q

为了方便编程，通常也把过程映像输出寄存器等效为输出继电器。过程映像输出寄存器的等效电路以及输出继电器的线圈、常开触点和常闭触点的图形符号如图 2－1－2b 所示。

过程映像输出寄存器等效电路的工作原理是：PLC 的 CPU 运算程序后，通过数据总线将执行程序后的运算结果送到过程映像输出寄存器 Q0.0。当过程映像输出寄存器 Q0.0 的状态为“1”时，相当于输出继电器 Q0.0（对于继电器输出型的 PLC，确实存在的物理继电器）的线圈得电，其常开触点闭合，则负载得电；当过程映像输出寄存器 Q0.0 的状态为“0”时，相当于输出继电器 Q0.0 的线圈断电，其常开触点断开，则负载断电。

输出继电器与其他软继电器相比，一个显著的不同在于它有一个且仅有一个物理常开触点用来接通负载。这个常开触点既可以是有触点的（继电器输出型 PLC），也可以是无触点的（场效应晶体管输出型 PLC）。在梯形图中，每一个输出继电器的常开触点和常闭触点都可以无限次使用。

S7－200 SMART 标准型 CPU 模块的输出继电器的有效地址范围为 Q0.0～Q31.7、QB0～QB31、QW0～QW30、QD0～QD28。

二、LD、LDN、A、AN、O、ON、=指令

PLC 的基本指令多用于开关量逻辑控制。基本指令中，位逻辑指令是十分重要的，是其他所有指令应用的基础。位逻辑指令在梯形图语言中是指对触点的简单连接和对标准线圈的输出，在语句表语言中是指对位存储单元的简单逻辑运算。位逻辑指令包括标准触点指令（LD、LDN、A、AN、O、ON）、输出指令（=）、置位和复位指令（S、R）、立即触点指令（LDI、LDNI、AI、ANI、OI、ONI）、立即输出指令（=I）、立即置位和立即复位指令（SI、RI）、逻辑堆栈指令（ALD、OLD、LPS、LRD、LPP、LDS、AENO）、上升沿检测器和下降沿检测器指令（EU、ED）、非指令（NOT）、置位优先双稳态触发器和复位优先双稳态触发器指令（SR、RS）以及空操作指令（NOP）。

LD、LDN、A、AN、O、ON、=指令属性见表 2－1－2。

表 2－1－2　　LD、LDN、A、AN、O、ON、=指令属性

指令名称	梯形图	语句表	操作数及数据类型	功能
装载指令 LD	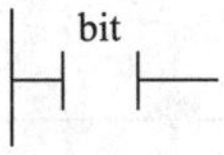	LD bit	I、Q、M、SM、T、C、V、S、L 数据类型：位	常开触点与左母线连接
装载非指令 LDN	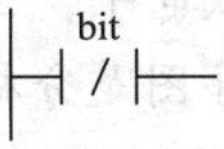	LDN bit		常闭触点与左母线连接
与指令 A	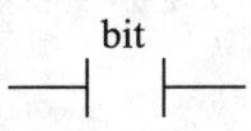	A bit		串联一个常开触点
与非指令 AN	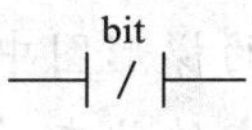	AN bit		串联一个常闭触点
或指令 O	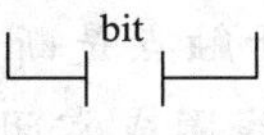	O bit		并联一个常开触点
或非指令 ON	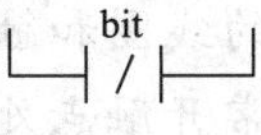	ON bit		并联一个常闭触点
输出指令 =	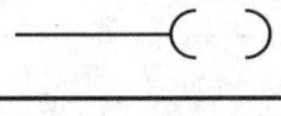	= bit	Q、M、SM、T、C、V、S、L 数据类型：位	线圈输出

1. LD、LDN、=指令

（1）LD（load）指令即装载指令，也称为取指令，在梯形图上表示从左母线取常开触点，以常开触点开始的分支电路块也使用这一指令。

（2）LDN（load not）指令即装载非指令，也称为取非指令，在梯形图上表示从左母线取常闭触点，以常闭触点开始的分支电路块也使用这一指令。

（3）=指令称为输出指令，可以并联使用多次（相当于电路中多个线圈的并联形式），称为并行输出。但是，在同一程序中不能使用双线圈输出，即同一个元器件在同一程序中只能使用一次=指令。另外，=指令不能用于输入继电器 I，因为输入继电器的状态是由输入信号决定的；T 和 C 也作为输出线圈，但在 S7-200 SMART 系列 PLC 中输出时不是以=指令形式出现的。

【例 2-1-1】　图 2-1-3 所示为 LD、LDN 和=指令的使用示例。其中，图 2-1-3a 是梯形图，图 2-1-3b 是语句表，图 2-1-3c 是时序图。

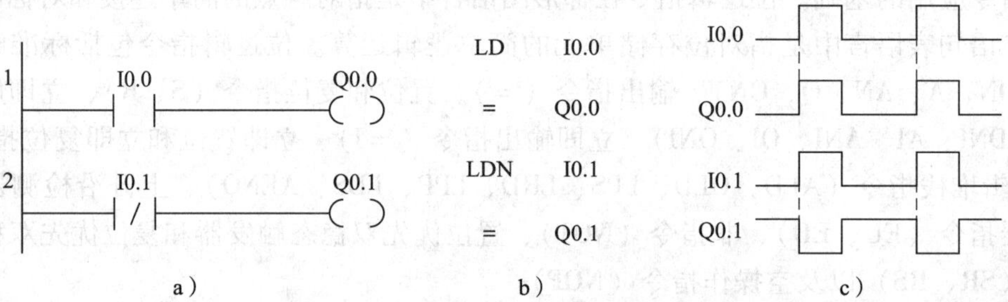

图 2-1-3　LD、LDN 和=指令的使用

a）梯形图　b）语句表　c）时序图

图 2-1-3 中，常开触点 I0.0 动作闭合，线圈 Q0.0 得电；常闭触点 I0.1 动作断开，线圈 Q0.1 断电。

小提示

以时间为横轴，接通时为高电平，断开时为低电平，画出的梯形图中各元件随时间产生通/断变化的图形为时序图。时序图是分析梯形图的一种辅助手段，通过时序图可以了解各元件的动作顺序，从而确定程序的控制功能。

画时序图时，首先要人为地设定输入信号的动作，把握信号发生变化的时间点，并对此时间点进行分析，判断由此引起的梯形图中其他元件的通断状态。在画时序图时，一般只画各元件的常开触点的状态。如果常开触点是闭合状态，用“1”表示（即高电平）；如果常开触点是断开状态，用“0”表示（即低电平）。假如梯形图中只有某元件的线圈或常闭触点，则在时序图中仍然只画常开触点的状态。因为同一个元件的线圈和触点的状态是互相关联的，例如，某元件的线圈得电时，该元件的常开触点处于闭合状态，常闭触点处于断开状态。

2. A、AN、O、ON 指令

（1）A（and）、AN（and not）指令是单个触点的串联连接指令，可连续使用。其中，A 指令是与指令，完成逻辑与运算；AN 指令是与非指令，完成逻辑与非运算。

（2）O（or）、ON（or not）指令是单个触点的并联连接指令，紧接在装载指令或装载非指令之后用，将装载指令或装载非指令所确定的触点再并联一个触点，可以连续使用。其中，O 指令是或指令，完成逻辑或运算；ON 指令是或非指令，完成逻辑或非运算。

【例 2－1－2】　图 2－1－4 所示为 A、AN 指令的使用示例。

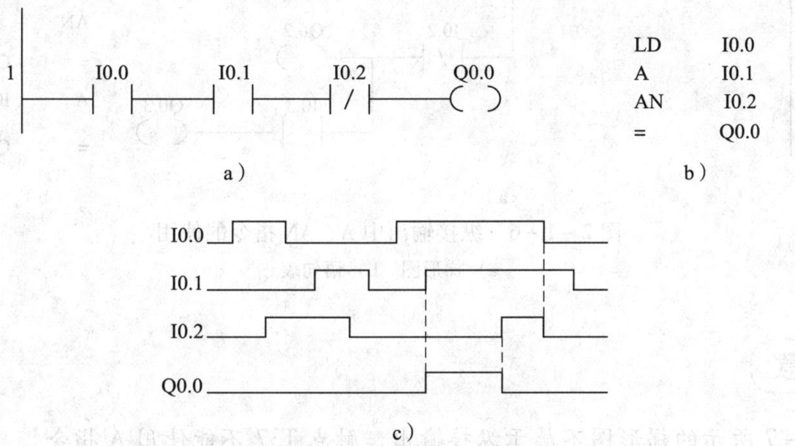

图 2－1－4　A、AN 指令的使用

a）梯形图　b）语句表　c）时序图

图 2－1－4 中，如果线圈 Q0. 0 要得电，则需 I0. 0、I0. 1 常开触点接通，且 I0. 2 不动作。也就是说，若分别与 I0. 0、I0. 1 输入端子连接的两个常开按钮都动作接通，则过程映像输入寄存器 I0. 0 = I0. 1 = 1；与 I0. 2 输入端子连接的常开按钮不动作，则过程映像输入寄存器 I0. 2 = 0。那么连接在左母线上的 I0. 0 的常开触点与 I0. 1 的常开触点都接通，而 I0. 2 的常闭触点保持接通，左母线上的能流就流过线圈 Q0. 0，线圈 Q0. 0 得电。

【例 2－1－3】　图 2－1－5 所示为纵接输出中 A 指令的使用示例。

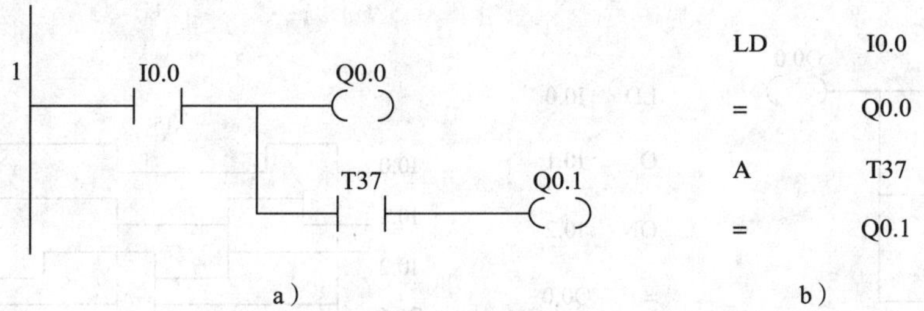

图 2－1－5　纵接输出中 A 指令的使用

a）梯形图　b）语句表

如果在 = 指令之后再通过触点对其他线圈使用 = 指令，则称为纵接输出。如图 2－1－5

所示，输出线圈 Q0.0 后，再通过 T37 的常开触点与 Q0.1 的线圈串联，就是纵接输出。这种情况下，触点 T37 仍可以使用 A、AN 指令，并可多次重复使用，如图 2-1-6 所示。

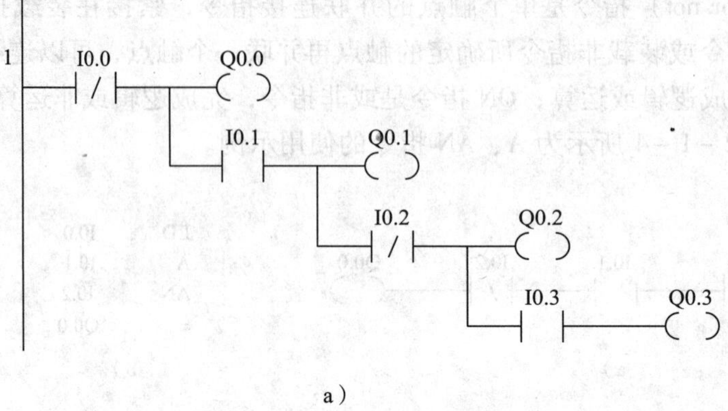

LDN	I0.0
=	Q0.0
A	I0.1
=	Q0.1
AN	I0.2
=	Q0.2
A	I0.3
=	Q0.3

b）

图 2-1-6　纵接输出中 A、AN 指令的使用

a）梯形图　b）语句表

注意

图 2-1-7 所示的梯形图不属于纵接输出，触点 T37 不能使用 A 指令。

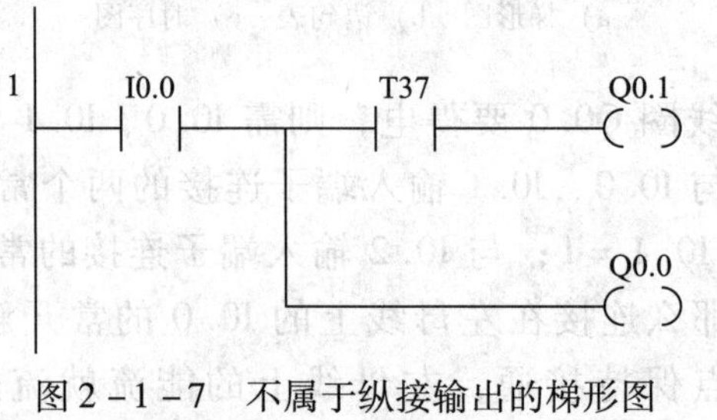

图 2-1-7　不属于纵接输出的梯形图

【例 2-1-4】　图 2-1-8 所示为 O、ON 指令的使用示例。

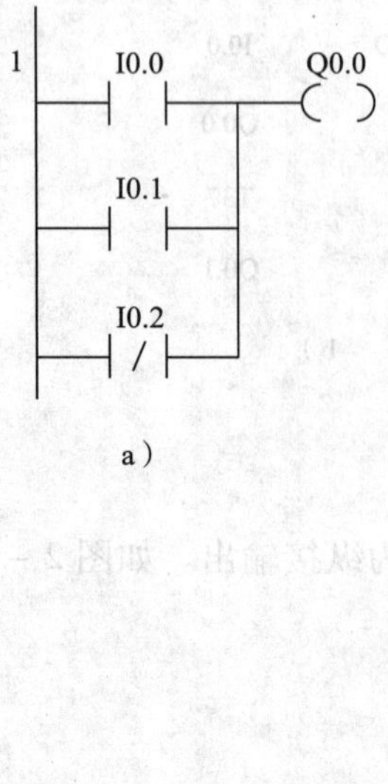

LD	I0.0
O	I0.1
ON	I0.2
=	Q0.0

b）

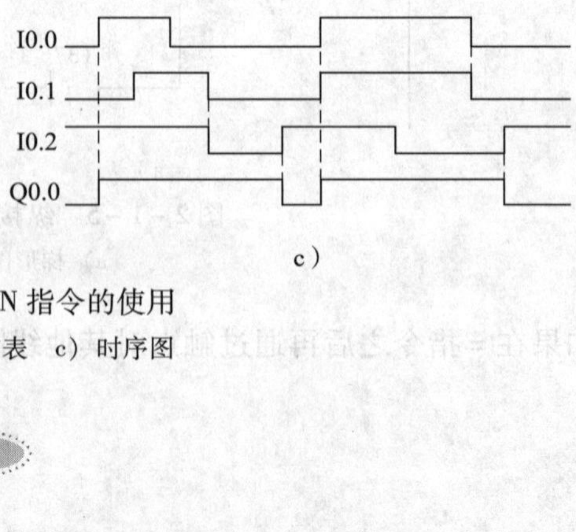

图 2-1-8　O、ON 指令的使用

a）梯形图　b）语句表　c）时序图

图 2－1－8 中，当 I0.0＝1 时，其常开触点闭合；当 I0.1＝1 时，其常开触点闭合；当 I0.2＝0 时，其常闭触点保持闭合。这三个条件只要满足其中一个，左母线上的能流就流过线圈 Q0.0，使 Q0.0＝1。此时，若梯形图中其他支路上连接有 Q0.0 的常开触点，它将闭合导通。

【例 2－1－5】　图 2－1－9 所示为启动—保持—停止（简称启保停）电路。

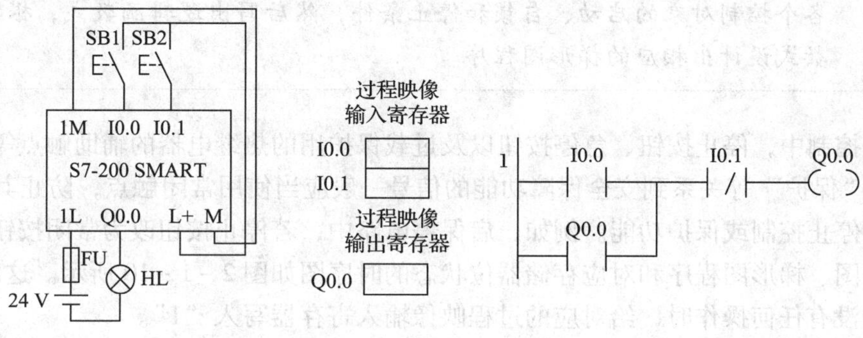

a）　　　　b）

LD	I0.0
O	Q0.0
AN	I0.1
=	Q0.0

c）

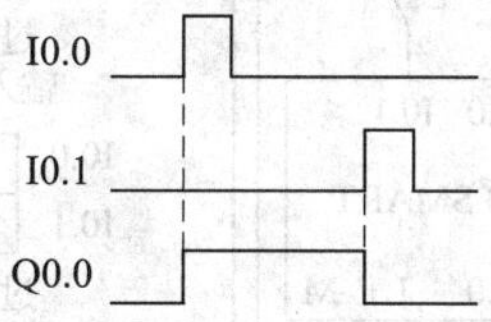

d）

图 2－1－9　启保停电路（停止按钮为常开按钮）

a）外部线路图　b）梯形图　c）语句表　d）时序图

图 2－1－9a 所示的外部线路图中，启动按钮 SB1 和停止按钮 SB2 分别接在输入端 I0.0 和 I0.1，负载接在输出端 Q0.0。因此，过程映像输入寄存器 I0.0 的状态与启动按钮 SB1（常开按钮）的状态相对应，过程映像输入寄存器 I0.1 的状态与停止按钮 SB2（常开按钮）的状态相对应。而程序运行结果写入过程映像输出寄存器 Q0.0，并通过输出电路控制负载。图 2－1－9b 所示梯形图中的启动信号 I0.0 和停止信号 I0.1 由启动按钮和停止按钮提供，持续 ON 的时间一般很短，这种信号称为短信号。启保停电路最主要的特点是具有记忆功能，按下启动按钮，I0.0 的常开触点接通，如果这时未按停止按钮，I0.1 的常闭触点接通，线圈 Q0.0 得电，它的常开触点同时接通。松开启动按钮，I0.0 的常开触点断开，能流经 Q0.0 的常开触点和 I0.1 的常闭触点流过线圈 Q0.0，Q0.0 仍为 ON，这就是所谓的自锁或自保持功能。按下停止按钮，I0.1 的常闭触点断开，使线圈 Q0.0 断电，其常开触点断开，之后即使松开停止按钮，I0.1 的常闭触点恢复接通状态，线圈 Q0.0 仍然断电。时序分析如图 2－1－9d 所示，时序图中 I0.0、I0.1、Q0.0 分别为对应存储器的状态。

小提示

如果将图 2－1－9b 所示梯形图用逻辑函数式表示，可以写为：

$$Q0.0 = (I0.0 + Q0.0) \times \overline{I0.1}$$

该逻辑函数式是运用逻辑设计法进行 PLC 梯形图程序设计的基础。在 PLC 梯形图程序设计中，只要找到控制对象的启动、自锁和停止条件，就可以设计出相应的控制程序。即 PLC 梯形图程序设计的方法是：细致地分析出各个控制对象的启动、自锁和停止条件，然后写出逻辑函数式，根据逻辑函数式设计出相应的梯形图程序。

在工业控制中，停止按钮、急停按钮以及过载保护用的热继电器的辅助触点等，凡是具有“停止”“保护”等关系到安全保障功能的信号一般应当使用常闭触点，防止其发生断线故障时失去停止控制或保护功能。例如，启保停电路中，若停止按钮改为常闭按钮，则对应的外部线路图、梯形图程序和对应存储器位状态的时序图如图 2－1－10 所示。这时应注意，常闭触点在没有任何操作时，给对应的过程映像输入寄存器写入“1”。

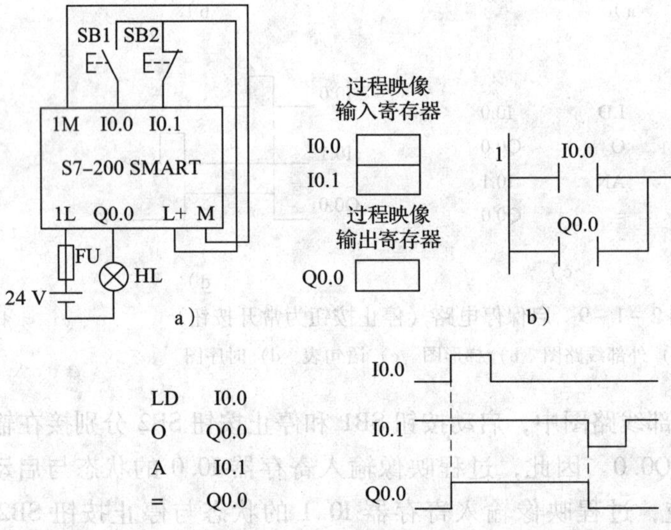

图 2－1－10 启保停电路（停止按钮为常闭按钮）

a）外部线路图 b）梯形图 c）语句表 d）时序图

注意

PLC 控制线路中的停止按钮、急停按钮以及过载保护用的热继电器的辅助触点等有时会用常开形式，这是为了与继电器电路图的习惯保持一致，便于编程和阅读。本书与实际工业控制一致，这些触点统一使用常闭形式，有不一致的情况会特别注明。

三、S/R 指令

S/R（set/reset）指令的指令属性见表 2－1－3。

表 2－1－3　　S/R 指令的指令属性

指令名称	梯形图	语句表	操作数及数据类型	功能
置位指令（S 指令）	bit —(S) N	S bit，N	指定位（bit）：Q、M、SM、T、C、V、S、L 数据类型：位 置位线圈的数目（N）：QB、VB、MB、SMB、SB、LB、AC、*VD、*LD、*AC 及常数，N 的取值范围为 1～255 数据类型：字节	将从指令操作数指定的位地址（bit）开始的连续 N 个元件都置位并保持
复位指令（R 指令）	bit —(R) N	R bit，N		将从指令操作数指定的位地址（bit）开始的连续 N 个元件都复位并保持

1. S 指令

S 指令称为置位指令或置 1 指令。在梯形图中，只要能流到，就能执行 S 指令。当执行 S 指令时，把从指令操作数指定的位地址开始的连续 N 个元件都置位并且保持。置位后即使能流断，仍保持置位。

2. R 指令

R 指令称为复位指令或置 0 指令。在梯形图中，只要能流到，就能执行 R 指令。当执行 R 指令时，把从指令操作数指定的位地址开始的连续 N 个元件都复位并且保持。复位后即使能流断，仍保持复位。

【例 2－1－6】　图 2－1－11 所示为 S/R 指令的使用示例，此示例使用 S/R 指令也同样可以实现图 2－1－10 所示的启保停功能。

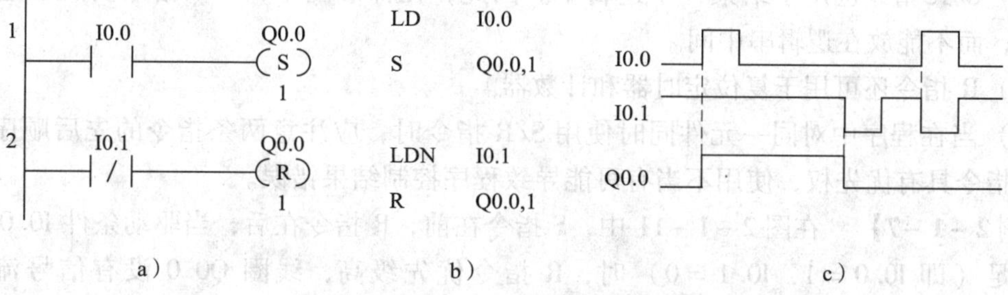

图 2－1－11　S/R 指令的使用示例

a）梯形图　b）语句表　c）时序图

图 2－1－11 中，当驱动条件 I0.0、I0.1 不满足（即 I0.0＝0、I0.1＝1）时，线圈 Q0.0 断电，线圈 Q0.0 无信号流过，这就是初始状态。

当 I0.0＝1、I0.1＝1 时，对线圈 Q0.0 置位，即线圈 Q0.0 得电，Q0.0 有信号流过。I0.0＝0、I0.1＝1 以后，线圈 Q0.0 继续保持置位状态，即线圈 Q0.0 继续保持得电状态，Q0.0 持续有信号流过，直到对线圈 Q0.0 复位的信号到来时，线圈 Q0.0 才恢复初始的断电状态。图 2－1－11a 中第 1 段程序就等效于启保停电路中的“启动—保持”环节。另外，需要注意的是，在使用置位指令时，被置位线圈的数目是从指令中指定的位地址开始的连续 N 个元件。若图中 N＝8，则被置位线圈为 Q0.0、Q0.1…Q0.7，即线圈 Q0.0～Q0.7 同时被置位得电而有信号流过。因此，S 指令可满足数台电动机同时启动运转的控制要求，使控制程序大大简化。

当 I0.0 =0、I0.1 =0 时，对线圈 Q0.0 复位，即线圈 Q0.0 断电，恢复为初始的断电状态。当 I0.0 =0、I0.1 =1 以后，线圈 Q0.0 继续保持复位状态，即线圈 Q0.0 继续保持断电状态，直到对线圈 Q0.0 重新置位的信号到来时，线圈 Q0.0 才重新被置位通电，线圈 Q0.0 才重新有信号流过。图 2 -1 -11a 中第 2 段程序就等效于启保停电路中的“停止”环节。同样需要注意的是，在使用复位指令时，被复位线圈的数目是从指令中指定的位地址开始的连续 N 个元件。若图中 N =8，则被复位线圈为 Q0.0、Q0.1…Q0.7，即线圈 Q0.0 ~ Q0.7 同时被复位断电而恢复初始状态。因此，R 指令可满足数台电动机同时停止运转以及急停情况下的控制要求，使控制程序大大简化。

通过此例分析可知，使用 S/R 指令同样可以完成启保停控制程序。比较图 2 -1 -10b 和图 2 -1 -11a 可以发现，使用 S/R 指令的启保停控制程序不需要自锁环节，原因在于 S 指令本身就有保持功能。图 2 -1 -10b 和图 2 -1 -11a 所示的启保停控制程序都是经典的梯形图程序，将在各种控制过程中作为基本控制环节反复使用。

3. S/R 指令的使用

S/R 指令在使用时应注意以下几点：

（1）S 指令是强制性地将位存储区指定位开始的 N 个同类存储位置位；R 指令是强制性地将位存储区指定位开始的 N 个同类存储位复位。其中，N 的取值范围为 1 ~255。

（2）存储区的一位或多位通过 S（R）指令被置位（复位）后，不能自己恢复，必须用 R（S）指令才能由 1（0）跳回 0（1）。

（3）S/R 指令也用于结束一个逻辑串。因此，在梯形图中，S/R 指令要放在逻辑串的最右端，而不能放在逻辑串中间。

（4）R 指令还可用于复位定时器和计数器。

（5）当在程序中对同一元件同时使用 S/R 指令时，应注意两条指令的先后顺序，写在后面的指令具有优先权，使用不当有可能导致程序控制结果错误。

【例 2 -1 -7】　在图 2 -1 -11 中，S 指令在前，R 指令在后，当驱动条件 I0.0 和 I0.1 同时满足（即 I0.0 =1，I0.1 =0）时，R 指令优先级高，线圈 Q0.0 没有信号流过，如图 2 -1 -11c 所示。相反，如图 2 -1 -12 所示，将 S 指令与 R 指令的先后顺序对调，当驱动条件 I0.0 和 I0.1 同时满足时，S 指令优先级高，线圈 Q0.0 有信号流过。使用 S/R 指令编程时，后面指令的优先级高，这一点需要多加注意。

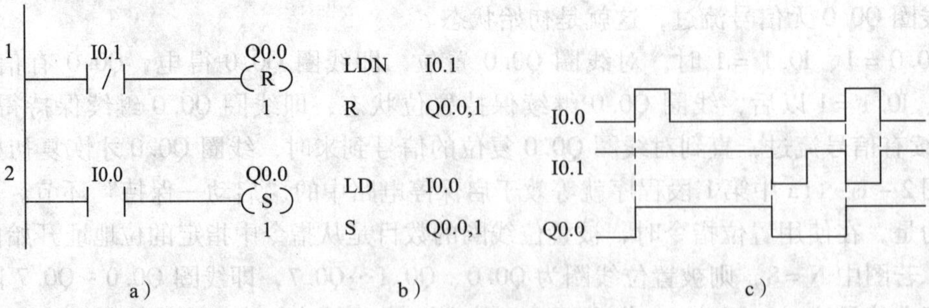

图 2 -1 -12　调换 S/R 指令的顺序

a）梯形图　b）语句表　c）时序图

四、梯形图的编程规则

尽管梯形图与继电器电路图在结构形式、元件符号及逻辑控制功能等方面相似，但它们又有许多不同之处。梯形图的具体编程规则如下：

1. 输入继电器 I、输出继电器 Q、辅助继电器 M、定时器 T、计数器 C 等元件的触点可多次重复使用，无须用复杂的程序结构来减少触点的使用次数。

2. 梯形图的每一行都是从左母线开始，线圈接在最右边。触点不能放在线圈的右边，即线圈与右母线之间不能有任何触点。线圈与触点的位置如图 2－1－13 所示。

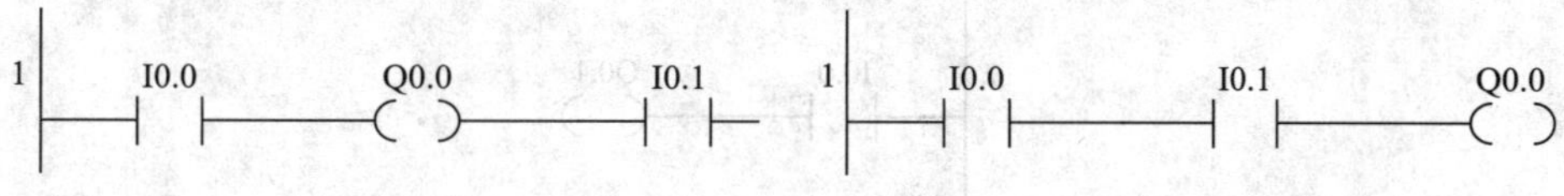

a）　　　b）

图 2－1－13　线圈与触点的位置

a）不正确的梯形图　b）正确的梯形图

3. 线圈不能直接与左母线相连，即左母线与线圈之间一定要有触点。如果需要，可以通过特殊辅助继电器 SM0.0 的常开触点连接，如图 2－1－14 所示。

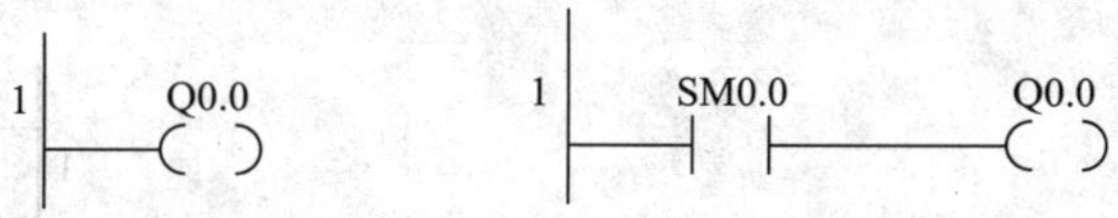

a）　　　b）

图 2－1－14　SM0.0 的应用

a）不正确的梯形图　b）正确的梯形图

> **小提示**
>
> 特殊辅助继电器 SM（即特殊存储器 SM）能够提供大量的状态和控制功能，用于在 CPU 和用户程序之间交换信息。特殊存储器 SM 能以位、字节、字或双字来存取，一些常用的特殊存储器的用途如下：
>
> SM0.0：运行监视。SM0.0 始终为“1”状态。当 PLC 运行时，可以利用其触点驱动输出继电器，并在外部显示程序是否处于运行状态。
>
> SM0.1：初始化脉冲。每当 PLC 的程序开始运行时，SM0.1 线圈接通一个扫描周期，因此，SM0.1 的触点常用于调用初始化程序等。
>
> SM0.4、SM0.5：产生占空比为 50% 的时钟脉冲。当 PLC 处于运行状态时，SM0.4 产生周期为 1 min 的时钟脉冲，SM0.5 产生周期为 1 s 的时钟脉冲。若将时钟脉冲信号送入计数器作为计数信号，可起到定时器的作用。
>
> SM1.0、SM1.1 和 SM1.2 分别是零标志、溢出标志和负数标志。

4. 一般情况下，在梯形图中同一线圈只能出现一次。如果某程序中同一线圈使用了两次或多次，称为双线圈输出。不同 PLC 对双线圈输出问题的处理方式不同，有的 PLC 将其视为语法错误，有的 PLC 在限定的指令中可以使用，有的 PLC 以最后一次输出为准。图 2－1－15 所示为 S7－200 SMART 系列 PLC 双线圈输出的梯形图，无语法错误，编译可以通过。但是，如果 I0.0＝1，I0.1＝0，则 Q0.0＝0（以最后一次输出为准），Q0.1＝1。

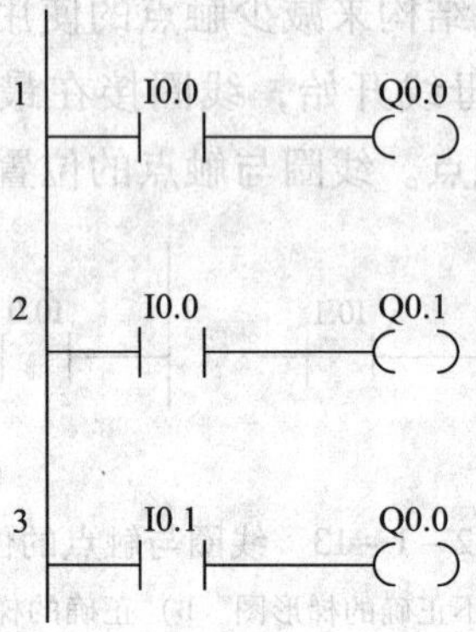

图 2－1－15　双线圈输出的梯形图

双线圈输出容易引起误操作，所以应避免同一线圈重复使用，解决的方法如图 2－1－16 所示。

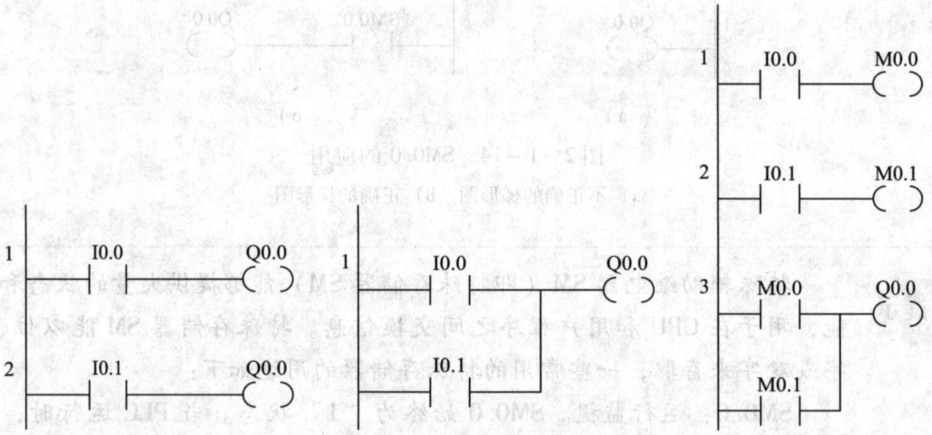

图 2－1－16　避免双线圈输出的方法

a）不正确的梯形图　b）解决方法一　c）解决方法二

小提示　辅助继电器 M（即位存储器 M）类似于继电器控制系统中的中间继电器 KA，用来存放中间操作状态或其他控制信息。PLC 中没有输入/输出端口与辅助继电器 M 对应，其线圈的通断只能由程序内部指令驱动，其触点不能直接驱动外部负载，只能在程序内部驱动输出继电器的线圈，再用输出继电器的触点去驱动外部负载。

辅助继电器 M 虽然名为位存储器 M，但它既可以按位来存取数据，也可以按字节、字、双字来存取数据。辅助继电器 M 存取的地址编号范围为 M0.0～M31.7，共 32 个字节。

值得一提的是，辅助继电器 M 和变量存储器 V 的功能基本相同，都可以用来存放中间运算结果，但是 V 的内存区域更大一些，所以 M 区域常用来存放数字量的中间运算结果，而 V 区域常用来存放模拟量数值和中间运算结果。

5. 梯形图必须符合顺序执行原则，即从左到右、从上到下地执行。不符合顺序执行原则的梯形图不能直接编程，如图 2－1－17 所示。

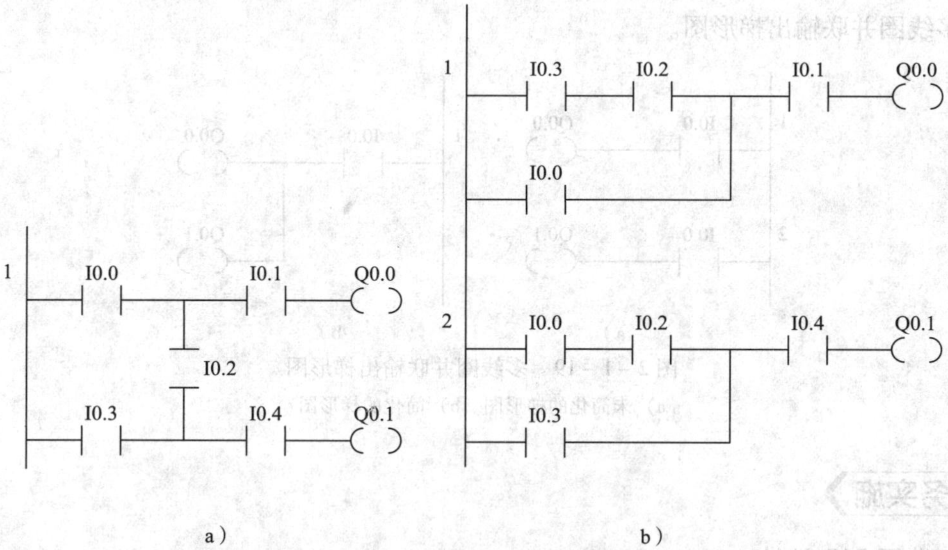

a）　　b）

图 2－1－17　不符合顺序执行原则的梯形图的处理

a）不正确的梯形图　b）正确的梯形图

6. 当梯形图中有几个串联电路相并联时，应将串联触点多的回路放在上方，即要符合“上重下轻”原则。当有几个并联电路相串联时，应将并联触点多的回路放在左侧，即要符合“左重右轻”原则。这样编写的程序简洁明了，指令条数少，扫描周期短。图 2－1－18 所示为梯形图程序的合理优化。

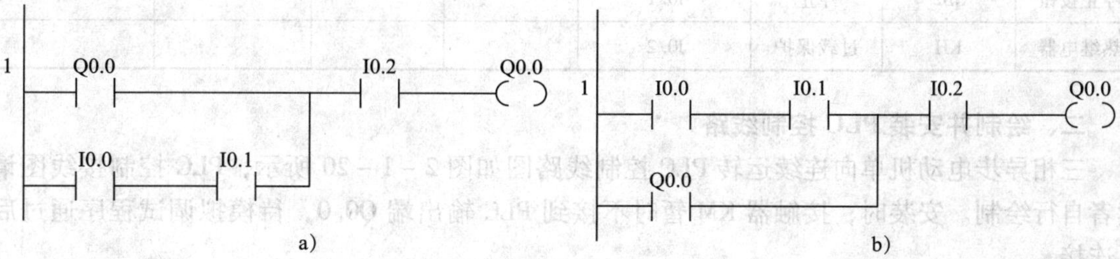

a）　　b）

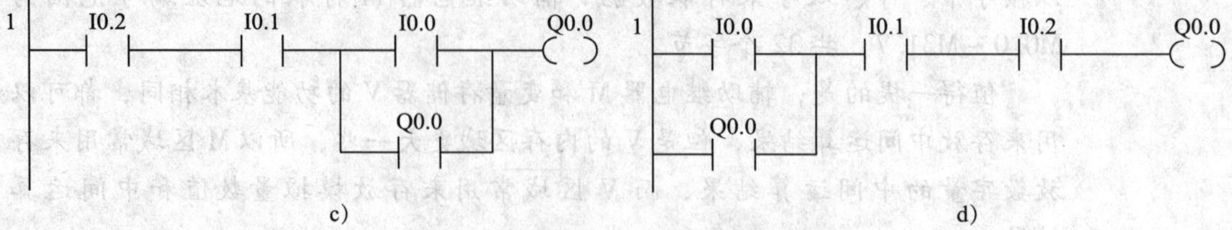

图 2－1－18　梯形图程序的合理优化

a）串联触点位置不当　b）串联触点位置合理

c）并联触点位置不当　d）并联触点位置合理

7. 梯形图中的触点可以串联或并联，但继电器线圈只能并联而不能串联。图 2－1－19 所示为多线圈并联输出梯形图。

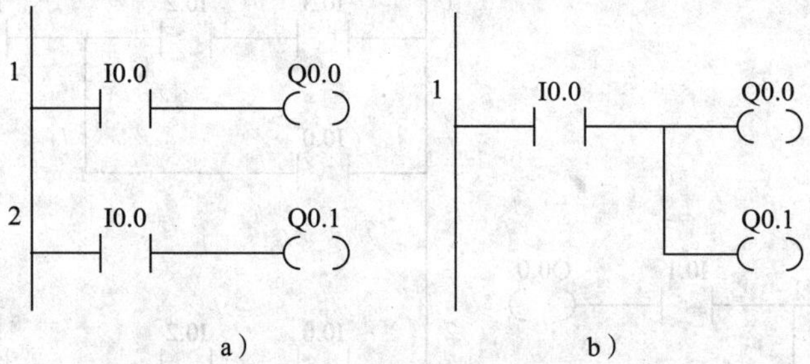

图 2－1－19　多线圈并联输出梯形图

a）未简化的梯形图　b）简化的梯形图

任务实施

一、分配 I/O 地址

I/O 地址分配见表 2－1－4。

表 2－1－4　　I/O 地址分配

输入				输出			
输入设备	文字符号	作用	输入继电器	输出设备	文字符号	作用	输出继电器
启动按钮	SB1	启动	I0.0	接触器	KM	控制电动机	Q0.0
停止按钮	SB2	停止	I0.1				
热继电器	KH	过载保护	I0.2				

二、绘制并安装 PLC 控制线路

三相异步电动机单向连续运转 PLC 控制线路图如图 2－1－20 所示，PLC 控制接线图请读者自行绘制。安装时，接触器 KM 暂时不接到 PLC 输出端 Q0.0，待模拟调试程序通过后再连接。

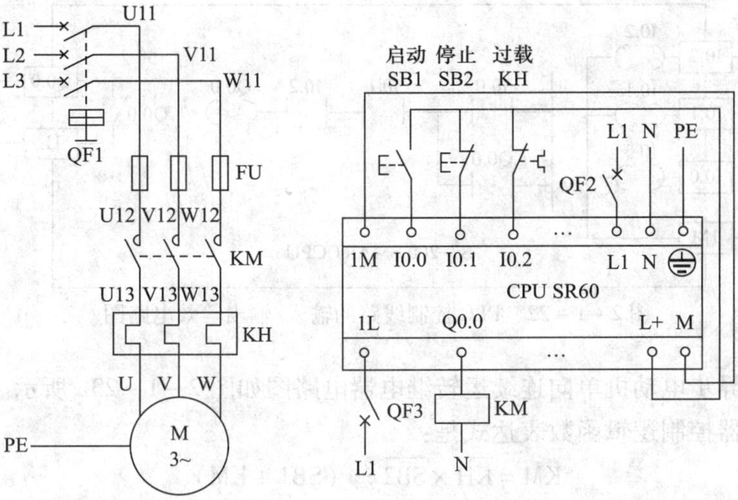

图 2－1－20　三相异步电动机单向连续运转 PLC 控制线路图

三、设计梯形图程序

1. 创建项目

按照创建项目的步骤和方法创建"电动机单向连续运转 PLC 控制"项目。

2. 硬件组态

按照硬件组态的步骤和方法完成系统的硬件组态。

3. 编辑符号表

按照编辑符号表的步骤和方法编辑图 2－1－21 所示的符号表。

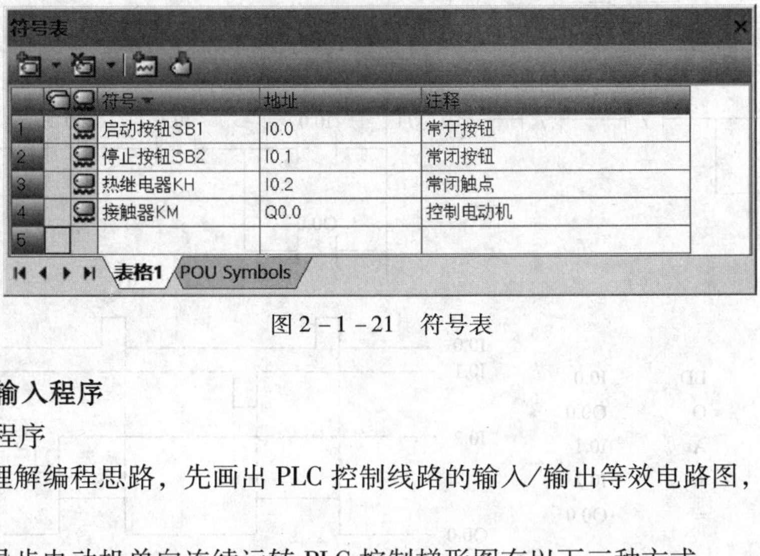

符号表

	符号	地址	注释
1	启动按钮SB1	I0.0	常开按钮
2	停止按钮SB2	I0.1	常闭按钮
3	热继电器KH	I0.2	常闭触点
4	接触器KM	Q0.0	控制电动机
5			

表格1　POU Symbols

图 2－1－21　符号表

4. 编写并输入程序

（1）编写程序

为了便于理解编程思路，先画出 PLC 控制线路的输入/输出等效电路图，如图 2－1－22 所示。

设计三相异步电动机单向连续运转 PLC 控制梯形图有以下三种方式：

1）将继电器电路图转换为 PLC 梯形图。由继电器电路图可以写出相应的逻辑函数，由逻辑函数可以设计出相应的 PLC 梯形图。因此，由继电器电路图也可以设计出相应的 PLC 梯形图，反之亦然。

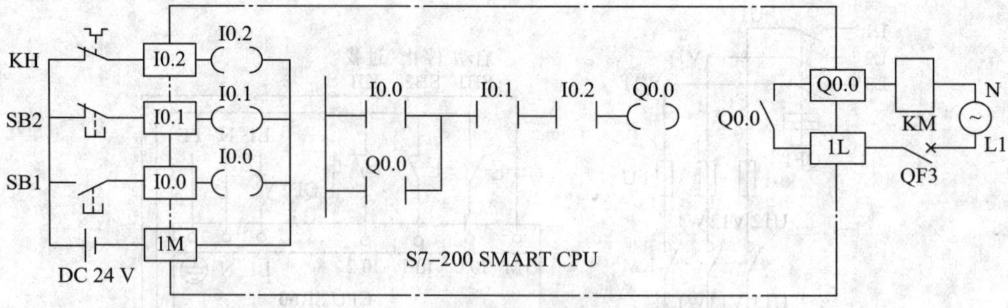

图 2－1－22　PLC 控制线路的输入/输出等效电路图

例如，三相异步电动机单向连续运转继电器电路图如图 2－1－23a 所示。

对应的继电器控制逻辑函数表达式是：

$$KM = \overline{KH} \times \overline{SB2} \times (SB1 + KM)$$

换成 PLC 的文字符号，则可得到对应的 PLC 控制逻辑函数表达式是：

$$Q0.0 = \overline{I0.2} \times \overline{I0.1} \times (I0.0 + Q0.0)$$

根据此 PLC 控制逻辑函数表达式画出 PLC 梯形图，如图 2－1－23b 所示。

然后按照梯形图编程规则中的“左重右轻”原则，将 I0.0 常开触点与 Q0.0 常开触点并联部分移到最左端，如图 2－1－23c 所示。

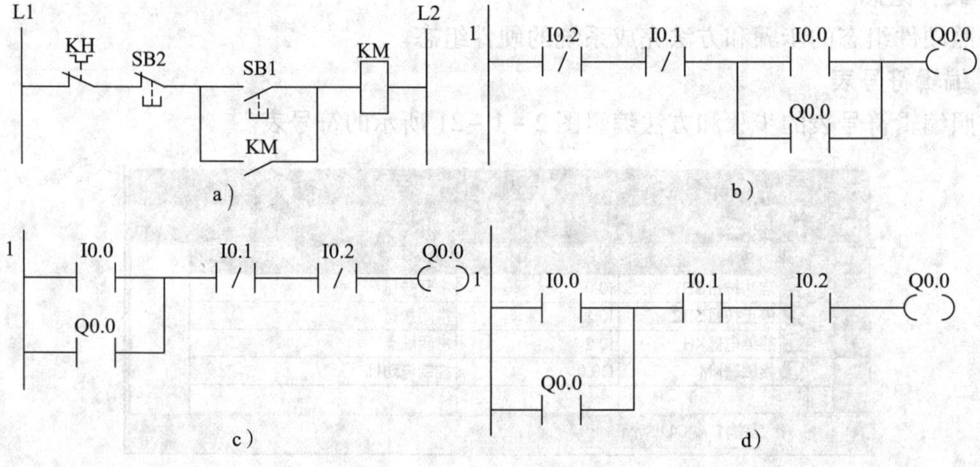


```
LD      I0.0
O       Q0.0
A       I0.1
A       I0.2
=       Q0.0
```

e）

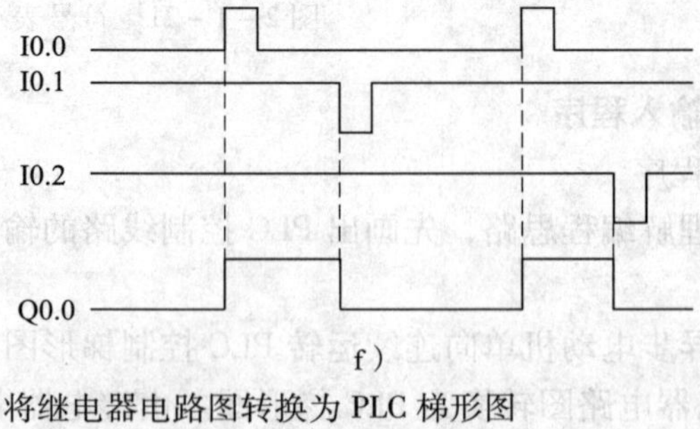

图 2－1－23　将继电器电路图转换为 PLC 梯形图

a）继电器电路图　b）未优化的梯形图　c）优化后的梯形图

d）修改完善后的梯形图　e）语句表　f）时序图

再考虑到停止按钮 SB2 和热继电器 KH 都是采用常闭触点形式接到 PLC 输入端，因此 PLC 梯形图中的 I0.1 和 I0.2 触点都要用常开触点，由此修改完善后即可得到图 2－1－23d 所示的三相异步电动机单向连续运转 PLC 控制梯形图。图 2－1－23e 为语句表，图 2－1－23f 为时序图。

根据上述编程思路，可以得出结论：对于某些简单的继电器电路图，根据 PLC 等效继电器与继电器电路的电气符号对照关系（见表 1－1－4），即可将继电器电路图直接转换成 PLC 梯形图（必要时再做进一步优化处理），从而设计出相应的 PLC 梯形图。

小提示

①应用逻辑代数对控制系统及其控制要求进行逻辑分析，写出逻辑函数表达式，再根据逻辑函数表达式设计梯形图的方法称为 PLC 逻辑设计法。

②初学者经常会通过将继电器电路图直接转换成 PLC 梯形图的方式来设计 PLC 控制程序。但应注意，由于工作方式的不同，在将某些比较复杂的继电器电路图转换成 PLC 梯形图时，并不能通过转换法完全达到设计控制要求。因此，在设计 PLC 梯形图时，最根本的是应该遵循 PLC 的扫描工作方式中顺序执行控制逻辑的原理，这是学习 PLC 编程必须树立的编程思想，也是 PLC 初学者必须养成的编程习惯。

2）使用标准触点指令和输出指令编程。由图 2－1－22 可知，按下启动按钮 SB1，输入继电器 I0.0 线圈得电，I0.0 常开触点闭合，则在梯形图中通过 I0.0 常开触点的闭合驱动线圈 Q0.0 得电，Q0.0 常开触点闭合，PLC 的 Q0.0 输出端子有信号输出，PLC 驱动接触器 KM 线圈得电，KM 主触点闭合，电动机 M 接通电源启动运行，其梯形图如图 2－1－24a 所示。

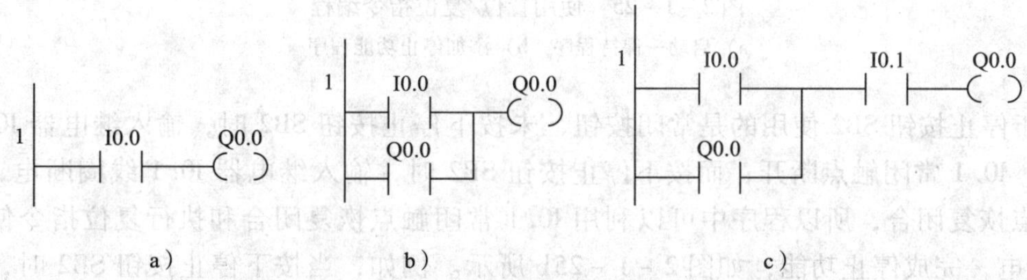

图 2－1－24　使用标准触点指令和输出指令编程

a）启动程序　b）添加自锁环节程序　c）添加停止功能程序

松开启动按钮 SB1，输入继电器 I0.0 线圈断电，I0.0 常开触点恢复断开，线圈 Q0.0 断电，Q0.0 常开触点恢复断开，Q0.0 输出端子没有信号输出，KM 线圈断电，KM 主触点恢复断开，电动机 M 断开电源停止运行，这是点动控制功能。为了实现连续运行控制功能，还要在程序中添加自锁环节，其梯形图如图 2－1－24b 所示。

由于停止按钮 SB2 使用的是常闭按钮，未按下停止按钮 SB2 时，输入继电器 I0.1 线圈得电，I0.1 常开触点闭合；而按下停止按钮 SB2 时，输入继电器 I0.1 线圈断电，I0.1 常开触点恢复断开，所以程序中可以将 I0.1 常开触点和线圈 Q0.0 串联来完成停止功能，如图 2－1－24c 所示。例如，当按下停止按钮 SB2 时，输入继电器 I0.1 线圈断电，I0.1 常开触点恢复断开，使线圈 Q0.0 断电，Q0.0 常开触点恢复断开，PLC 的 Q0.0 输出端子将没有信号输出，KM 线圈断电，KM 主触点恢复断开，电动机 M 停止运行。图 2－1－24c 即为前面介绍过的启保停程序（见图 2－1－10）。

由于电动机 M 过载保护使用的是热继电器 KH 常闭触点，过载保护动作时电动机 M 同样停止运行，所以程序中也同样利用 I0.2 常开触点和线圈 Q0.0 串联，完成停止功能，得到使用标准触点指令和输出指令编写的电动机单向连续运转 PLC 控制梯形图程序，如图 2－1－23d 所示。

3）使用置位/复位指令编程。在图 2－1－22 中，按下启动按钮 SB1，输入继电器 I0.0 线圈得电，I0.0 常开触点闭合，则在梯形图中通过 I0.0 常开触点的闭合和执行置位指令驱动线圈 Q0.0 得电，Q0.0 常开触点闭合，PLC 的 Q0.0 输出端子有信号输出，PLC 驱动接触器 KM 线圈得电，KM 主触点闭合，电动机 M 接通电源启动运行；松开启动按钮 SB1，电动机 M 不会停止运行，这是因为置位指令有记忆功能，即自保持功能。其梯形图如图 2－1－25a 所示。

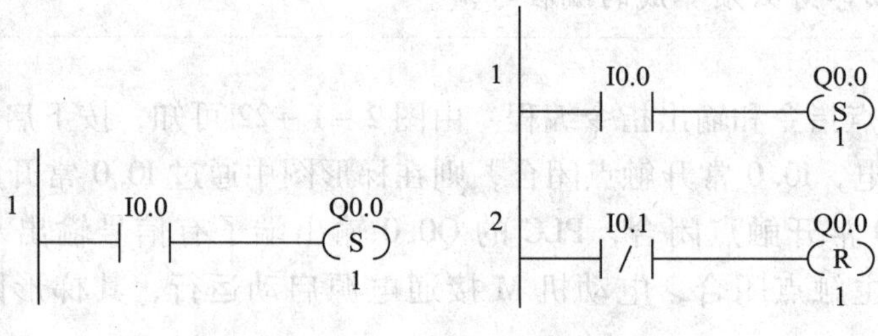

a） b）

图 2－1－25 使用置位/复位指令编程

a）启动—保持程序 b）添加停止功能程序

由于停止按钮 SB2 使用的是常闭按钮，未按下停止按钮 SB2 时，输入继电器 I0.1 线圈得电，I0.1 常闭触点断开；而按下停止按钮 SB2 时，输入继电器 I0.1 线圈断电，I0.1 常闭触点恢复闭合，所以程序中可以利用 I0.1 常闭触点恢复闭合和执行复位指令使线圈 Q0.0 断电，完成停止功能，如图 2－1－25b 所示。例如，当按下停止按钮 SB2 时，输入继电器 I0.1 线圈断电，I0.1 常闭触点恢复闭合，执行复位指令，使线圈 Q0.0 断电，Q0.0 常开触点恢复断开，PLC 的 Q0.0 输出端子将没有信号输出，KM 线圈断电，KM 主触点恢复断开，电动机 M 停止运行。图 2－1－25b 即为前面介绍过的使用 S/R 指令的梯形图（见图 2－1－11）。

由于电动机 M 过载保护使用的是热继电器 KH 常闭触点，过载保护动作时电动机 M 同样停止运行，所以程序中也同样要利用 I0.2 常闭触点闭合和执行复位指令使线圈 Q0.0 断电，完成停止功能。图 2－1－26a 即为使用置位/复位指令编写的电动机单向连续运转 PLC 控制梯形图，图 2－1－26b 为语句表，图 2－1－26c 为时序图。

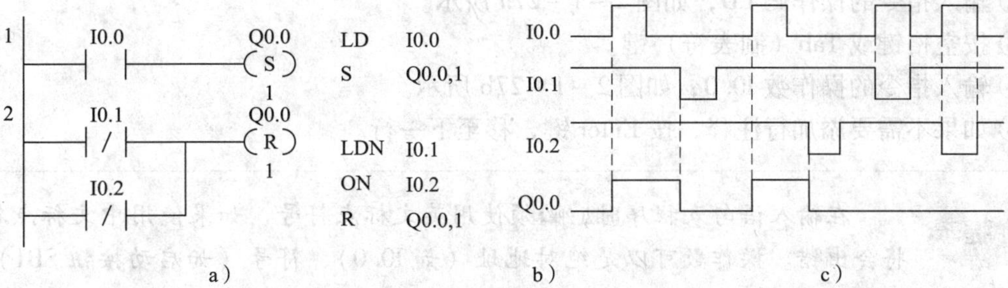

图 2－1－26　使用置位/复位指令的电动机单向连续运转 PLC 控制程序

a）梯形图　b）语句表　c）时序图

小提示　比较图 2－1－23d 和图 2－1－26a 所示的梯形图可知，使用启保停电路中的启动—保持条件就是使用 S/R 指令程序中的置位条件（使用 S 指令），停止条件就是复位条件（使用 R 指令）；启保停电路中的停止条件的常开触点应改为 S/R 指令程序中的常闭触点，且触点由串联改为并联。

（2）输入程序

可以按照课题一任务 3 介绍的梯形图程序输入法分别输入图 2－1－23d 和图 2－1－26a 所示梯形图。这里介绍语句表程序输入法，以输入图 2－1－23e 所示语句表程序为例。

语句表程序输入方法

1）单击“视图”菜单功能区中的“STL”按钮，打开 STL 编辑器。

2）输入程序注释为“电动机单向连续运转 PLC 控制”。输入程序段 1 的注释为“按下 SB1，电动机启动并连续运行；按下 SB2 或 KH 动作，电动机停止”。

3）在 STL 编辑器中直接键入指令，输入步骤如图 2－1－27 所示。

① 单击程序段 1 的语句表程序编辑区，光标停留在一行的开始并闪烁。

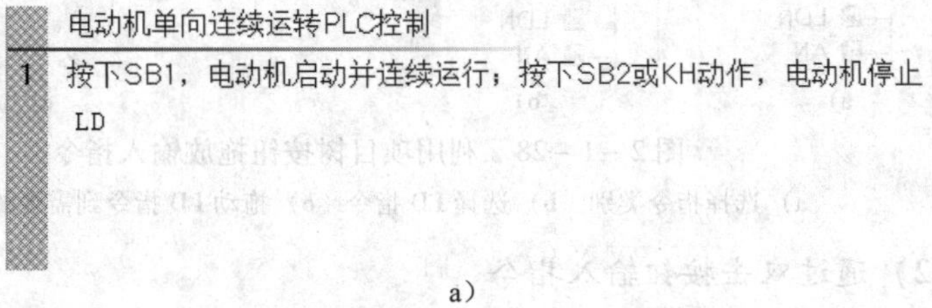

a）

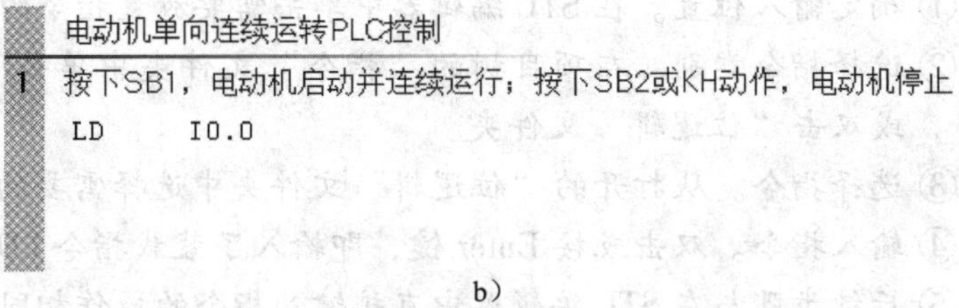

b）

图 2－1－27　在 STL 编辑器中直接键入指令

a）输入指令的操作码 LD　b）输入指令的操作数 I0.0

② 输入指令的操作码 LD，如图 2－1－27a 所示。

③ 按空格键或 Tab（制表符）键。

④ 输入指令的操作数 I0.0，如图 2－1－27b 所示。

⑤ 如果不需要添加行注释，按 Enter 键，移至下一行。

小提示

在输入语句表程序时，必须使用英文标点符号，如果使用中文标点符号将会出错。操作数可以是绝对地址（如 I0.0）、符号（如启动按钮 SB1）或常数。带指令和地址的整行范例为 LD I0.0。如果一行有多个操作数，可以使用空格、制表符或逗号将其分开。

除了在 STL 编辑器中直接键入指令，还可以利用项目树输入指令，具体有以下两种方法：

1）利用项目树按钮直接拖放

① 选择指令类别。在项目树的"指令"文件夹中单击"位逻辑"左侧的⊞，或双击"位逻辑"文件夹，如图 2－1－28a 所示。

② 选择指令。从打开的"位逻辑"文件夹中选择需要的装载指令 LD，如图 2－1－28b 所示。

③ 拖动指令到需要的位置。按住鼠标左键，拖动选择的装载指令 LD 到程序编辑器窗口中所需的位置，如图 2－1－28c 所示。

④ 释放指令。释放鼠标左键，完成装载指令 LD 的放置，如图 2－1－27a 所示。

⑤ 后续步骤与在 STL 编辑器中直接键入指令的操作相同。

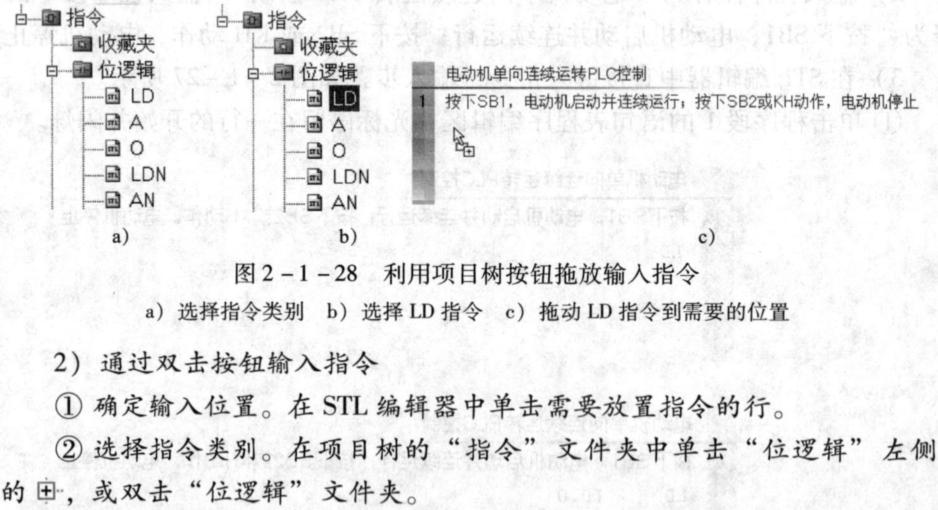

图 2－1－28 利用项目树按钮拖放输入指令

a）选择指令类别 b）选择 LD 指令 c）拖动 LD 指令到需要的位置

2）通过双击按钮输入指令

① 确定输入位置。在 STL 编辑器中单击需要放置指令的行。

② 选择指令类别。在项目树的"指令"文件夹中单击"位逻辑"左侧的⊞，或双击"位逻辑"文件夹。

③ 选择指令。从打开的"位逻辑"文件夹中选择需要的装载指令 LD。

④ 输入指令。双击或按 Enter 键，即输入了装载指令 LD。

⑤ 后续步骤与在 STL 编辑器中直接键入指令的操作相同。

4）按照上述的指令输入方法依次将图 2－1－23e 所示语句表中的指令输入完毕后，将得到图 2－1－29a 所示的画面。单击“视图”菜单功能区中的“LAD”按钮，得到图 2－1－29b 所示的显示绝对地址的梯形图。单击“视图”菜单功能区中的“符号：绝对”按钮，得到图 2－1－29c 所示的同时显示符号和绝对地址的梯形图。

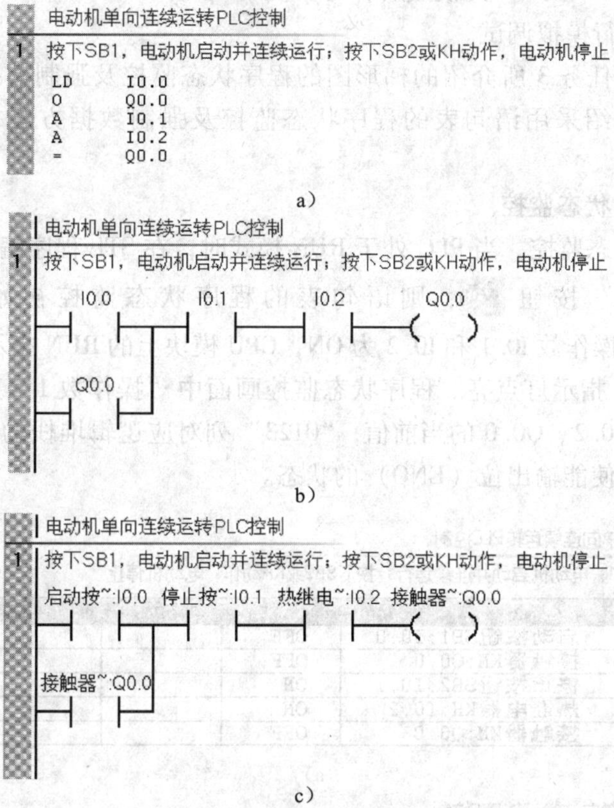

图 2－1－29　电动机单向连续运转 PLC 控制程序

a）语句表　b）梯形图（显示绝对地址）　c）梯形图（同时显示符号和绝对地址）

小提示

1）语句表允许将若干个独立电路对应的语句放在一个程序段中。符合编程语法规则的梯形图一定能转换为语句表程序，但是只有将语句表程序正确地划分为程序段，才能将语句表程序转换为梯形图。不能转换的程序段将显示“无效程序段”。

2）如果符号过长，并且选择了显示符号或同时显示符号和绝对地址，则程序编辑器只能显示部分符号名。将鼠标的光标放在这样的符号上，可以显示符号全称、绝对地址和符号表中的注释。

5. 编译程序

单击“编译”按钮，编译程序。

6. 保存项目

单击“保存”按钮，保存项目。

四、模拟调试

在运行 STEP 7 - Micro/WIN SMART 的计算机与 PLC 之间成功地建立起通信连接，将程序下载到 PLC，使 PLC 处于 RUN 模式后，可以使用 STEP 7 - Micro/WIN SMART 的监视和调试功能对用户程序进行模拟调试。

可以按照课题一任务 3 所介绍的梯形图的程序状态监控及强制数据方法模拟调试程序。这里介绍采用语句表的程序状态监控及强制数据方法模拟调试程序。

语句表的程序状态监控

1. 语句表的程序状态监控

（1）启用程序状态监控。当 PLC 处于 RUN 模式时，在 STL 程序编辑器窗口中单击“程序状态”按钮，则语句表的程序状态监控初始画面如图 2-1-30a 所示。操作数 I0.1 和 I0.2 为 ON，CPU 模块上的 RUN 指示灯点亮，STOP 指示灯熄灭，I0.1 和 I0.2 指示灯点亮。程序状态监控画面中“操作数 1”列分别对应软继电器 I0.0、Q0.0、I0.1、I0.2、Q0.0 的当前值，“0123”列对应逻辑堆栈的 4 个最近值，最右边一列对应方框指令的使能输出位（ENO）的状态。

电动机单向连续运转PLC控制

1 按下SB1，电动机启动并连续运行；按下SB2或KH动作，电动机停止

		操作数 1	操作数 2	操作数 3	0123	中
LD	启动按钮SB1:I0.0	OFF			0000	0
O	接触器KM:Q0.0	OFF			0000	0
A	停止按钮SB2:I0.1	ON			0000	1
A	热继电器KH:I0.2	ON			0000	1
=	接触器KM:Q0.0	OFF			0000	0

a)

电动机单向连续运转PLC控制

1 按下SB1，电动机启动并连续运行；按下SB2或KH动作，电动机停止

		操作数 1	操作数 2	操作数 3	0123	中
LD	启动按钮SB1:I0.0	ON			1000	1
O	接触器KM:Q0.0	ON			1000	1
A	停止按钮SB2:I0.1	ON			1000	1
A	热继电器KH:I0.2	ON			1000	1
=	接触器KM:Q0.0	ON			1000	1

b)

电动机单向连续运转PLC控制

1 按下SB1，电动机启动并连续运行；按下SB2或KH动作，电动机停止

		操作数 1	操作数 2	操作数 3	0123	中
LD	启动按钮SB1:I0.0	OFF			0000	0
O	接触器KM:Q0.0	ON			1000	1
A	停止按钮SB2:I0.1	ON			1000	1
A	热继电器KH:I0.2	ON			1000	1
=	接触器KM:Q0.0	ON			1000	1

c)

电动机单向连续运转PLC控制

1　按下SB1，电动机启动并连续运行；按下SB2或KH动作，电动机停止

		操作数 1	操作数 2	操作数 3	0123	中
LD	启动按钮SB1:I0.0	OFF			0000	0
O	接触器KM:Q0.0	OFF			0000	0
A	停止按钮SB2:I0.1	OFF			0000	0
A	热继电器KH:I0.2	ON			0000	1
=	接触器KM:Q0.0	OFF			0000	0

d）

图 2－1－30　语句表的程序状态监控画面

a）初始画面　b）按下启动按钮 SB1

c）松开启动按钮 SB1　d）按下停止按钮 SB2

启用语句表的程序状态监控时，STL 程序编辑器窗口的每个程序段都被分为一个代码区（左侧）和一个状态区（右侧）。扫描右侧二维码，可了解语句表的程序状态监控时自定义状态区的方法。

（2）按下启动按钮 SB1，操作数 I0.0、I0.1、I0.2 和 Q0.0 为 ON，监控画面如图 2－1－30b 所示。CPU 模块上的 I0.0、I0.1、I0.2 和 Q0.0 指示灯点亮。

（3）松开启动按钮 SB1，操作数 I0.0 为 OFF，I0.1、I0.2 和 Q0.0 为 ON，监控画面如图 2－1－30c 所示。CPU 模块上的 I0.0 指示灯熄灭，I0.1、I0.2 和 Q0.0 指示灯继续点亮。

（4）按下停止按钮 SB2（手动模拟热继电器 KH 过载保护动作时，停止 Q0.0 输出的语句表的程序状态监控，略），操作数 I0.0、I0.1 和 Q0.0 为 OFF，I0.2 为 ON，监控画面如图 2－1－30d 所示。CPU 模块上的 I0.0、I0.1 和 Q0.0 指示灯熄灭，I0.2 指示灯点亮。

（5）松开停止按钮 SB2，操作数 I0.0 和 Q0.0 为 OFF，I0.1 和 I0.2 为 ON，语句表的程序状态监控画面恢复到图 2－1－30a 所示的初始画面。CPU 模块上的 I0.0 和 Q0.0 指示灯熄灭，I0.1 和 I0.2 指示灯点亮。

（6）停止程序状态监控。单击“程序状态”按钮，则停止语句表的程序状态监控，CPU 模块上的 I0.1 和 I0.2 指示灯保持点亮。

（7）单击“STOP”按钮，使 PLC 处于停止模式。CPU 模块上的 STOP 指示灯点亮，RUN 指示灯熄灭，I0.1 和 I0.2 指示灯保持点亮。

2. 语句表的程序状态监控时的强制

由于在没有实际 I/O 接线的情况下，利用强制功能模拟调试用户程序，所以要先断开启动按钮 SB1、停止按钮 SB2 和热继电器 KH 常闭触点与 CPU 模块输入端子 I0.0、I0.1 和 I0.2 的连接。

语句表程序状态监控时的强制

（1）启用程序状态监控。当 PLC 处于 RUN 模式时，在 STL 程序编辑器窗口中单击“程序状态”按钮，则语句表的程序状态监控初始画面如图 2－1－31a 所示。CPU 模块上的 RUN 指示灯点亮，STOP 指示灯熄灭。

电动机单向连续运转PLC控制

1 按下SB1，电动机启动并连续运行；按下SB2或KH动作，电动机停止

		操作数 1	操作数 2	操作数 3	0123	中
LD	启动按钮SB1:I0.0	OFF			0000	0
O	接触器KM:Q0.0	OFF			0000	0
A	停止按钮SB2:I0.1	OFF			0000	0
A	热继电器KH:I0.2	OFF			0000	0
=	接触器KM:Q0.0	OFF			0000	0

a）

电动机单向连续运转PLC控制

1 按下SB1，电动机启动并连续运行；按下SB2或KH动作，电动机停止

		操作数 1	操作数 2	操作数 3	0123	中
LD	启动按钮SB1:I0.0	OFF			0000	0
O	接触器KM:Q0.0	OFF			0000	0
A	停止按钮SB2:I0.1	ON			0000	1
A	热继电器KH:I0.2	ON			0000	1
=	接触器KM:Q0.0	OFF			0000	0

b）

电动机单向连续运转PLC控制

1 按下SB1，电动机启动并连续运行；按下SB2或KH动作，电动机停止

		操作数 1	操作数 2	操作数 3	0123	中
LD	启动按钮SB1:I0.0	ON			1000	1
O	接触器KM:Q0.0	ON			1000	1
A	停止按钮SB2:I0.1	ON			1000	1
A	热继电器KH:I0.2	ON			1000	1
=	接触器KM:Q0.0	ON			1000	1

c）

电动机单向连续运转PLC控制

1 按下SB1，电动机启动并连续运行；按下SB2或KH动作，电动机停止

		操作数 1	操作数 2	操作数 3	0123	中
LD	启动按钮SB1:I0.0	OFF			0000	0
O	接触器KM:Q0.0	ON			1000	1
A	停止按钮SB2:I0.1	ON			1000	1
A	热继电器KH:I0.2	ON			1000	1
=	接触器KM:Q0.0	ON			1000	1

d）

电动机单向连续运转PLC控制

1 按下SB1，电动机启动并连续运行；按下SB2或KH动作，电动机停止

		操作数 1	操作数 2	操作数 3	0123	中
LD	启动按钮SB1:I0.0	OFF			0000	0
O	接触器KM:Q0.0	OFF			0000	0
A	停止按钮SB2:I0.1	OFF			0000	0
A	热继电器KH:I0.2	ON			0000	1
=	接触器KM:Q0.0	OFF			0000	0

e）

图 2－1－31　语句表的程序状态监控时的强制画面

a）初始画面　b）强制 I0.1（停止按钮 SB2）和 I0.2（热继电器 KH）为 ON

c）强制 I0.0（启动按钮 SB1）为 ON　d）强制 I0.0（启动按钮 SB1）为 OFF

e）强制 I0.1（停止按钮 SB2）为 OFF

（2）强制 I0.1（停止按钮 SB2）和 I0.2（热继电器 KH）为 ON，以模拟实际的输入接线情况。在图 2－1－31a 所示的强制初始画面中右击“A 停止按钮 SB2：I0.1”行和“操作数 1”列所确定的“OFF”格，在出现的快捷菜单中选择“强制”命令，在弹出的“强制”对话框中选择默认的 ON，然后单击“强制”按钮，则 I0.1 被强制为 ON（被强制的 I0.1 数值即操作数 1 显示显性强制图标，但 I0.1 指示灯不会点亮）。使用同样的方法将 I0.2 强制为 ON，强制画面如图 2－1－31b 所示。执行强制操作后，CPU 模块上的 RUN 指示灯点亮，STOP 指示灯以 1 Hz 的频率闪烁。

（3）强制 I0.0（启动按钮 SB1）为 ON。在图 2－1－31b 所示的强制画面中右击“LD 启动按钮 SB1：I0.0”行和“操作数 1”列所确定的“OFF”格，使用同样的方法将 I0.0 强制为 ON，则 Q0.0 也变为 ON，强制画面如图 2－1－31c 所示，CPU 模块上的 Q0.0 指示灯点亮。

（4）使用同样的方法将 I0.0（启动按钮 SB1）强制为 OFF，Q0.0 保持为 ON，强制画面如图 2－1－31d 所示，CPU 模块上的 Q0.0 指示灯继续点亮。

（5）使用同样的方法将 I0.1（停止按钮 SB2）强制为 OFF（I0.2 强制为 OFF，略），则 Q0.0 变为 OFF，强制画面如图 2－1－31e 所示，CPU 模块上的 Q0.0 指示灯熄灭。

（6）单击工具栏或“调试”菜单功能区中的“取消全部强制”按钮，强制画面恢复为图 2－1－31a 所示的初始画面。CPU 模块上的 STOP 指示灯熄灭。

（7）停止程序状态监控。单击“程序状态”按钮，停止语句表的程序状态监控。

（8）单击“STOP”按钮，使 PLC 处于停止模式。同时，CPU 模块上的 STOP 指示灯点亮，RUN 指示灯熄灭。

注意

模拟调试完毕，关断电源开关 QF2，CPU 模块断电。

五、联机调试

模拟调试成功后，接上实际的负载，按照表 2－1－5 的步骤进行联机调试，同时注意观察和记录。联机调试过程中如出现故障，应立即切断电源，分析原因，检查电路。排除故障后方可重新进行调试，直到调试成功。

表 2－1－5　　联机调试记录表

步骤	操作内容	观察内容	观察结果
1	合上电源开关 QF1、QF2 和 QF3	以太网状态指示灯、CPU 状态指示灯和 I/O 状态指示灯的状态	
2	通过编程软件，将 PLC 置于 RUN 模式		
3	按下启动按钮 SB1 并松开	I/O 状态指示灯的状态、接触器 KM 得电及电动机 M 运行情况	
4	按下停止按钮 SB2 并松开		
5	按下启动按钮 SB1 并松开		
6	手动模拟热继电器 KH 过载保护动作		

续表

步骤	操作内容	观察内容	观察结果
7	通过编程软件，将 PLC 置于 STOP 模式	CPU 状态指示灯和 I/O 状态指示灯的状态	
8	关断电源开关 QF1、QF2 和 QF3		

任务测评

参考表 1－3－10 进行任务测评。

任务 2　三相异步电动机正反转 PLC 控制

学习目标

1. 掌握逻辑堆栈指令的功能、表示形式和使用方法。
2. 能进行互锁电路的编程。
3. 能分别使用启保停电路、S/R 指令和逻辑堆栈指令设计三相异步电动机正反转 PLC 控制程序。
4. 能使用程序状态监控时写入数值的方法模拟调试 PLC 控制程序。

任务引入

图 2－2－1 所示为三相异步电动机正反转控制线路图，其中，图 2－2－1a 为原理图，图 2－2－1b 为控制时序图。正反转控制线路适用于需要电动机能够正、反两个方向运转的场合。例如，车库大门的升降、电梯轿厢的运行、起重机吊钩的上升与下降、机床工作台的前进与后退等。

本任务要求将图 2－2－1 所示的传统继电器控制方式改为 PLC 控制方式，完成三相异步电动机正反转 PLC 控制线路的设计、安装和调试。控制要求如下：

1. 当按下正转启动按钮 SB1 时，电动机正转启动运行；当按下反转启动按钮 SB2 时，电动机停止正转并开始反转启动运行；当按下停止按钮 SB3 或热继电器 KH 动作时，电动机停止运行。

2. 当按下反转启动按钮 SB2 时，电动机反转启动运行；当按下正转启动按钮 SB1 时，电动机停止反转并开始正转启动运行；当按下停止按钮 SB3 或热继电器 KH 动作时，电动机停止运行。

3. 具有短路、过载保护等必要的保护措施。

分析图 2－2－1 所示的控制线路可知，采用按钮互锁，即把两个复合按钮 SB1、SB2 的

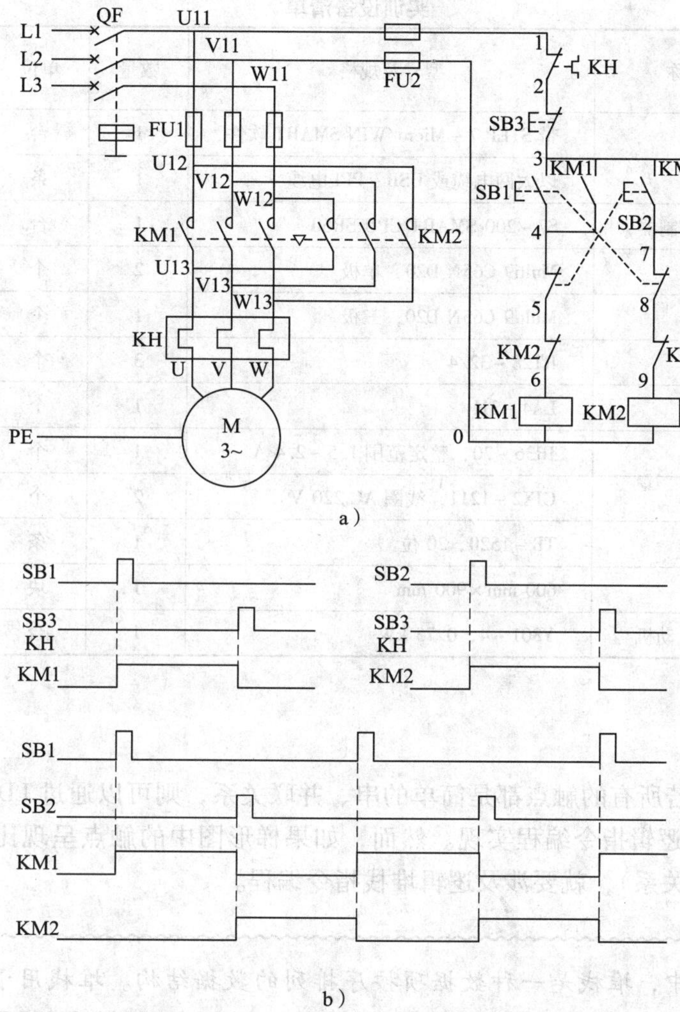

图 2－2－1　三相异步电动机正反转控制线路图

a）原理图　b）时序图

常闭触点串联接入对方的控制电路中，既可以防止电源相间短路，又可以让电动机正、反转直接切换，操作方便；采用接触器互锁，即把两个接触器的常闭触点串联接入对方的控制电路中，可以防止接触器 KM1 和 KM2 同时得电而造成电源相间短路。按钮互锁和接触器互锁都应在 PLC 梯形图程序中予以体现。需要指出的是，仅依靠 PLC 梯形图程序中的软继电器触点互锁是不可靠的，在 PLC 输出端必须要有接触器常闭触点的硬件互锁。

因为电动机正反转控制线路的控制电路部分实际上是由两个完全相同的单向连续运转控制电路合并而成的，所以仍然可以按照课题二任务一中介绍的编程思路编写控制程序，即分别使用启保停电路和 S/R 指令编程。另外，也可以使用将继电器电路图直接转换成 PLC 梯形图的方法来编程，这将会使用到逻辑堆栈指令。

实施本任务所使用的实训设备可参考表 2－2－1。

表 2－2－1　　实训设备清单

序号	设备名称	型号及规格	数量	单位	备注
1	微型计算机	带 STEP 7－Micro/WIN SMART 软件	1	台	
2	编程电缆	以太网电缆或 USB－PPI 电缆	1	条	
3	可编程序控制器	S7－200 SMART CPU SR60	1	台	配 C45 导轨
4	低压断路器	Multi9 C65N D20，单极	2	个	
5	低压断路器	Multi9 C65N D20，三极	1	个	
6	熔断器	RT28－32/4	3	个	
7	按钮	LA4－3H	1	个	
8	热继电器	JR36－20，整定范围 1.5～2.4 A	1	个	
9	交流接触器	CJX2－1211，线圈 AC 220 V	2	个	
10	接线端子排	TB－1520，20 位	1	条	
11	配电盘	600 mm×900 mm	1	块	
12	三相异步电动机	Y801－4，0.75 kW	1	台	

相关知识

在梯形图中，若所有的触点都是简单的串、并联关系，则可以通过 LD、LDN、A、AN、O、ON 等简单的位逻辑指令编程实现。然而，如果梯形图中的触点呈现比较复杂的连接关系（即复杂的逻辑关系），就要涉及逻辑堆栈指令编程。

在计算机科学中，堆栈是一种数据项按序排列的数据结构。堆栈用于处理逻辑操作，故又称为逻辑堆栈。扫描右侧二维码，可了解 S7－200 SMART 系列 PLC 的逻辑堆栈。

S7－200 SMART 系列 PLC 的逻辑堆栈指令有：与装载指令 ALD、或装载指令 OLD、逻辑进栈指令 LPS、逻辑读栈指令 LRD、逻辑出栈指令 LPP、装载堆栈指令 LDS 和与使能输出指令 AENO。逻辑堆栈指令主要用于对复杂的逻辑关系进行语句表编程。在用编程软件将梯形图转换为语句表时，编程软件会根据电路的结构自动地在程序中加入逻辑堆栈指令。编写语句表程序时，必须由用户来写入逻辑堆栈指令。

一、ALD、OLD 指令

1. ALD 指令

ALD（and load）指令即与装载指令。执行 ALD 指令时，将堆栈中的第一级和第二级中的数值进行逻辑与操作，结果置于栈顶，并将堆栈中的其余各级的值依次上移一级，操作过程如图 2－2－2 所示。其中，栈顶值 S0＝iv0 and iv1，x 为栈底生成的随机数（x 可能是 0，

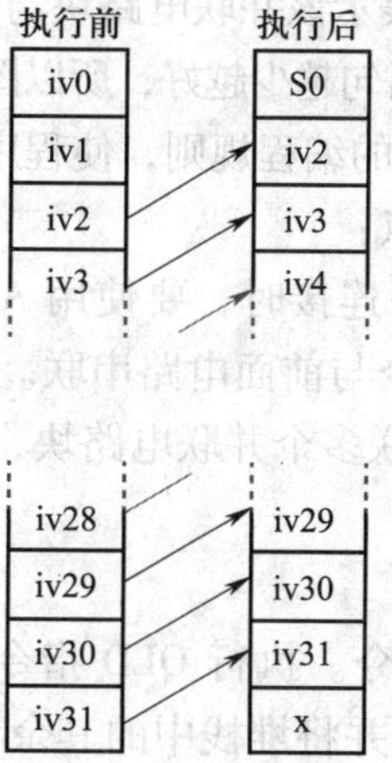

图 2－2－2 ALD 指令的操作过程

也可能是 1)。

ALD 指令也称为并联电路块的串联指令，在梯形图中表示串联一个并联电路块。两个或两个以上触点串联连接的电路称为串联电路块，两个或两个以上触点并联连接的电路称为并联电路块。在梯形图中，除了单个触点的串联与并联形式外，还有电路块的串联、并联和混联形式。电路块串联的逻辑运算要使用 ALD 指令，电路块并联的逻辑运算要使用 OLD 指令。

图 2－2－3a、b 所示的两个梯形图的逻辑控制关系相同。但图 2－2－3a 的逻辑关系简单，触点 I0.0 先与 Q0.0 并联，后与 I0.1 串联，仅使用了触点串、并联指令。而图 2－2－3b 的逻辑关系较复杂，触点 I0.1 与 I0.0 和 Q0.0 组成的并联电路块串联，需要使用并联电路块的串联指令 ALD。

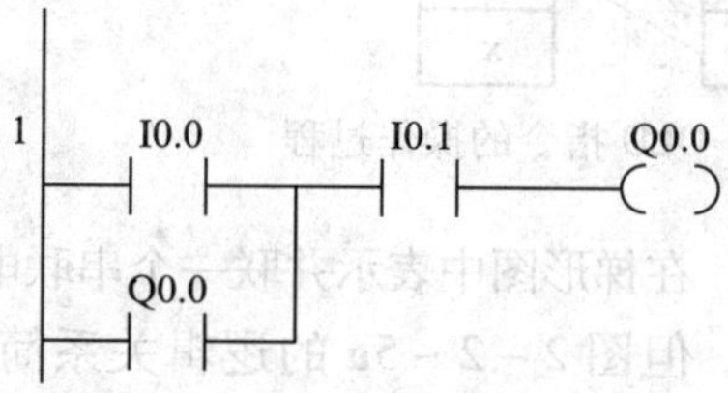

LD I0.0
O Q0.0
A I0.1
= Q0.0

a)

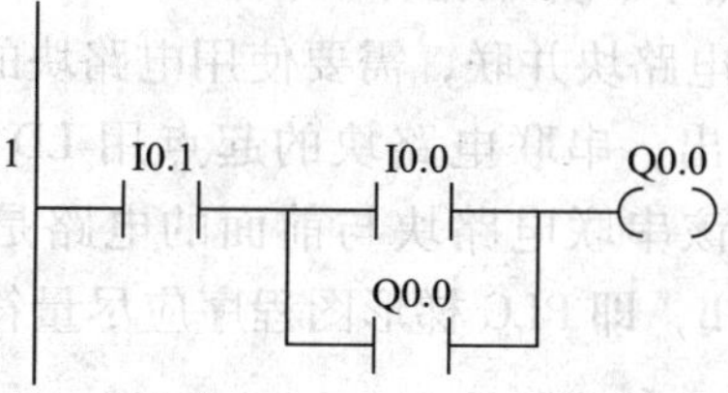

LD I0.1
LD I0.0 } 电路块
O Q0.0
ALD
= Q0.0

b)

图 2－2－3 ALD 指令使用实例
a) 不使用 ALD 指令 b) 使用 ALD 指令

由图 2－2－3b 所示的语句表可以看出，并联电路块的起点使用 LD 指令（常闭触点使用

LDN)，并联结束后使用 ALD 指令，表示该并联电路块与前面的电路是逻辑串联关系。通常情况下，当程序逻辑关系一定时，指令语句越少越好，所以图 2-2-3a 所示程序优于图 2-2-3b。即 PLC 程序应尽量符合"左重右轻"的编程规则，使程序结构精简，运行速度快。

使用 ALD 指令时要注意以下几点：

（1）并联电路块与前面电路串联连接时，要使用 ALD 指令。分支的起点用 LD/LDN 指令，并联电路块结束后使用 ALD 指令与前面电路串联。

（2）可以顺次使用 ALD 指令串联多个并联电路块，支路数量没有限制。

（3）ALD 指令无操作数。

2. OLD 指令

OLD（or load）指令即或装载指令。执行 OLD 指令时，将堆栈第一级和第二级中的数值进行逻辑或操作，结果置于栈顶，并将堆栈中的其余各级的值依次上移一级，操作过程如图 2-2-4 所示。其中，栈顶值 S0 = iv0 or iv1，x 为栈底生成的随机数。

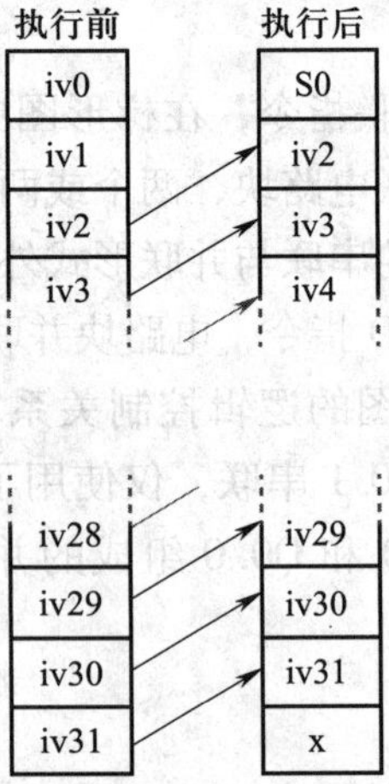

图 2-2-4　OLD 指令的操作过程

OLD 指令也称为串联电路块的并联指令，在梯形图中表示并联一个串联电路块。图 2-2-5a、b 所示的两个梯形图的逻辑控制关系相同。但图 2-2-5a 的逻辑关系简单，触点 I0.0 先与 I0.1 串联，后与 I0.2 并联，仅使用了触点串、并联指令。而图 2-2-5b 的逻辑关系较复杂，触点 I0.2 与 I0.0 和 I0.1 组成的串联电路块并联，需要使用电路块的并联指令 OLD。

由图 2-2-5b 所示的语句表可以看出，串联电路块的起点用 LD 指令（常闭触点用 LDN)，串联结束后使用 OLD 指令，表示该串联电路块与前面的电路是逻辑并联关系。显然，图 2-2-5a 所示程序优于图 2-2-5b，即 PLC 梯形图程序应尽量符合"上重下轻"的编程规则。

图 2-2-6a 所示梯形图中既有串联电路块，又有并联电路块，呈现电路块混联形式，其逻辑运算关系为先进行并联电路块运算，后进行串联电路块运算，对应的语句表如图 2-2-6b 所示。

使用 OLD 指令时要注意以下几点：

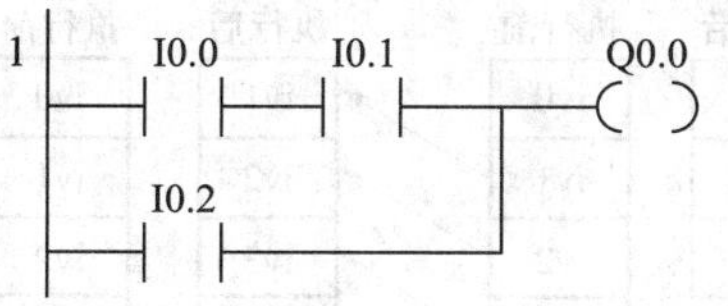


```
LD   I0.0
A    I0.1
O    I0.2
=    Q0.0
```

a）

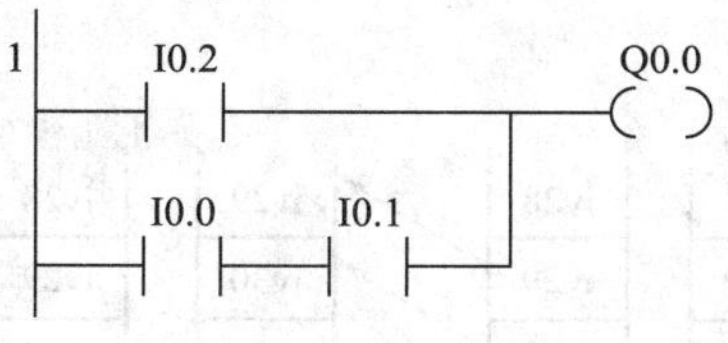


```
LD   I0.2
LD   I0.0  }电路块
A    I0.1
OLD
=    Q0.0
```

b）

图 2－2－5　OLD 指令使用实例

a）不使用 OLD 指令　b）使用 OLD 指令

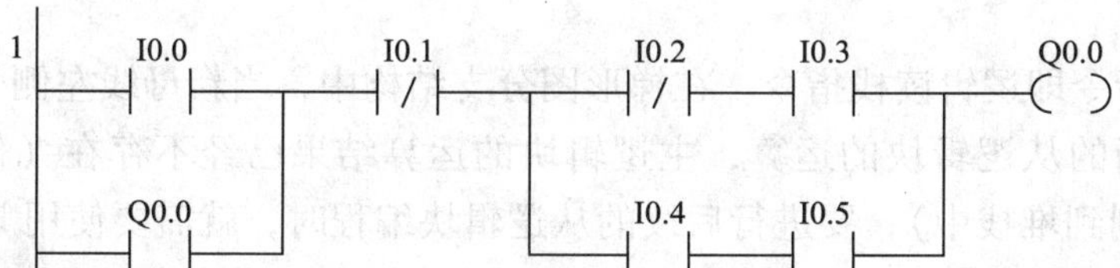

a）

```
LD    I0.0
O     Q0.0
AN    I0.1
LDN   I0.2
A     I0.3
LD    I0.4
A     I0.5
OLD
ALD
=     Q0.0
```

b）

图 2－2－6　混联电路块的编程

a）梯形图　b）语句表

（1）并联连接几个串联支路时，每个串联支路的起点要以 LD/LDN 指令开始，每个串联支路结束后要使用 OLD 指令完成串联电路块的并联。

（2）可以顺次使用 OLD 指令并联多个串联电路块，支路数量没有限制。

（3）OLD 指令无操作数。

二、LPS、LRD、LPP、LDS 指令

LPS、LRD、LPP、LDS 指令用于一个触点同时控制两个或两个以上线圈的编程，也称为多重输出指令。例如，图 2－1－7 所示就是一个触点同时控制两个线圈的梯形图，像这样一个触点或触点组控制多个逻辑行的梯形图结构称为多重输出。要编写多重输出结构梯形图对应的语句表，应使用多重输出指令。

1. LPS 指令

LPS（logic push）指令即逻辑进栈指令，表示多重输出结构梯形图的分支电路开始编程。在多重输出结构的梯形图中，可以形象地看出，LPS 指令用于生成一条新的母线，其左侧为原来的主逻辑块，右侧为若干个新的从逻辑块。执行 LPS 指令时，将新母线左侧原来的主逻辑块的逻辑运算结果复制并置于栈顶，原堆栈中各级栈值依次下压一级，栈底值丢失，操作过程如图 2－2－7a 所示。

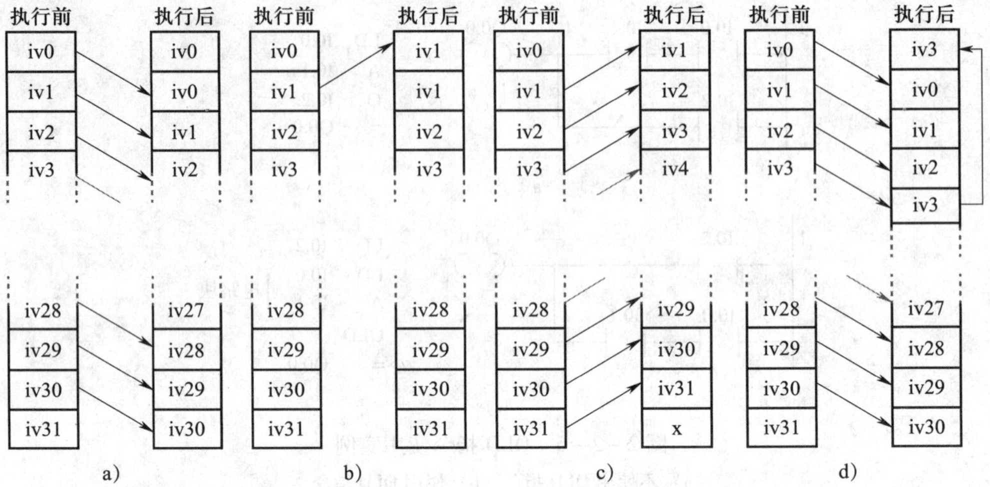

图 2－2－7　LPS、LRD、LPP、LDS 指令的操作过程

a）LPS 指令　b）LRD 指令　c）LPP 指令　d）LDS 指令

2. LRD 指令

LRD（logic read）指令即逻辑读栈指令。在梯形图分支结构中，当新母线左侧为主逻辑块时，经过右侧第一个新的从逻辑块的运算，主逻辑块的运算结果已经不存在（但在此之前已经通过 LPS 指令复制到堆栈中），要进行后续的从逻辑块编程时，就需要使用 LRD 指令从堆栈中读回主逻辑块的运算结果，所以 LRD 指令用于第二个及之后的从逻辑块编程。执行 LRD 指令时，将第二级堆栈数值复制至栈顶，不执行进栈或出栈操作，但原栈顶值被复制值取代，其操作过程如图 2－2－7b 所示。

3. LPP 指令

LPP（logic pop）指令即逻辑出栈指令。在梯形图分支结构中，LPP 指令用于 LPS 指令产生的新母线右侧的最后一个从逻辑块的编程，它在读取完离它最近的一次通过 LPS 指令压入堆栈内容的同时复位该条新母线。执行 LPP 指令时，将栈顶值弹出栈，堆栈第二级的值成为新的栈顶值，其余各级栈值依次上弹一级，栈底被不确定数 x 所填充，其操作过程如图 2－2－7c 所示。LPP 指令在多重输出结构梯形图中用于分支结束的编程，且必须与 LPS 指令成对使用。

4. LDS 指令

LDS（load stack）指令即装载堆栈指令。语句表形式为 LDS n，n 的范围是 0～8。执行 LDS 指令时，将复制堆栈中的第 n 级的值到栈顶，原堆栈各级栈值依次下压一级，栈底值丢失。LDS 3 的操作过程如图 2－2－7d 所示。LDS 指令不常用。

5. LPS、LRD、LPP 指令的使用注意事项

（1）对于简单的多重输出电路，进栈（首次输出）使用逻辑进栈指令 LPS，出栈（末项输出）使用逻辑出栈指令 LPP，中间项输出使用逻辑读栈指令 LRD。虽然多重输出结构梯形图中分支电路的开始可以形象地看作生成一条新的母线，但是当使用 LPS、LRD、LPP 指令之后若有单个常开触点或常闭触点串联，则应使用 A 指令或 AN 指令，而不能用 LD 指令或 LDN 指令。

【例 2－2－1】 图 2－2－8a 所示为简单多重输出结构的梯形图，用语句表编程如图 2－2－8b 所示。

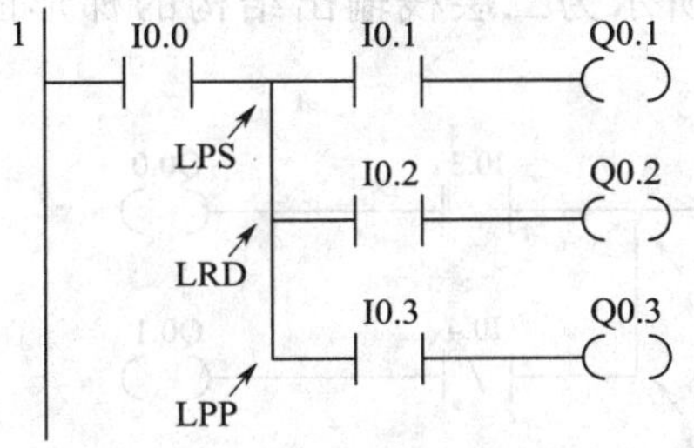

a）

```
LD    I0.0
LPS
A     I0.1
=     Q0.1
LRD
A     I0.2
=     Q0.2
LPP
A     I0.3
=     Q0.3
```

b）

图 2－2－8 简单多重输出电路程序

a）梯形图 b）语句表

（2）LPS 指令和 LPP 指令必须成对使用，LRD 指令有时可能不用。

【例 2－2－2】 将图 2－2－9a（即图 2－1－7）所示的多重输出结构的梯形图用语句表编程，如图 2－2－9b 所示。因为只有两路输出，所以只需用 LPS 指令和 LPP 指令，无须使用 LRD 指令。

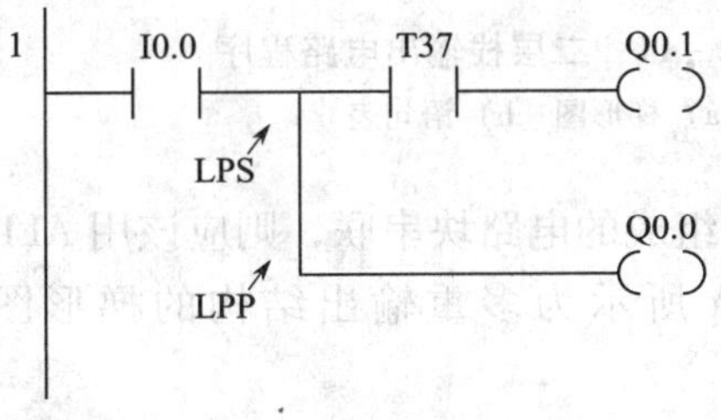

a）

```
LD    I0.0
LPS
A     T37
=     Q0.1
LPP
=     Q0.0
```

b）

图 2－2－9 多重输出电路程序

a）梯形图 b）语句表

试一试

将图 2－2－10 所示的梯形图用语句表编程。

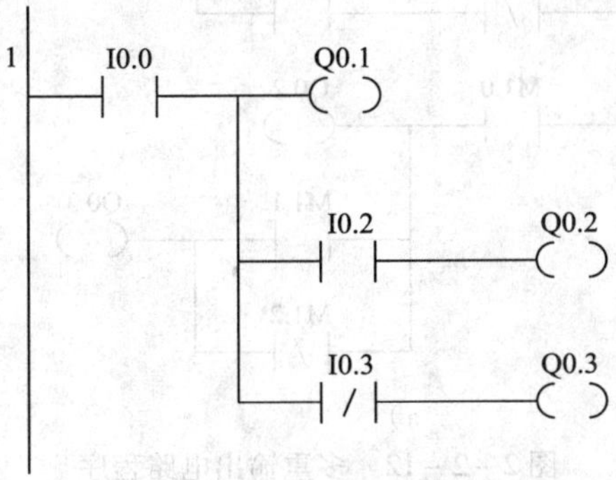

图 2－2－10 梯形图

（3）对于复杂的多重输出电路，可以用二层栈或多层栈输出结构，即多重输出指令可以嵌套使用。

【例 2－2－3】　图 2－2－11a 所示为二层栈输出结构的梯形图，用语句表编程如图 2－2－11b 所示。

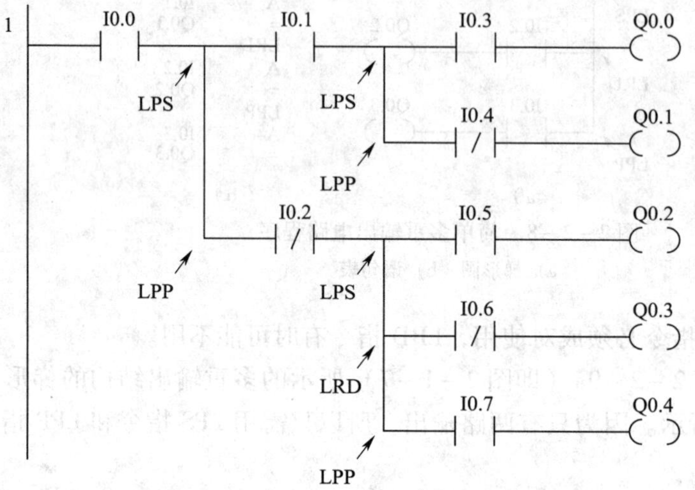

a）

LD	I0.0
LPS	
A	I0.1
LPS	
A	I0.3
=	Q0.0
LPP	
AN	I0.4
=	Q0.1
LPP	
AN	I0.2
LPS	
A	I0.5
=	Q0.2
LRD	
AN	I0.6
=	Q0.3
LPP	
A	I0.7
=	Q0.4

b）

图 2－2－11　二层栈输出电路程序

a）梯形图　b）语句表

（4）多重输出指令之后若有触点组成的电路块串联，则应该用 ALD 指令。

【例 2－2－4】　图 2－2－12a 所示为多重输出结构的梯形图，用语句表编程如图 2－2－12b 所示。

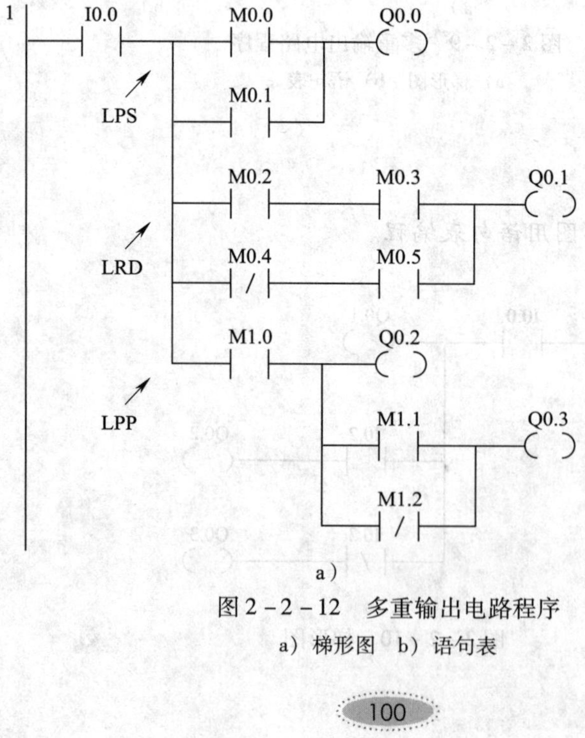

a）

LD	I0.0
LPS	
LD	M0.0
O	M0.1
ALD	
=	Q0.0
LRD	
LD	M0.2
A	M0.3
LDN	M0.4
A	M0.5
OLD	
ALD	
=	Q0.1
LPP	
A	M1.0
=	Q0.2
LD	M1.1
ON	M1.2
ALD	
=	Q0.3

b）

图 2－2－12　多重输出电路程序

a）梯形图　b）语句表

任务实施

一、分配 I/O 地址

I/O 地址分配见表 2－2－2。

表 2－2－2　　　　I/O 地址分配表

输入				输出			
输入设备	文字符号	作用	输入继电器	输出设备	文字符号	作用	输出继电器
停止按钮	SB3	停止	I0.0	正转接触器	KM1	控制电动机正转	Q0.1
正转启动按钮	SB1	正转启动	I0.1	反转接触器	KM2	控制电动机反转	Q0.2
反转启动按钮	SB2	反转启动	I0.2				
热继电器	KH	过载保护	I0.3				

二、绘制并安装 PLC 控制线路

三相异步电动机正反转 PLC 控制线路图如图 2－2－13 所示，PLC 控制接线图请读者自行绘制。安装时，接触器 KM1、KM2 暂时不接到 PLC 输出端 Q0.1、Q0.2，待模拟调试程序通过后再连接。

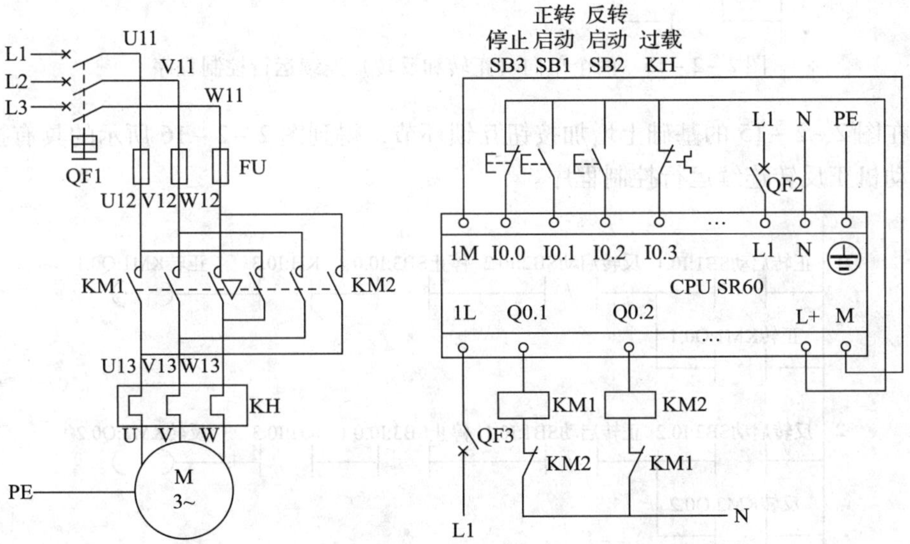

图 2－2－13　三相异步电动机正反转 PLC 控制线路图

三、设计梯形图程序

编辑符号表，如图 2－2－14 所示。程序的编写有以下三种方式：

1. 使用标准触点指令和输出指令编程

因为电动机正反转控制线路的控制电路部分实际上是由两个完全相同的单向连续运行控制电路合并而成的，所以，可以先使用标准触点指令和输出指令编写出两个单向（正转和反转）连续运行控制程序，如图 2－2－15 所示。

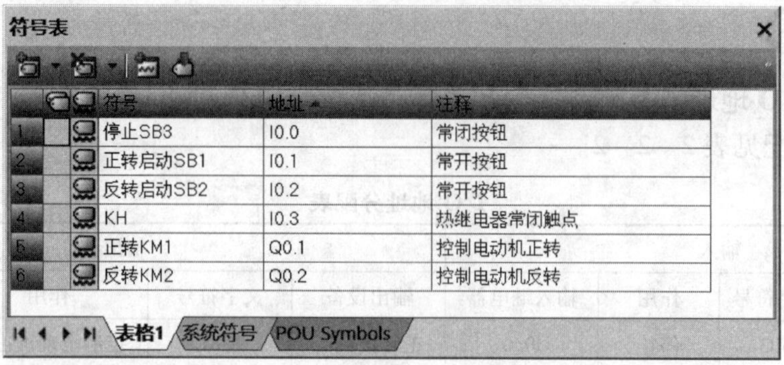
符号表

	符号	地址	注释
1	停止SB3	I0.0	常闭按钮
2	正转启动SB1	I0.1	常开按钮
3	反转启动SB2	I0.2	常开按钮
4	KH	I0.3	热继电器常闭触点
5	正转KM1	Q0.1	控制电动机正转
6	反转KM2	Q0.2	控制电动机反转

表格1 系统符号 POU Symbols

图 2－2－14　符号表

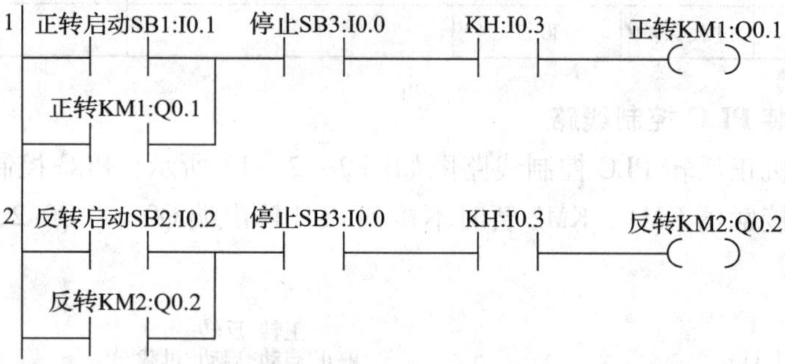

图 2－2－15　两个单向（正转和反转）连续运行控制程序

然后在图 2－2－15 的基础上增加按钮互锁环节，得到图 2－2－16 所示的具有按钮互锁环节的电动机正反转连续运行控制程序。

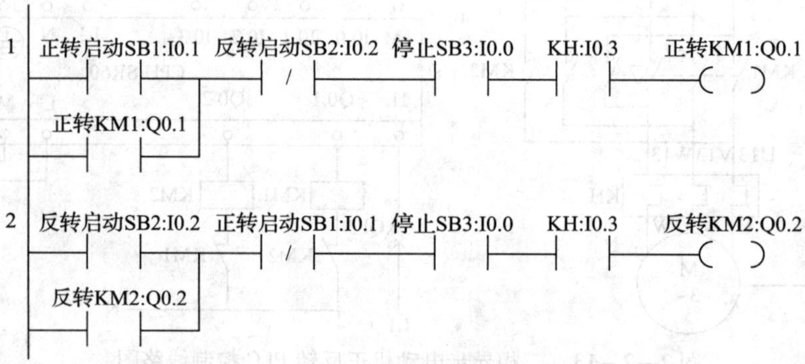

图 2－2－16　增加按钮互锁环节

最后，在图 2－2－16 的基础上增加接触器互锁环节，得到图 2－2－17 所示的具有双重互锁环节的电动机正反转连续运行控制程序。

2. 使用置位/复位指令编程

先使用置位/复位指令编写出两个单向（正转和反转）连续运行控制程序，如图 2－2－18 所示。

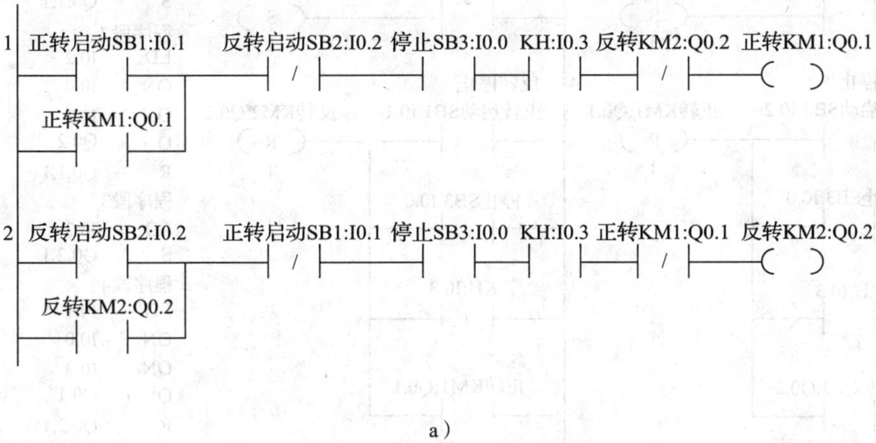

a）

```
程序段1
LD   I0.1
O    Q0.1
AN   I0.2
A    I0.0
A    I0.3
AN   Q0.2
=    Q0.1
程序段2
LD   I0.2
O    Q0.2
AN   I0.1
A    I0.0
A    I0.3
AN   Q0.1
=    Q0.2
```

b）

图 2－2－17　使用标准触点指令和输出指令的电动机正反转 PLC 控制程序

a）梯形图　b）语句表

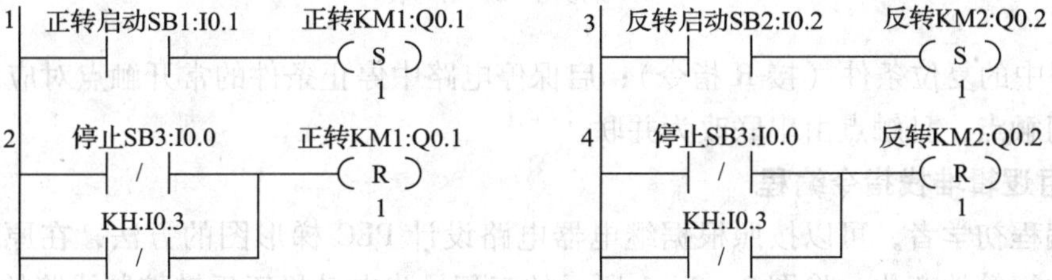

图 2－2－18　两个单向（正转和反转）连续运行控制程序

然后在图 2－2－18 的基础上增加按钮互锁环节，得到图 2－2－19 所示的具有按钮互锁环节的电动机正反转连续运行控制程序。

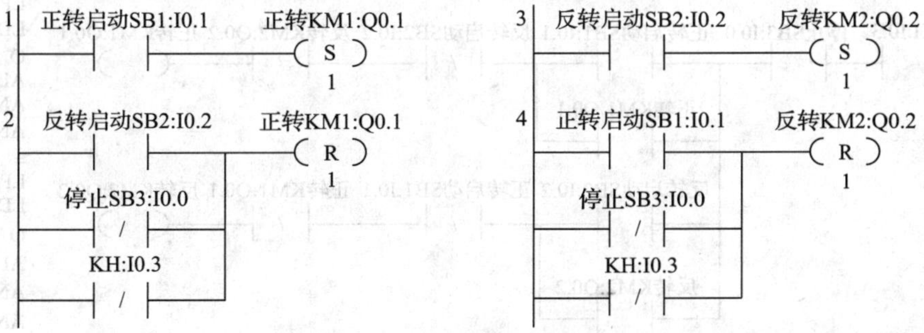

图 2－2－19　增加按钮互锁环节

最后，在图 2－2－19 的基础上增加接触器互锁环节，得到图 2－2－20 所示的具有双重互锁环节的电动机正反转连续运行控制程序。

比较图 2－2－17 和图 2－2－20 的梯形图可知，使用启保停电路中的启动—保持条件就是使用 S/R 指令程序中的置位条件（接 S 指令），使用启保停电路中的停止条件就是使用 S/

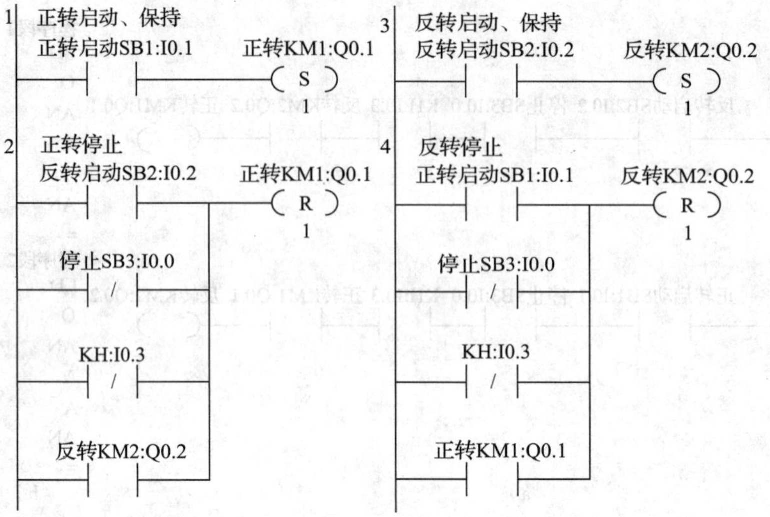

a）

```
程序段1
LD    I0.1
S     Q0.1,1
程序段2
LD    I0.2
ON    I0.0
ON    I0.3
O     Q0.2
R     Q0.1,1
程序段3
LD    I0.2
S     Q0.2,1
程序段4
LD    I0.1
ON    I0.0
ON    I0.3
O     Q0.1
R     Q0.2,1
```

b）

图 2－2－20　使用置位/复位指令的电动机正反转 PLC 控制程序

a）梯形图　b）语句表

R 指令程序中的复位条件（接 R 指令）；启保停电路中停止条件的常开触点对应 S/R 指令程序中的常闭触点，且触点由串联改为并联。

3. 使用逻辑堆栈指令编程

对于编程初学者，可以按照根据继电器电路设计 PLC 梯形图的方法，在原继电器电路的基础上进行等效变化，将图 2－2－1 所示的三相异步电动机正反转控制线路的控制电路部分直接转换为 PLC 梯形图，如图 2－2－21a 所示。从图 2－2－21b 所示的语句表可以看出，编程使用了逻辑堆栈指令。

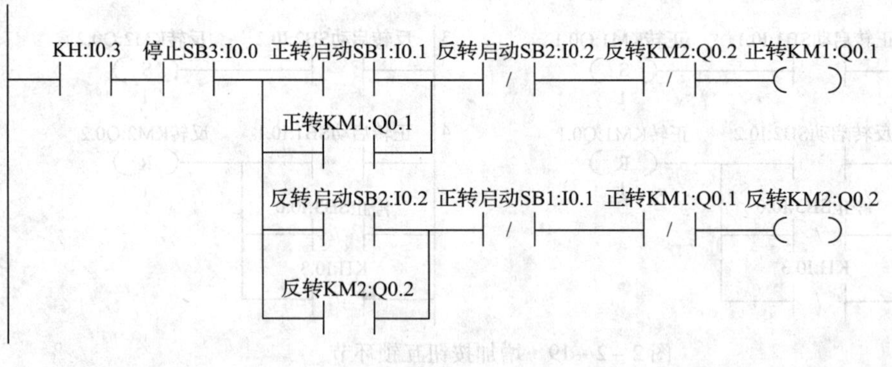

a）

```
LD    I0.3
A     I0.0
LPS
LD    I0.1
O     Q0.1
ALD
AN    I0.2
AN    Q0.2
=     Q0.1
LPP
LD    I0.2
O     Q0.2
ALD
AN    I0.1
AN    Q0.1
=     Q0.2
```

b）

图 2－2－21　使用逻辑堆栈指令的电动机正反转 PLC 控制程序

a）梯形图　b）语句表

对图 2－2－21 进一步优化整理，也可得到图 2－2－17 所示的电动机正反转连续运行

PLC 控制梯形图程序。

通过对上述三种设计方案进行比较，不难看出使用逻辑堆栈指令直接将继电器控制电路等效转换为梯形图的程序较长，而直接使用标准触点指令及输出指令和使用置位/复位指令设计的程序，表现出程序精短、思路清晰的特点。

小提示

在设计电动机正反转 PLC 控制系统时，为了防止主电路电源相间短路，在梯形图中增加软件互锁的同时，还必须在 PLC 的 I/O 接线图中增加外部硬件互锁，即在接触器 KM1 和 KM2 的线圈回路串联对方的常闭触点。这是因为，PLC 软继电器互锁触点的变化只相差一个扫描周期，而外部硬件接触器的断开时间往往大于一个扫描周期，会导致响应不及时。另外，触点的断开时间一般也较闭合时间长。例如，当按下反转启动按钮 SB2 时，Q0.1 虽然断电（在写入输出阶段 Q0.1 断电，同时 Q0.2 通电），但接触器 KM1 主触点可能还未断开，在没有外部硬件互锁的情况下，接触器 KM2 主触点闭合，从而引起主电路电源相间短路。同理，在实际控制过程中，当接触器 KM1 或 KM2 任何一个接触器的主触点熔焊时，如果没有外部硬件的互锁，只在梯形图中加入软继电器互锁同样会造成主电路电源相间短路。

在 LAD 程序编辑器中选择要编辑的 LAD 程序元素（单元格、指令、地址和程序段），通过“LAD”工具栏按钮、“编辑”菜单功能区按钮或快捷菜单选项，即可实现对选定对象的插入、删除、剪切、复制、粘贴等操作。扫描右侧二维码，可了解梯形图程序元素的编辑方法。

四、模拟调试

可以按照前面任务中介绍的梯形图或语句表的程序状态监控及强制数据方法进行模拟调试，也可以利用梯形图或语句表的程序状态监控时写入数值方法模拟调试程序。下面以图 2－2－17 所示的使用标准触点指令和输出指令的电动机正反转 PLC 控制程序为例，介绍通过梯形图和语句表的程序状态监控时写入数值来模拟调试程序的方法。

注意

如果在写入或强制输出时已将 S7－200 SMART 系列 PLC 连接到过程设备，则 PLC 会将这些更改传送到该设备，可能会导致设备出现异常，进而导致人员伤亡或财产损失。因此，仅当确保过程设备可以安全接受相关变更时，才可以执行写入和强制输出操作。

1. 梯形图的程序状态监控时写入数值

（1）启用程序状态监控。当 PLC 处于 RUN 模式时，在 LAD 程序编辑器窗口单击“程序状态”按钮，监控初始画面如图 2－2－22a 所示。CPU 模块上的 RUN 指示灯点亮，

STOP 指示灯熄灭，I0.0 和 I0.3 指示灯点亮。

梯形图的程序状态监控时写入数值

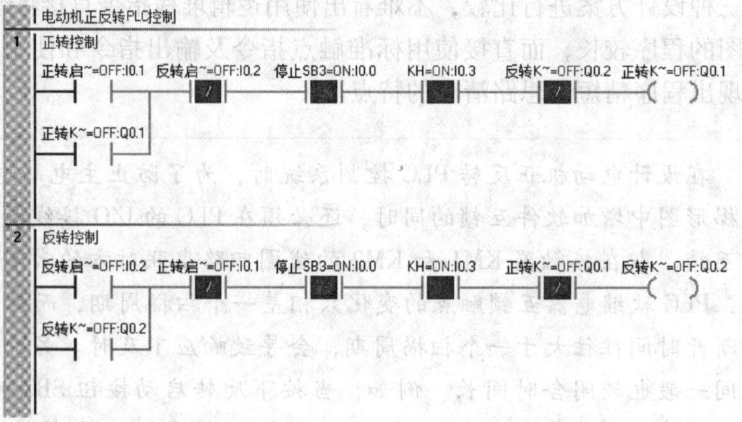

a）

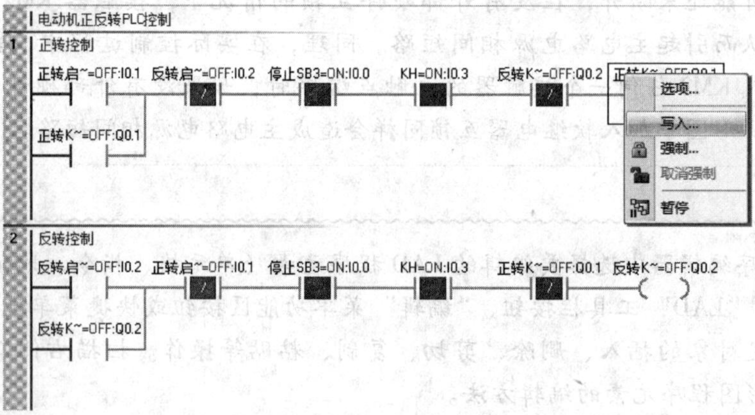

b）

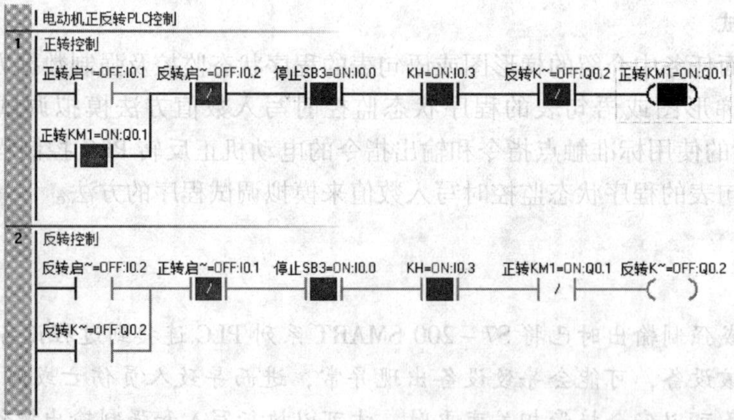

c）

图 2－2－22　梯形图的程序状态监控时写入数值

a）初始画面　b）选择“写入”命令　c）写入数值 ON

（2）选择“写入”命令。右击元件“正转 KM1：Q0.1”的地址，在快捷菜单中选择

“写入”命令，如图 2-2-22b 所示。CPU 模块上的 I0.0 和 I0.3 指示灯点亮。

（3）写入数值 ON。在弹出的“写入”对话框中，选择默认值 ON，单击“写入”按钮，线圈 Q0.1（正转接触器 KM1）得电。由于 PLC 处于 RUN 模式，执行用户程序，Q0.1 的常闭触点断开，对 Q0.2 互锁，而 Q0.1 的常开触点闭合，对 Q0.1 自锁，如图 2-2-22c 所示。CPU 模块上的 I0.0 和 I0.3 指示灯点亮，Q0.1 指示灯点亮。

（4）写入数值 OFF。用同样的方法为 Q0.1 写入 OFF，则画面恢复为图 2-2-22a 所示的初始画面。CPU 模块上的 I0.0 和 I0.3 指示灯点亮，Q0.1 指示灯熄灭。

（5）停止程序状态监控。单击“程序状态”按钮，停止梯形图的程序状态监控。CPU 模块上的 I0.0 和 I0.3 指示灯保持点亮。

（6）单击“STOP”按钮，使 PLC 处于停止模式。CPU 模块上的 STOP 指示灯点亮，RUN 指示灯熄灭，I0.0 和 I0.3 指示灯保持点亮。

小提示

（1）不能用写入数值功能改写物理输入点（I 和 AI）的状态。

（2）当 PLC 处于 RUN 模式时，因为用户程序的执行，写入的数值可能很快被程序改写为新的数值。例如，在 I0.0 的常开触点控制线圈 Q0.0 的点动控制程序中，如果 I0.0 为 OFF 状态，将 Q0.0 写入为 ON 状态，则会看到 CPU 模块上的 Q0.0 指示灯闪亮一下就熄灭了，而程序编辑器窗口上的 Q0.0 仍然显示 OFF 状态。

2. 语句表的程序状态监控时写入数值

（1）启用程序状态监控。当 PLC 处于 RUN 模式时，在 STL 程序编辑器窗口单击“程序状态”按钮，语句表的程序状态监控初始画面如图 2-2-23a 所示。CPU 模块上的 RUN 指示灯点亮，STOP 指示灯熄灭，I0.0 和 I0.3 指示灯点亮。

语句表的程序状态监控时写入数值

电动机正反转PLC控制

1　正转控制

		操作数 1	操作数 2	操作数 3	0123	
LD	正转启动SB1:I0.1	OFF			0000	0
O	正转KM1:Q0.1	OFF			0000	0
AN	反转启动SB2:I0.2	OFF			0000	1
A	停止SB3:I0.0	ON			0000	1
A	KH:I0.3	ON			0000	1
AN	反转KM2:Q0.2	OFF			0000	1
=	正转KM1:Q0.1	OFF			0000	0

2　反转控制

		操作数 1	操作数 2	操作数 3	0123	
LD	反转启动SB2:I0.2	OFF			0000	0
O	反转KM2:Q0.2	OFF			0000	0
AN	正转启动SB1:I0.1	OFF			0000	1
A	停止SB3:I0.0	ON			0000	1
A	KH:I0.3	ON			0000	1
AN	正转KM1:Q0.1	OFF			0000	1
=	反转KM2:Q0.2	OFF			0000	0

a)

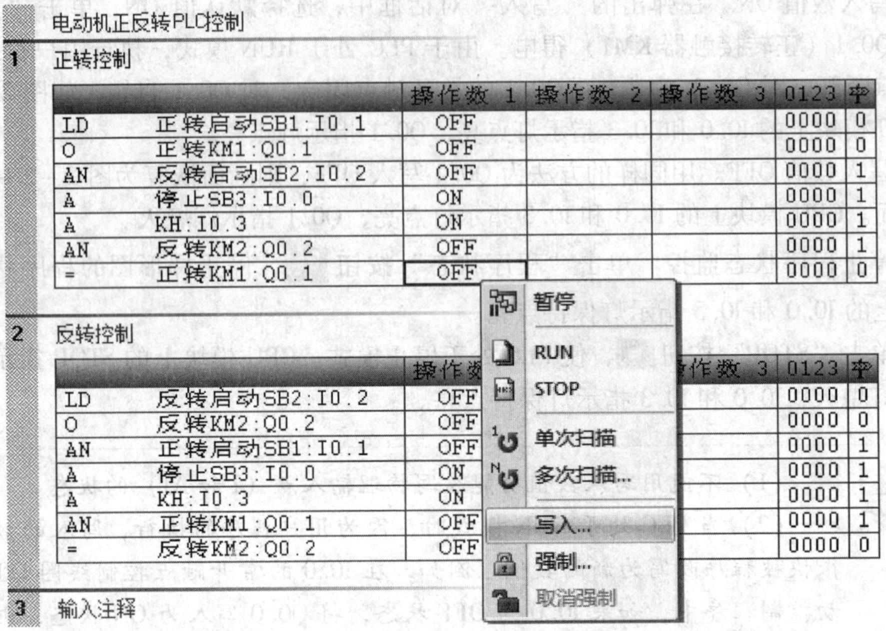

b）

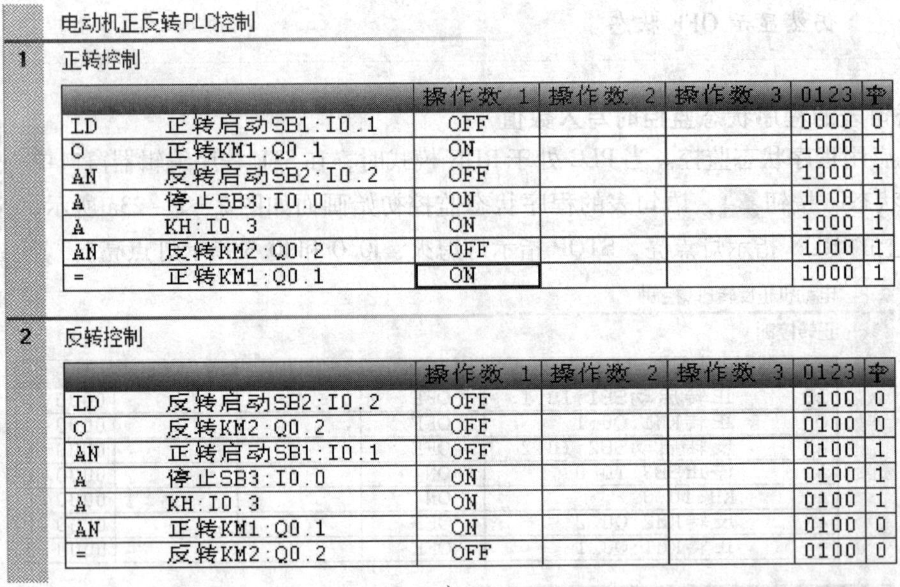

c）

图 2－2－23　语句表的程序状态监控时的写入数值

a）初始画面　b）选择“写入”命令　c）写入数值 ON

（2）选择“写入”命令。右击“＝ 正转 KM1：Q0.1”行和“操作数 1”列确定的“OFF”格，在快捷菜单中选择“写入”命令，如图 2－2－23b 所示。CPU 模块上的 I0.0 和 I0.3 指示灯点亮。

（3）写入数值 ON。在弹出的“写入”对话框中，选择默认值 ON，单击“写入”按钮，为 Q0.1（正转接触器 KM1）写入数值 ON，如图 2－2－23c 所示。CPU 模块上的 I0.0 和 I0.3 指示灯点亮，Q0.1 指示灯点亮。

（4）写入数值 OFF。用同样的方法为 Q0.1 写入数值 OFF，则画面恢复为图 2－2－23a 所示的初始画面。CPU 模块上的 I0.0 和 I0.3 指示灯点亮，Q0.1 指示灯熄灭。

（5）停止程序状态监控。单击“程序状态”按钮，停止语句表的程序状态监控。CPU 模块上的 I0.0 和 I0.3 指示灯保持点亮。

（6）单击“STOP”按钮，使 PLC 处于停止模式。CPU 模块上的 STOP 指示灯点亮，RUN 指示灯熄灭，I0.0 和 I0.3 指示灯保持点亮。

注意

模拟调试完毕，关断电源开关 QF2，CPU 模块断电。

五、联机调试

模拟调试成功后，接上实际的负载，按照表 2－2－3 的步骤进行联机调试，同时注意观察和记录。

表 2－2－3　　联机调试记录表

步骤	操作内容	观察内容	观察结果
1	合上电源开关 QF1、QF2 和 QF3	以太网状态指示灯、CPU 状态指示灯和 I/O 状态指示灯的状态	
2	通过编程软件，将 PLC 置于 RUN 模式		
3	按下正转启动按钮 SB1	I/O 状态指示灯的状态、接触器 KM1、KM2 得电及电动机 M 运行情况	
4	按下停止按钮 SB3 或手动模拟热继电器 KH 动作		
5	按下反转启动按钮 SB2		
6	按下停止按钮 SB3 或手动模拟热继电器 KH 动作		
7	按下正转启动按钮 SB1，再按下反转启动按钮 SB2		
8	按下正转启动按钮 SB1		
9	按下停止按钮 SB3 或手动模拟热继电器 KH 动作		
10	通过编程软件，将 PLC 置于 STOP 模式	CPU 状态指示灯和 I/O 状态指示灯的状态	
11	关断电源开关 QF1、QF2 和 QF3		

任务测评

参考表 1－3－10 进行任务测评。

任务 3　三相异步电动机Y－△降压启动 PLC 控制

学习目标

1. 掌握定时器指令的功能、表示形式和使用方法。
2. 掌握根据继电器电路图设计 PLC 梯形图的方法。
3. 能使用状态图表监控及写入与强制数据方法模拟调试用户程序。
4. 能使用定时器指令设计定时控制程序。

任务引入

图 2－3－1 所示为三相异步电动机Y－△降压启动控制线路图。其中，图 2－3－1a 为原理图，图 2－3－1b 为控制时序图。Y－△降压启动控制适用于正常工作时定子绕组做△形联结运行的中、大功率的三相异步电动机。电动机使用Y－△降压启动可使启动时电源线电流减小为△形接法时的 1/3，能有效地避免过大电流对供电电路的影响。

本任务要求将图 2－3－1 所示的传统继电器控制方式改为 PLC 控制方式，完成三相异步电动机Y－△降压启动 PLC 控制线路的设计、安装和调试。任务要求如下：

1. 当按下启动按钮 SB1 时，电动机先做Y形启动；经过一定的时间（如 5 s），当电动机转速接近额定转速时，电动机做△形联结运行；当按下停止按钮 SB2 或热继电器 KH 动作时，电动机停止运行。

2. 具有短路保护和过载保护等必要的保护措施。

本任务涉及接触器 KM_Y 到 KM_Δ 的切换，即接触器 KM_Y 先于接触器 KM_Δ 动作，一段时间后，接触器 KM_Y 自动停止而接触器 KM_Δ 启动。这种时间上的先后控制可由 PLC 中的软继电器——定时器 T 来实现，而无须使用时间继电器硬件。在实施控制时，接触器 KM_Y 与接触器 KM_Δ 不能同时通电，否则会造成电源短路，所以必须考虑同时增加软件、硬件互锁控制。本任务主要使用 PLC 的编程元件定时器编写控制程序。

实施本任务所使用的实训设备可参考表 2－3－1。

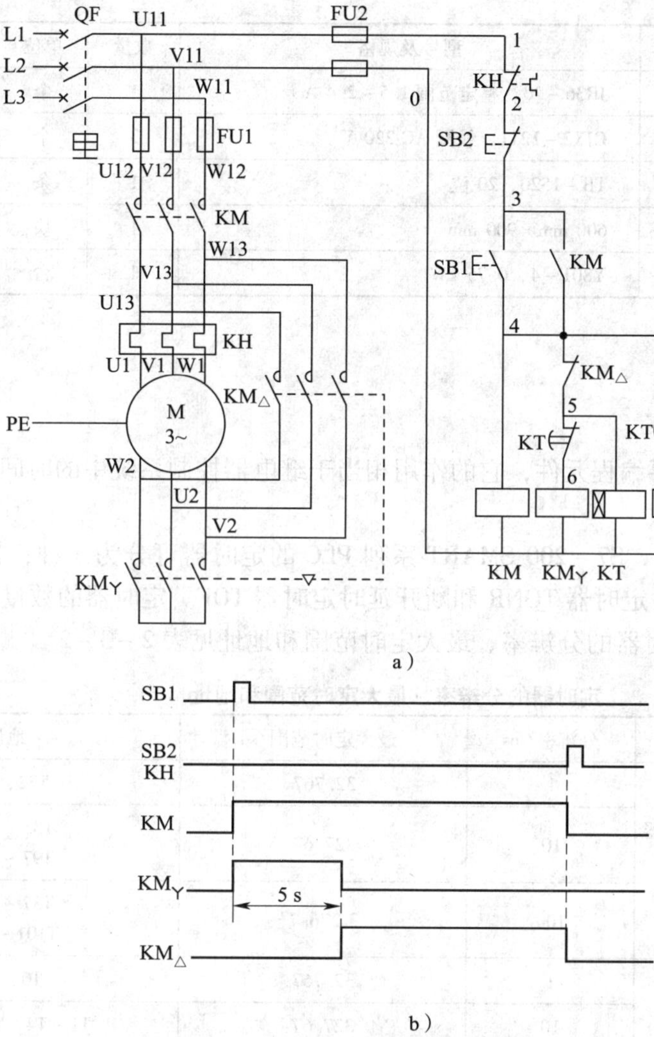

图 2－3－1 三相异步电动机Y－△降压启动控制线路

a）原理图 b）时序图

表 2－3－1 **实训设备清单**

序号	设备名称	型号及规格	数量	单位	备注
1	微型计算机	带 STEP 7－Micro/WIN SMART 软件	1	台	
2	编程电缆	以太网电缆或 USB－PPI 电缆	1	条	
3	可编程序控制器	S7－200 SMART CPU SR60	1	台	配 C45 导轨
4	低压断路器	Multi9 C65N D20，单极	2	个	
5	低压断路器	Multi9 C65N D20，三极	1	个	
6	熔断器	RT28－32/4	3	个	
7	按钮	LA4－3H	1	个	

续表

序号	设备名称	型号及规格	数量	单位	备注
8	热继电器	JR36－20，整定范围 1.5～2.4 A	1	个	
9	交流接触器	CJX2－1211，线圈 AC 220 V	3	个	
10	接线端子排	TB－1520，20 位	1	条	
11	配电盘	600 mm×900 mm	1	块	
12	三相异步电动机	Y801－4，0.75 kW	1	台	

相关知识

一、定时器 T

定时器是 PLC 的重要编程元件，它的作用相当于继电器控制系统中的时间继电器。

1. 定时器的种类

根据工作方式的不同，S7－200 SMART 系列 PLC 的定时器可分为 3 种：接通延时定时器 TON、保持型接通延时定时器 TONR 和断开延时定时器 TOF。定时器的数量有 256 个，地址范围为 T0～T255，定时器的分辨率、最大定时范围和地址见表 2－3－2。

表 2－3－2　定时器的分辨率、最大定时范围和地址

定时器种类	分辨率/ms	最大定时范围/s	地址
接通延时定时器/断开延时定时器（TON/TOF）	1	32.767	T32，T96
	10	327.67	T33～T36，T97～T100
	100	3 276.7	T37～T63，T101～T255
保持型接通延时定时器（TONR）	1	32.767	T0，T64
	10	327.67	T1～T4，T65～T68
	100	3 276.7	T5～T31，T69～T95

PLC 定时器是通过对内部时基脉冲进行增 1 计数而计时的。S7－200 SMART 系列 PLC 的定时器有 1 ms、10 ms、100 ms 三种分辨率，分辨率取决于定时器的地址。输入定时器的地址后，定时器方框的右下角将会显示定时器的分辨率。

2. 定时器的工作原理

S7－200 SMART 系列 PLC 的每个定时器均有一个 16 位的当前值寄存器、一个 16 位的预设值寄存器以及一个状态位。其中，当前值寄存器用以存放当前值，预设值寄存器用以存放时间的预设值 PT，状态位反映其触点的状态。当前值和预设值均为 16 位有符号整数(INT)，数值范围是 1～32 767。除了常数外，还可以用 VW、IW 等地址作为定时器的预设值。

每个定时器都有两个相关的变量：

（1）当前值。定时器累计时间的当前值，它存放在定时器的当前值寄存器（16 bit）中。

（2）定时器位。当定时器的当前值等于或大于预设值时，该定时器位被置为1。

定时器的定时时间 = 预设值 × 分辨率。例如，TON 指令使用定时器 T37（分辨率为100 ms），预设值为100，则定时时间为：

$$T = 100 \times 100\ \text{ms} = 10\ 000\ \text{ms} = 10\ \text{s}$$

定时器的使能输入有效后，当前值寄存器开始对 PLC 内部的时基脉冲进行增1计数，当计数值等于或大于定时器的预设值后，状态位置1。其中，最小计时单位为时基脉冲的宽度。从定时器使能输入有效，到状态位输出有效，经过的时间就是定时时间。

S7-200 SMART 系列 PLC 的定时器有1 ms、10 ms、100 ms 三种分辨率，这三种定时器当前值的刷新方式是完全不同的，在使用时要特别注意。扫描右侧二维码，可了解 S7-200 SMART 定时器当前值的刷新方式。

二、定时器指令

定时器指令包括 TON 指令、TONR 指令和 TOF 指令，指令属性见表2-3-3。

表2-3-3　**TON、TONR 和 TOF 指令属性**

指令名称	梯形图	语句表	操作数及数据类型
接通延时定时器指令（TON 指令）	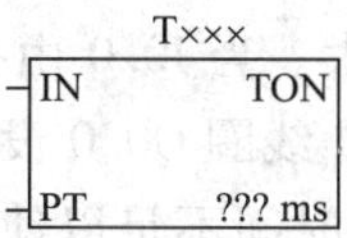	TON T×××，PT	T×××范围：T0～T255 输入 IN（位）：I、Q、M、SM、T、C、V、S、L、能流 预设值 PT（INT）：IW、QW、MW、SMW、VW、SW、LW、AIW、T、C、AC、*VD、*AC、*LD、常数
断开延时定时器指令（TOF 指令）	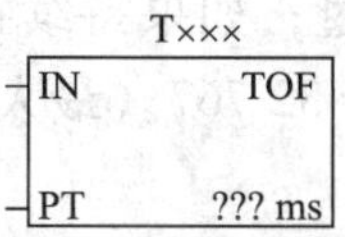	TOF T×××，PT	
保持型接通延时定时器指令（TONR 指令）	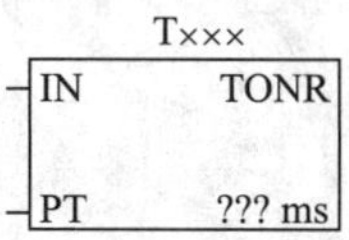	TONR T×××，PT	

1. TON 指令

TON 指令即接通延时定时器指令，使能端（IN）输入有效时，定时器开始计时，当前值从0开始递增，大于或等于预设值时，定时器输出状态位置1。使能端输入无效（断开）时，定时器复位（当前值清零，输出状态位置0）。接通延时定时器指令用于单一间隔的计时。

【例2-3-1】　如图2-3-2所示，使用 TON 指令设计延时接通电路。

当定时器的启动信号 I0.0 断开时，定时器 T37 没有信号流过，不进行计时工作，定时器 T37 的当前值为0。当定时器 T37 的启动信号 I0.0 接通时，T37 开始计时，每过一个时基脉冲时间（100 ms），定时器 T37 的当前值加1。当定时器 T37 的当前值等于其预设值时，

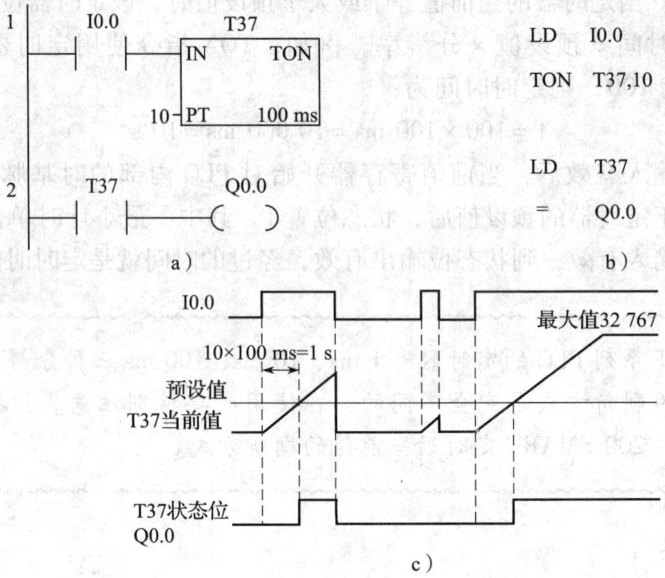

图 2-3-2 使用 TON 指令的延时接通电路

a）梯形图 b）语句表 c）时序图

定时器的定时时间（10×100 ms=1 s）到，T37 的常开触点由断开变为接通，线圈 Q0.0 有信号流过。此时，T37 继续计时，当前值继续增大。当 I0.0 由接通变为断开时，当前值被复位清零（当前值为 0），T37 的常开触点也断开，线圈 Q0.0 没有信号流过。

当 I0.0 由断开变为接通后，如果持续接通的时间不足以使当前值达到预设值，则 T37 的常开触点不会接通，线圈 Q0.0 不会有信号流过；如果持续接通的时间超过预设值，则 T37 继续计时，当前值继续增大，直到当前值等于 32 767（最大值）时，才停止计时，之后当前值将保持 32 767（最大值）不变。

【例 2-3-2】 如图 2-3-3 所示，使用 TON 指令设计延时断开电路。

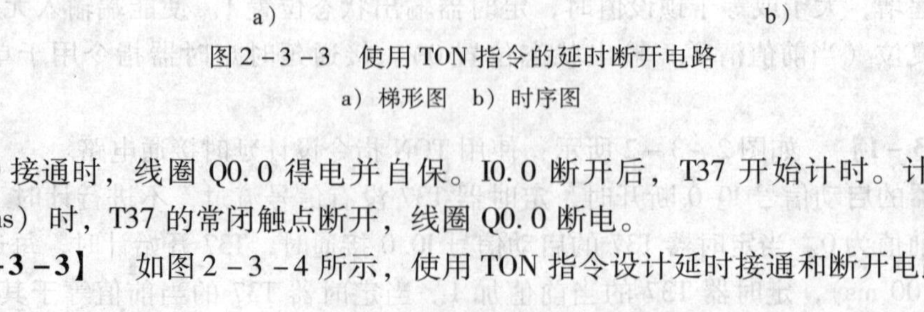

图 2-3-3 使用 TON 指令的延时断开电路

a）梯形图 b）时序图

当 I0.0 接通时，线圈 Q0.0 得电并自保。I0.0 断开后，T37 开始计时。计时达到 4 s（40×100 ms）时，T37 的常闭触点断开，线圈 Q0.0 断电。

【例 2-3-3】 如图 2-3-4 所示，使用 TON 指令设计延时接通和断开电路。

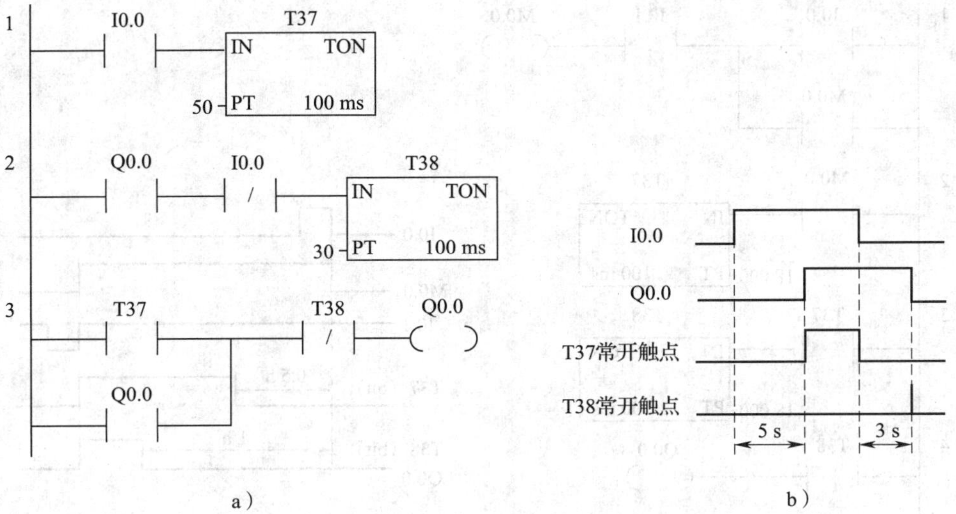

图 2－3－4　使用 TON 指令的延时接通和断开电路

a）梯形图　b）时序图

当 I0.0 接通时，T37 开始计时。达到定时时间 5 s（50 × 100 ms）时，T37 的常开触点闭合，线圈 Q0.0 得电并自保。

当 I0.0 断开时，T37 线圈断电，T37 的常开触点断开，T37 停止计时，而 T38 线圈得电，T38 开始计时。T38 达到定时时间 3 s（30 × 100 ms）时，T38 的常闭触点断开，线圈 Q0.0 断电，Q0.0 的常开触点断开，T38 停止计时。

【例 2－3－4】　如图 2－3－5 所示，通过并联辅助继电器 M 的线圈构成定时器的瞬动触点。

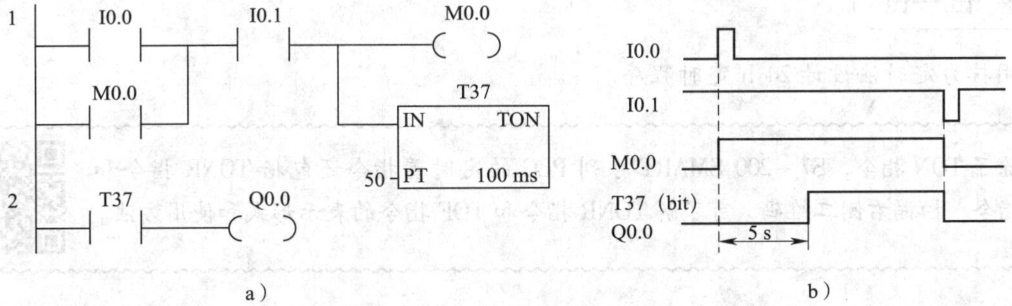

图 2－3－5　定时器瞬动触点的构成

a）梯形图　b）时序图

继电器控制系统中的时间继电器除了有延时动作的触点外，还有在线圈通电瞬间接通的瞬动触点。而在 PLC 梯形图中，定时器有延时动作的触点，但是没有瞬动触点。可以在定时器的线圈两端并联辅助继电器 M 的线圈，这样辅助继电器 M 的触点就相当于定时器的瞬动触点。

【例 2－3－5】　如图 2－3－6 所示，使用接力定时法设计定时范围扩展电路。S7－200 SMART 系列 PLC 中定时器的最长定时时间为 3 276.7 s，如果需要更长的定时时间，可以用多个定时器延长定时范围。

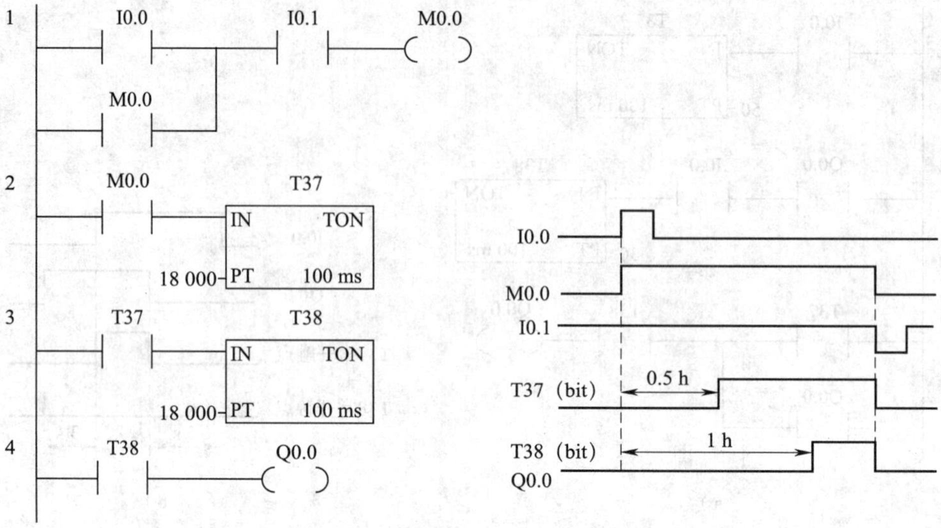

a）　　　　　　　　b）

图 2－3－6　定时范围扩展电路

a）梯形图　b）时序图

图 2－3－6 中，当 I0.0 断开时，定时器 T37、T38 都不能工作。当 I0.0 和 I0.1 接通时，定时器 T37 有信号流过，定时器开始计时。当当前值等于 18 000 时，定时器 T37 的延时时间（0.5 h）到，T37 的常开触点由断开变为接通，定时器 T38 开始有信号流过并计时。当当前值等于 18 000 时，定时器 T38 的延时时间（0.5h）到，T38 的常开触点由断开变为接通，线圈 Q0.0 有信号流过。这种延长定时范围的方法有时也称为接力定时法。

试一试

用接力定时法设计 24 h 定时程序。

除了 TON 指令，S7－200 SMART 系列 PLC 的定时器指令还包括 TONR 指令和 TOF 指令。扫描右侧二维码，可了解 TONR 指令和 TOF 指令的表示形式和使用方法。

2. 定时器指令的使用注意事项

（1）定时器的作用是进行精确定时，使用时要注意正确选择不同精度的定时器。

S7－200 SMART 系列 PLC 三种精度的定时器的刷新方式是不同的，因而在使用方法上有很大的不同，这与其他品牌的 PLC 有很大区别。使用时一定要注意根据使用场合和要求来选择合适精度的定时器。扫描右侧二维码，可了解 S7－200 SMART 系列 PLC 三种精度定时器的正确使用方法。

(2) 定时器指令与定时器编号应保持一致，符合表2－3－2中的规定，否则会显示编译错误。

(3) 虽然TON和TOF定时器的地址编号范围相同，但是在同一个程序中，不能使用两个相同编号的定时器（如TON 37和TOF 37），否则会导致程序执行时出错，无法实现控制目的。

三、根据继电器电路图设计PLC梯形图的方法

根据继电器电路图设计PLC梯形图的方法也称为PLC梯形图的移植设计法或转换设计法。PLC使用与继电器电路图极为相似的梯形图语言，如果用PLC改造继电器控制系统，根据继电器电路图来设计梯形图是一条捷径。这是因为原有的继电器控制系统经过长期使用和检验，已经被证明能完成系统要求的控制功能，而继电器电路图又与梯形图有很多相似之处，因此可以将继电器电路图直接转换为梯形图。继电器电路图是一个纯粹的硬件电路图，将它改为PLC控制时，需要用PLC的外部接线图和梯形图来等效继电器电路图，即用PLC的外部硬件接线和梯形图程序来实现继电器控制系统的功能。

这种设计方法一般不需要改动控制面板，保持了系统原有的外部特性，操作人员不用改变长期形成的操作习惯。在分析PLC控制系统的功能时，可以将PLC想象成一个控制箱，其外部接线图描述了这个控制箱的外部接线，梯形图是这个控制箱的内部“线路图”，梯形图中的输入位（I）和输出位（Q）是这个控制箱与外部世界联系的“接口继电器”，这样就可以用分析继电器电路图的方法来分析PLC控制系统。在分析梯形图时，可以将输入位的触点想象成对应的外部输入设备的触点，将输出位的线圈想象成对应的外部负载的线圈。外部负载的线圈除了受梯形图的控制外，还可能受外部触点的控制。

1. 设计步骤

(1) 了解和熟悉被控设备的工艺过程和机械的动作情况，根据继电器电路图分析和掌握控制系统的工作原理，做到在设计和调试控制系统时心中有数。

(2) 确定PLC的输入信号和输出负载，以及梯形图中与它们对应的输入位和输出位的地址，画出PLC的外部接线图。

继电器电路图中的交流接触器和电磁阀等执行机构用PLC的输出继电器来控制，它们的线圈接在PLC的输出端。按钮、操作开关、限位开关、接近开关等用来给PLC提供控制命令和反馈信号，它们的触点接在PLC的输入端，一般使用常开触点。继电器电路图中的中间继电器和时间继电器的功能由PLC内部的辅助继电器和定时器来完成，它们与PLC的输入继电器和输出继电器无关。

(3) 确定与继电器电路图中的中间继电器、时间继电器对应的梯形图中的辅助继电器和定时器的地址。

(4) 根据上述对应关系画出梯形图。

2. 注意事项

(1) 应遵守梯形图语言中的语法规定和编程规则。

(2) 适当地分离继电器电路图中的某些电路，以便于阅读和理解设计出的梯形图。

(3) 尽量减少PLC的输入和输出点，以降低PLC硬件费用。

（4）时间继电器的处理。在梯形图中，可以在定时器的线圈两端并联辅助继电器的线圈，则该辅助继电器的触点就相当于时间继电器的瞬动触点。

（5）设置中间单元。在梯形图中，若多个线圈都受某一触点串、并联电路的控制，这时为了简化电路，可以在梯形图中设置中间单元，即用该电路来控制某辅助继电器，在各线圈的控制电路中使用其常开触点。这种中间元件类似于继电器电路中的中间继电器。

（6）设立外部硬件互锁电路。如果控制异步电动机运行的交流接触器同时动作则会造成三相电源短路，因此必须在 PLC 外部设置硬件互锁电路，如正反转控制、Y－△降压启动控制等。

（7）外部负载的额定电压问题。S7－200 SMART 系列 PLC 的继电器输出模块一般只能驱动额定电压为 AC 240 V 的负载，如果系统原来的交流接触器的线圈额定电压为 AC 380 V，则应换成额定电压为 AC 220 V 的线圈，或者设置外部中间继电器。

（8）热继电器过载信号的处理。如果热继电器属于自动复位型，则其触点提供的过载信号必须通过输入电路提供给 PLC，用梯形图实现过载保护（也称为软保护）；如果是手动复位型热继电器，其常闭触点可以在 PLC 的输出电路中与控制电动机的交流接触器的线圈串联（也称为硬保护）。

利用 PLC 梯形图的移植设计法改造 PLC 继电器控制系统很便捷。扫描右侧二维码，可了解利用 PLC 梯形图的移植设计法改造双速异步电动机启动与自动加速的继电器电路的方法。

任务实施

一、分配 I/O 地址

I/O 地址分配见表 2－3－4。

表 2－3－4　I/O 地址分配

输入				输出			
输入设备	文字符号	作用	输入继电器	输出设备	文字符号	作用	输出继电器
启动按钮	SB1	启动	I0.0	交流接触器	KM	电源控制	Q0.0
停止按钮	SB2	停止	I0.1	交流接触器	KM_{Y}	Y形联结	Q0.1
热继电器	KH	过载保护	I0.2	交流接触器	$KM_{\triangle}$	△形联结	Q0.2

二、绘制并安装 PLC 控制线路

三相异步电动机Y－△降压启动 PLC 控制线路图如图 2－3－7 所示，PLC 控制接线图请读者自行绘制。安装时，交流接触器 KM、KM_{Y}、$KM_{\triangle}$ 线圈暂时不接到 PLC 输出端 Q0.0、Q0.1、Q0.2，待模拟调试程序通过后再连接。

三、设计梯形图程序

编辑符号表，如图 2－3－8 所示。程序的编写有以下三种方式：

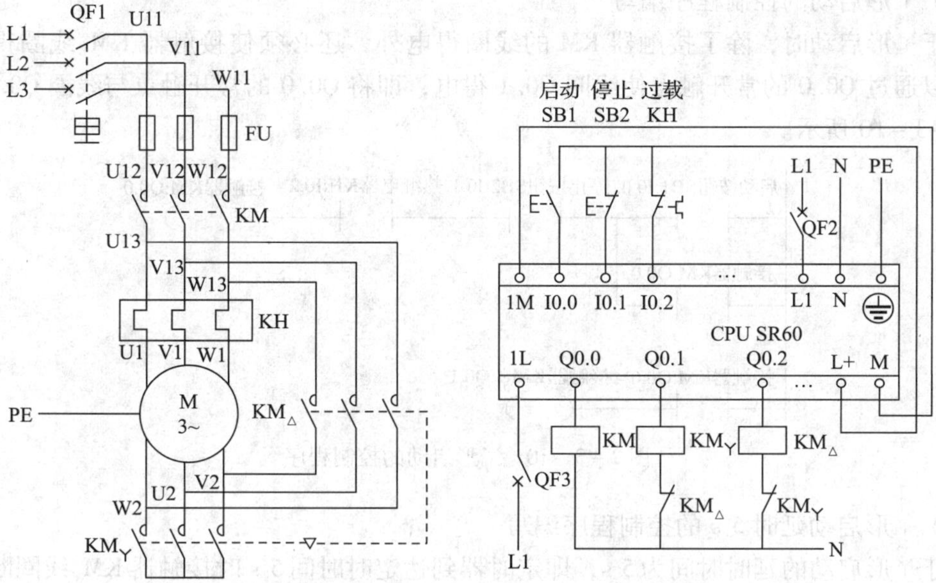

图 2－3－7　三相异步电动机Y－△降压启动 PLC 控制线路图

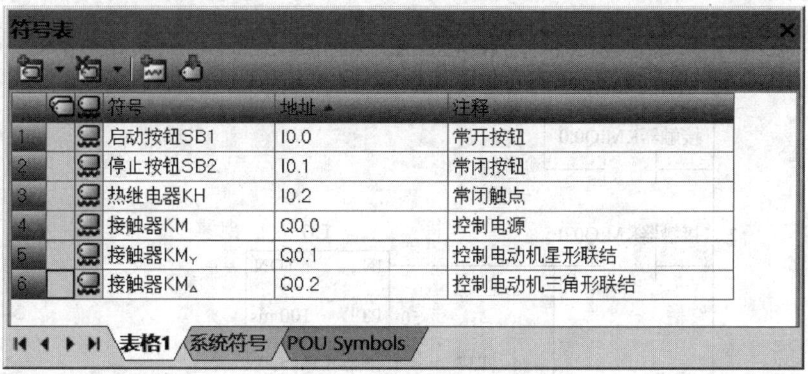
符号表

	符号	地址	注释
1	启动按钮SB1	I0.0	常开按钮
2	停止按钮SB2	I0.1	常闭按钮
3	热继电器KH	I0.2	常闭触点
4	接触器KM	Q0.0	控制电源
5	接触器KM_{Y}	Q0.1	控制电动机星形联结
6	接触器$KM_{\triangle}$	Q0.2	控制电动机三角形联结

图 2－3－8　符号表

1. 使用启保停电路编程

（1）控制电动机电源的接触器 KM 线圈的控制程序编写

分析图 2－3－1 所示的Y－△降压启动控制线路原理图和时序图可知，无论是Y形启动还是△形运行，控制电动机电源的接触器 KM 的线圈始终保持得电。因此，可以使用启保停电路进行接触器 KM 线圈的控制程序设计，如图 2－3－9 所示。

图 2－3－9　接触器 KM 线圈的控制程序

（2）Y形启动的控制程序编写

由于Y形启动时，除了接触器 KM 的线圈得电外，还必须使接触器 KM_Y 线圈得电。因此，可以通过 Q0.0 的常开触点使线圈 Q0.1 得电，即将 Q0.0 的常开触点与线圈 Q0.1 串联，如图 2－3－10 所示。

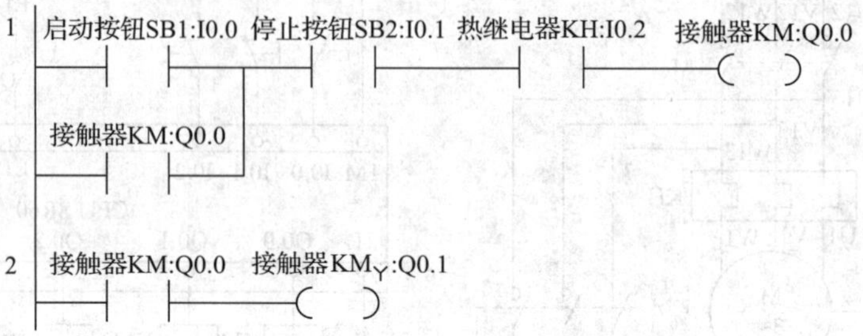

图 2－3－10　Y形启动的控制程序

（3）Y形启动延时 5 s 的控制程序编写

由于Y形启动的延时时间为 5 s，即定时器到达定时时间 5 s 时接触器 KM_Y 线圈断电，因此，可将编程元件定时器 T37 的常闭触点与线圈 Q0.1 串联进行延时控制编程设计，如图 2－3－11 所示。

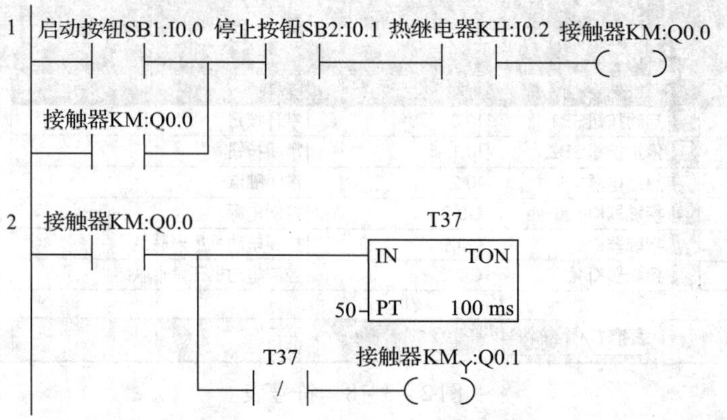

图 2－3－11　Y形启动延时 5 s 的控制程序

（4）△形运行的控制程序编写

当Y形启动结束后，需要接触器 $KM_\triangle$ 线圈得电，使电动机△形运行，因此，可以通过定时器 T37 的常开触点使线圈 Q0.2 得电，即将 T37 的常开触点与线圈 Q0.2 串联。由于△形运行时必须保证接触器 KM_Y 线圈断电，因此，在Y形启动的支路中必须串联 Q0.2 的常闭触点。另外，为了保证在定时器 T37 断电后，线圈 Q0.2 保持得电，需要将 Q0.2 的常开触点与 T37 的常开触点并联，实现线圈 Q0.2 的自保持控制，其控制程序如图 2－3－12 所示。

（5）添加停止功能及必要的互锁保护

从图 2－3－12 所示的程序可以看出，当按下停止按钮 SB2 或热继电器 KH 动作时，无法使线圈 Q0.2 断电。因此，必须在△形运行控制支路中串联 I0.1 和 I0.2 的常开触点。另外，由于Y形启动时必须保证 $KM_\triangle$ 线圈断电，因此，在△形运行控制支路中还要串联 Q0.1

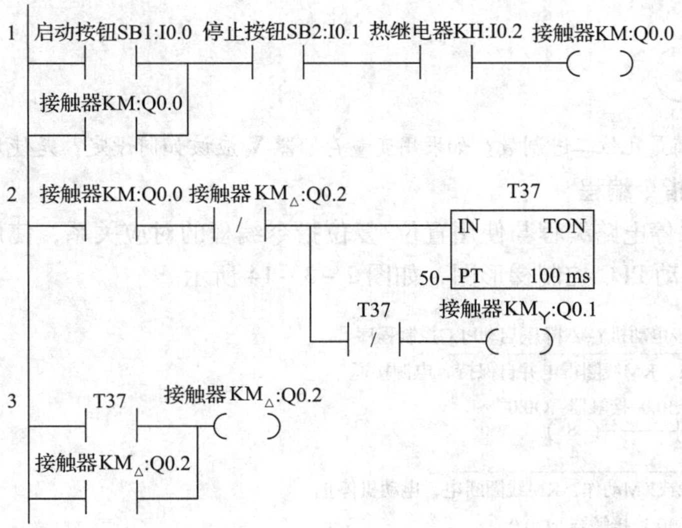

图 2－3－12　△形运行的控制程序

的常闭触点。经过逐步完善程序，最后得出使用启保停电路设计的电动机Y－△降压启动PLC 控制程序，如图 2－3－13 所示。

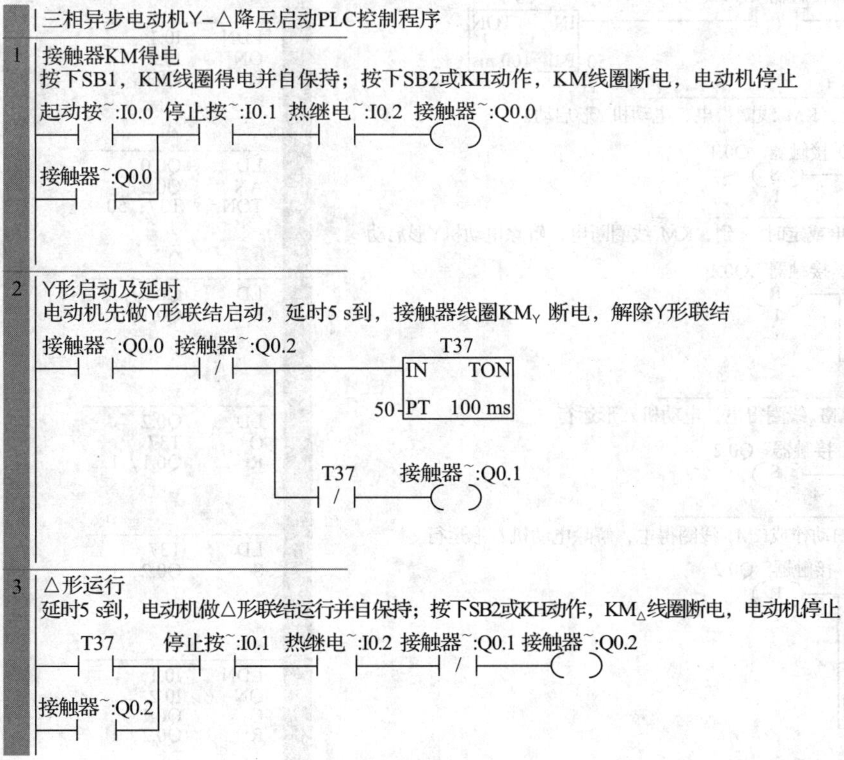

a）

1	LD	I0.0
	O	Q0.0
	A	I0.1
	A	I0.2
	=	Q0.0
2	LD	Q0.0
	AN	Q0.2
	TON	T37，50
	AN	T37
	=	Q0.1
3	LD	T37
	O	Q0.2
	A	I0.1
	A	I0.2
	AN	Q0.1
	=	Q0.2

b）

图 2－3－13　使用启保停电路的电动机Y－△降压启动 PLC 控制程序

a）梯形图　b）语句表

想一想

定时器的预设值是几位二进制数？如果用变量存储器 V 应该如何设定？是使用 VB 还是使用 VW？

2. 使用 S/R 指令编程

根据使用启保停电路编程与使用置位/复位指令编程的对应关系，使用 S/R 指令编写电动机Y－△降压启动 PLC 控制梯形图，如图 2－3－14 所示。

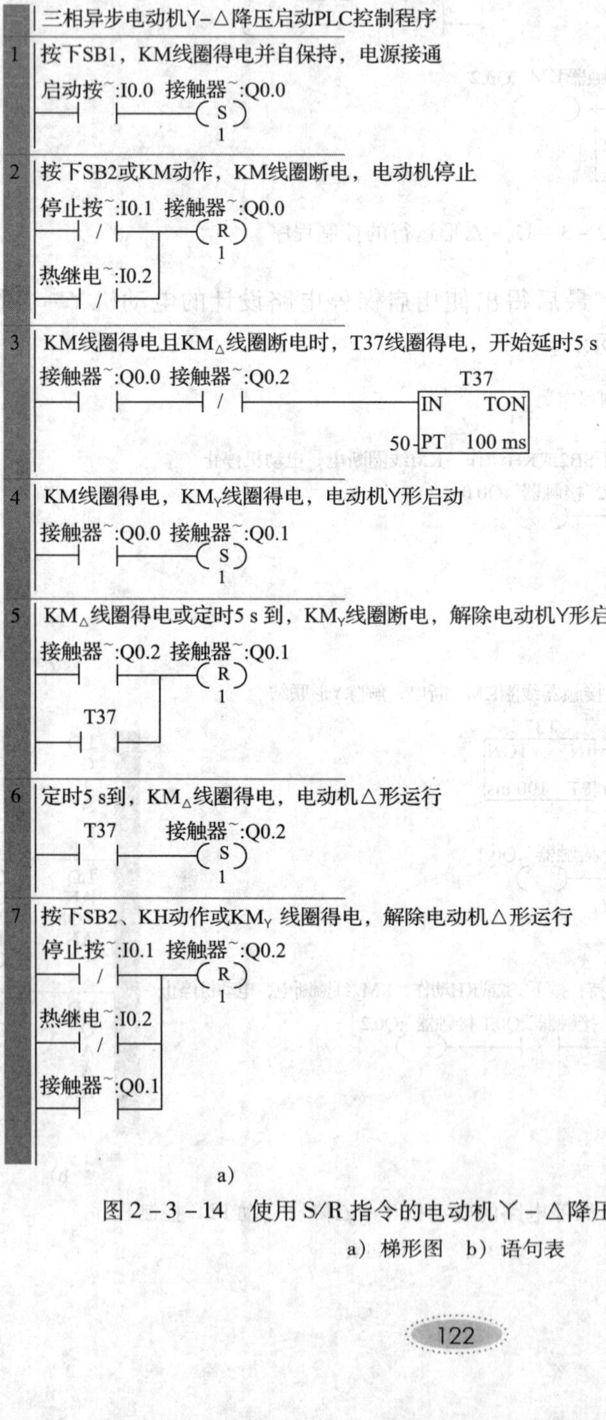

a）

```
1   LD    I0.0
    S     Q0.0，1

2   LDN   I0.1
    ON    I0.2
    R     Q0.0，1

3   LD    Q0.0
    AN    Q0.2
    TON   T37，50

4   LD    Q0.0
    S     Q0.1，1

5   LD    Q0.2
    O     T37
    R     Q0.1，1

6   LD    T37
    S     Q0.2，1

7   LDN   I0.1
    ON    I0.2
    O     Q0.1
    R     Q0.2，1
```

b）

图 2－3－14　使用 S/R 指令的电动机Y－△降压启动 PLC 控制程序

a）梯形图　b）语句表

3. 使用逻辑堆栈指令编程

将图 2－3－1 所示的三相异步电动机Y－△降压启动控制线路的控制电路部分直接转换为 PLC 梯形图，如图 2－3－15a 所示，图 2－3－15b 所示的语句表使用了逻辑堆栈指令。

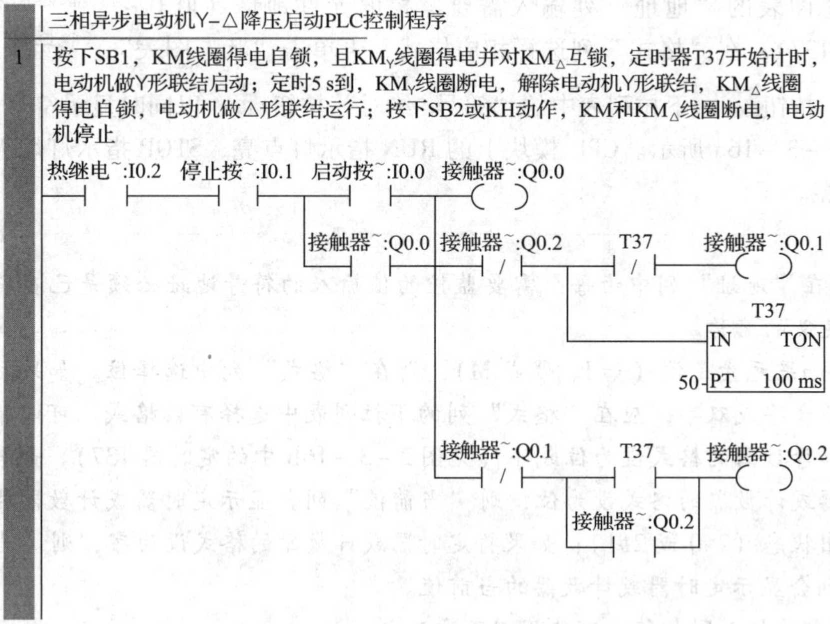

a)

```
1  LD    I0.2
   A     I0.1
   LD    I0.0
   O     Q0.0
   ALD
   LPS
   =     Q0.0
   AN    Q0.2
   LPS
   AN    T37
   =     Q0.1
   LPP
   TON   T37, 50
   LPP
   AN    Q0.1
   LD    T37
   O     Q0.2
   ALD
   =     Q0.2
```

b)

图 2－3－15　使用逻辑堆栈指令的电动机Y－△降压启动 PLC 控制程序

a）梯形图　b）语句表

在工程应用中，控制程序不仅要满足控制逻辑的要求，还必须考虑系统的安全性，以保证在操作错误、硬件故障、系统突然断电等情况下不出现人身及设备安全事故。扫描右侧二维码，可了解实际生产线上的三相异步电动机Y－△降压启动 PLC 控制程序的设计。

四、模拟调试

可以按照前面任务中介绍的梯形图或语句表的程序状态监控及写入与强制数据方法进行模拟调试。其中，梯形图程序状态监控的方法很直观，但是容易受到计算机屏幕的限制，因而只能显示篇幅很小的一部分程序。利用 STEP 7 – Micro/WIN SMART 的状态图表监控功能不仅能监控篇幅比较大的程序块或多个程序，而且可以编辑、读、写、强制和监控 PLC 的内部变量，还可使用单次读取、全部写入、读取全部强制等功能，极大地方便了程序的调试。

下面以图 2－3－13 所示的使用启保停电路的三相异步电动机Y－△降压启动 PLC 控制程序为例，介绍利用状态图表监控功能进行程序模拟调试的方法。

1. 状态图表监控

状态图表监控

（1）打开并构建状态图表。当 PLC 处于 RUN 模式时，双击项目树的“状态图表”文件夹中的“图表 1”，或单击导航栏中的“状态图表”按钮，打开状态图表。然后在状态图表的“地址”列输入需要监控的元件地址（I0.0 ~ I0.2、Q0.0 ~ Q0.2 及 T37），在“格式”列选择相应格式，再单击“状态图表”工具栏中“切换寻址”按钮下拉列表中的“符号:绝对”按钮，以同时显示符号地址和绝对地址，如图 2 – 3 – 16a 所示。CPU 模块上的 RUN 指示灯点亮，STOP 指示灯熄灭，I0.1 和 I0.2 指示灯点亮。

小提示

1）在“地址”列中为每个需要监控的值输入的符号地址必须是已在符号表中定义的名称。

2）如果元素是位（如 I、Q 或 M），则在“格式”列中选择位。如果元素是字节、字或双字，应在“格式”列的下拉列表中选择有效格式。可以将定时器和计数器的格式设为位或字（见图 2 – 3 – 16b 中的定时器 T37）。如果将定时器或计数器的格式设为位，则“当前值”列会显示定时器或计数器指令的输出状态（2#0 或 2#1）；如果将定时器或计数器的格式设为字，则“当前值”列会显示定时器或计数器的当前值。

3）若要插入附加行，可使用以下方法之一：

①单击“状态图表”工具栏中的“插入”按钮，然后选择“行”。

②在“编辑”菜单功能区中单击“行”按钮。

③右击状态图表中的单元格，在快捷菜单中选择“插入”和“行”命令。也可将光标放在最后一行的最后一个单元格上，然后按向下箭头键，可在状态图表的底部插入一行。

如果需要同时监控的变量不能在程序编辑器中同时显示，可以使用状态图表监控功能。扫描右侧二维码，可了解构建状态图表的技巧。

（2）启动状态图表的监控功能。单击“状态图表”工具栏中的“图表状态”按钮，按钮背景变为黄色，状态图表的监控功能启动，I0.0 ~ I0.2、Q0.0 ~ Q0.2 及 T37 的当前值如图 2 – 3 – 16b 所示。CPU 模块上的 I0.1 和 I0.2 指示灯点亮。值得注意的是，打开状态图表并不意味着自动开始查看状态，必须启动状态图表的监控功能，才能采集和查看状态信息。

（3）按下启动按钮 SB1，状态图表监控画面如图 2 – 3 – 16c 所示。CPU 模块上的 I0.0、I0.1 和 I0.2 指示灯点亮，Q0.0 和 Q0.1 指示灯点亮。随后松开启动按钮 SB1，I0.0 指示灯熄灭。

状态图表

	地址	格式	当前值	新值
1	启动按钮SB1:I0.0	位		
2	停止按钮SB2:I0.1	位		
3	热继电器KH:I0.2	位		
4	接触器KM:Q0.0	位		
5	接触器KM_Y:Q0.1	位		
6	接触器$KM_\triangle$:Q0.2	位		
7	T37	位		
8	T37	有符号		

表格1

a）

状态图表

	地址	格式	当前值	新值
1	启动按钮SB1:I0.0	位	2#0	
2	停止按钮SB2:I0.1	位	2#1	
3	热继电器KH:I0.2	位	2#1	
4	接触器KM:Q0.0	位	2#0	
5	接触器KM_Y:Q0.1	位	2#0	
6	接触器$KM_\triangle$:Q0.2	位	2#0	
7	T37	位	2#0	
8	T37	有符号	+0	

表格1

b）

状态图表

	地址	格式	当前值	新值
1	启动按钮SB1:I0.0	位	2#1	
2	停止按钮SB2:I0.1	位	2#1	
3	热继电器KH:I0.2	位	2#1	
4	接触器KM:Q0.0	位	2#1	
5	接触器KM_Y:Q0.1	位	2#1	
6	接触器$KM_\triangle$:Q0.2	位	2#0	
7	T37	位	2#0	
8	T37	有符号	+5	

表格1

c）

状态图表

	地址	格式	当前值	新值
1	启动按钮SB1:I0.0	位	2#0	
2	停止按钮SB2:I0.1	位	2#1	
3	热继电器KH:I0.2	位	2#1	
4	接触器KM:Q0.0	位	2#1	
5	接触器KM_Y:Q0.1	位	2#0	
6	接触器$KM_\triangle$:Q0.2	位	2#1	
7	T37	位	2#0	
8	T37	有符号	+0	

表格1

d）

图 2－3－16　状态图表监控

a）打开并构建状态图表　b）启动状态图表的监控功能

c）按下启动按钮 SB1 时的监控画面　d）启动按钮 SB1 被按下 5 s 后的监控画面

（4）启动按钮 SB1 被按下 5 s 后，状态图表监控画面如图 2－3－16d 所示。CPU 模块上的 I0.1 和 I0.2 指示灯点亮，Q0.0 和 Q0.2 指示灯点亮，Q0.1 指示灯熄灭。

（5）按下停止按钮 SB2 并松开，状态图表监控恢复为图 2－3－16b 所示的画面。CPU 模块上的 I0.1 指示灯先熄灭后点亮，I0.2 指示灯保持点亮，Q0.0 和 Q0.2 指示灯熄灭。

（6）关闭状态图表的监控功能。单击“状态图表”工具栏中的“图表状态”按钮，按钮背景变为灰色，状态图表的监控功能关闭，状态图表监控恢复为图 2－3－16a 所示的画面。CPU 模块上的 I0.1 和 I0.2 指示灯点亮。

（7）单击“STOP”按钮，使 PLC 处于停止模式。CPU 模块上的 STOP 指示灯点亮，RUN 指示灯熄灭，I0.1 和 I0.2 指示灯点亮。

状态图表监控时的趋势视图

2. 状态图表监控时的趋势视图

当 PLC 处于 RUN 模式时，打开并构建图 2－3－16 所示的状态图表，启动状态图表的监控功能后，按下启动按钮 SB1，单击“状态图表”工具栏中的“趋势视图”按钮，或右击状态图表，选择“趋势形式的视图”命令，得到图 2－3－17 所示的趋势视图。

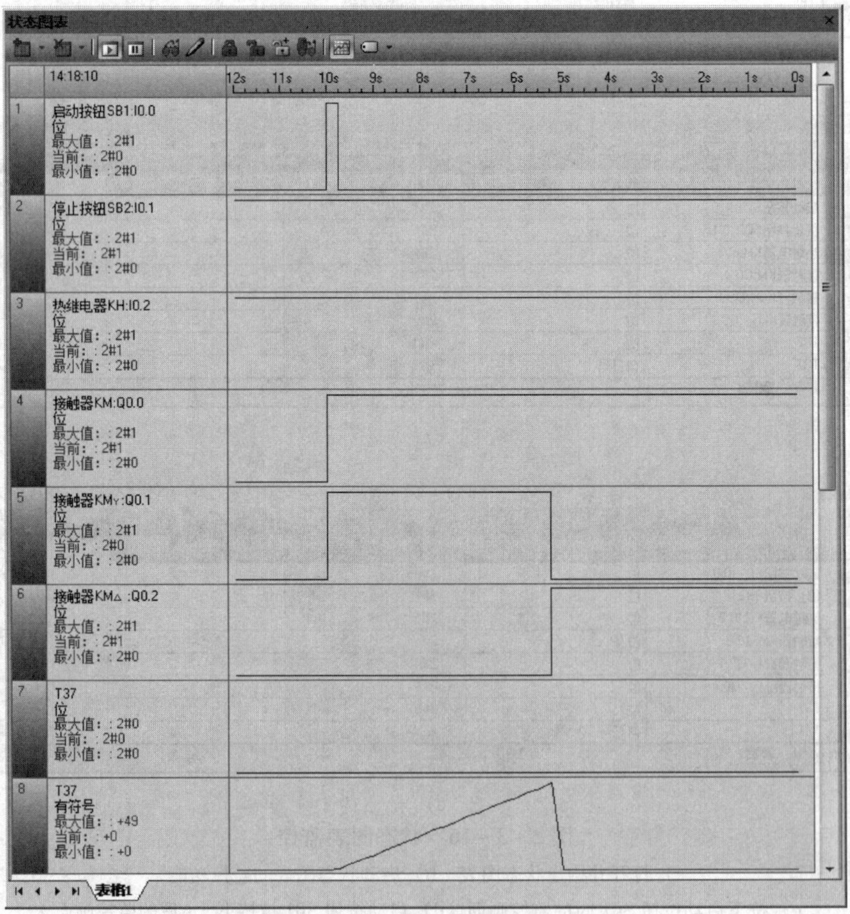

图 2－3－17　状态图表监控时的趋势视图

小提示

右击趋势视图，通过执行快捷菜单中的命令，可以在趋势视图运行时进行删除行、插入行、修改趋势视图的时间基准（即时间轴的刻度）等操作。如果更改了时间基准，那么整个图的数据都会被清除，并用新的时间基准更新显示。执行快捷菜单中的“属性”命令，可以在弹出的对话框中修改选中行变量的地址、显示格式以及显示的上限和下限。

启动趋势视图后，单击工具栏中的“暂停图表”按钮，可以冻结趋势视图。再次单击该按钮，将结束运行。

实时趋势功能不支持历史趋势，即不会保留超出趋势视图窗口的时间范围的趋势数据。

3. 状态图表监控时的写入数据

状态图表监控时的写入数据

（1）打开并构建状态图表。当 PLC 处于 RUN 模式时，打开并构建状态图表，如图 2－3－18a 所示。CPU 模块上的 RUN 指示灯点亮，STOP 指示灯熄灭，I0. 1 和 I0. 2 指示灯点亮。

（2）启动状态图表的监控功能。单击“图表状态”按钮，启动状态图表的监控功能，状态图表如图 2－3－18b 所示。CPU 模块上的 I0. 1 和 I0. 2 指示灯点亮。

（3）为 Q0. 0 写入数据 2#1。在“接触器 KM：Q0. 0”行和“新值”列确定的单元格中输入数据 1，然后单击“状态图表”工具栏中的“全部写入”按钮，则“接触器 KM：Q0. 0”的当前值变为 2#1，“接触器 KM_{Y}：Q0. 1”的当前值也变为 2#1，且定时器 T37 的当前值从 0 开始进行增 1 计数，如图 2－3－18c 所示。CPU 模块上的 I0. 1 和 I0. 2 指示灯点亮，Q0. 0 和 Q0. 1 指示灯点亮。

（4）计时 5 s。为 Q0. 0 写入数据 2#1 且定时器 T37 的当前值计数为 +50，即定时器 T37 计时 5 s 时，“接触器 KM：Q0. 0”的当前值仍为 2#1，“接触器 KM_{Y}：Q0. 1”的当前值变为 2#0，“接触器 $KM_{\triangle}$：Q0. 2”的当前值变为 2#1，且定时器 T37 的当前值变为 +0，如图 2－3－18d 所示。CPU 模块上的 I0. 1 和 I0. 2 指示灯点亮，Q0. 0 和 Q0. 2 指示灯点亮，Q0. 1 指示灯熄灭。

（5）为 Q0. 0 和 Q0. 2 写入数据 2#0。在“接触器 KM：Q0. 0”行、“接触器 $KM_{\triangle}$：Q0. 2”行和“新值”列确定的单元格中分别输入数据 0，然后单击“全部写入”按钮，则“接触器 KM：Q0. 0”行和“接触器 $KM_{\triangle}$：Q0. 2”行的当前值均变为 2#0，状态图表恢复为图 2－3－18b 所示的状态。CPU 模块上的 I0. 1 和 I0. 2 指示灯点亮，Q0. 0 和 Q0. 2 指示灯熄灭。

（6）关闭状态图表的监控功能。单击“图表状态”按钮，关闭状态图表的监控功能，恢复为图 2－3－18a 所示的状态图表监控画面。CPU 模块上的 I0. 1 和 I0. 2 指示灯点亮。

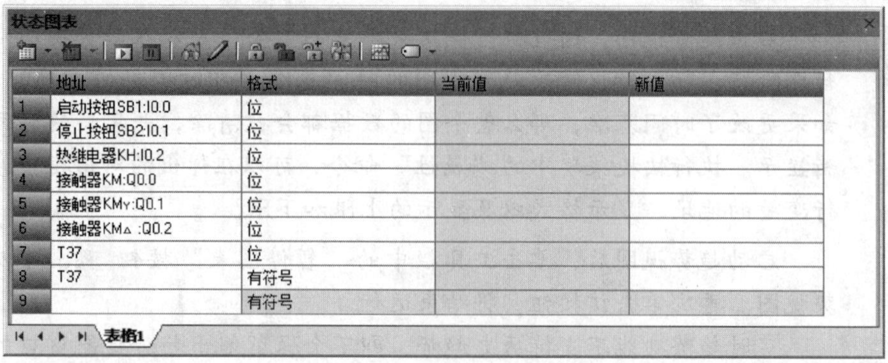

状态图表

	地址	格式	当前值	新值
1	启动按钮SB1:I0.0	位		
2	停止按钮SB2:I0.1	位		
3	热继电器KH:I0.2	位		
4	接触器KM:Q0.0	位		
5	接触器KMY:Q0.1	位		
6	接触器KM△ :Q0.2	位		
7	T37	位		
8	T37	有符号		
9		有符号		

表格1

a）

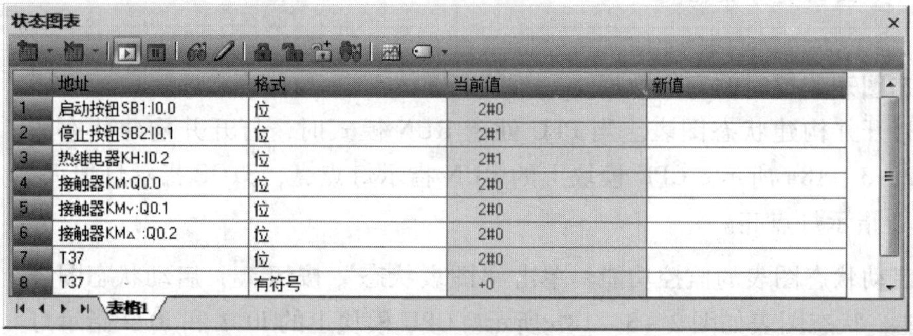

状态图表

	地址	格式	当前值	新值
1	启动按钮SB1:I0.0	位	2#0	
2	停止按钮SB2:I0.1	位	2#1	
3	热继电器KH:I0.2	位	2#1	
4	接触器KM:Q0.0	位	2#0	
5	接触器KMY:Q0.1	位	2#0	
6	接触器KM△ :Q0.2	位	2#0	
7	T37	位	2#0	
8	T37	有符号	+0	

表格1

b）

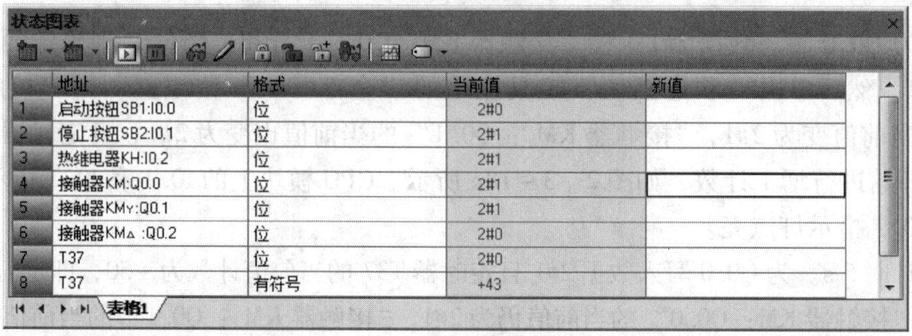

状态图表

	地址	格式	当前值	新值
1	启动按钮SB1:I0.0	位	2#0	
2	停止按钮SB2:I0.1	位	2#1	
3	热继电器KH:I0.2	位	2#1	
4	接触器KM:Q0.0	位	2#1	
5	接触器KMY:Q0.1	位	2#1	
6	接触器KM△ :Q0.2	位	2#0	
7	T37	位	2#0	
8	T37	有符号	+43	

表格1

c）

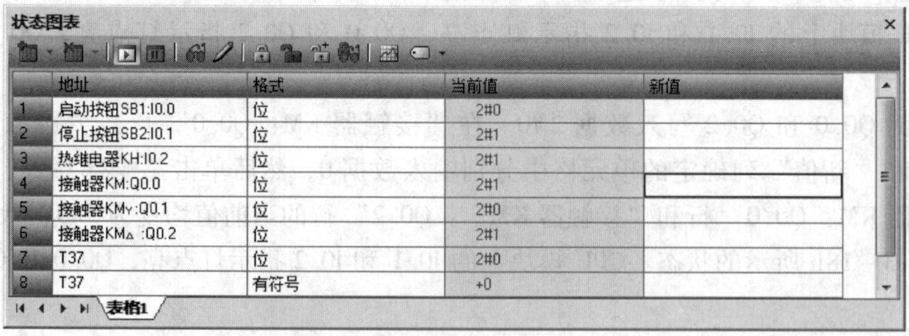

状态图表

	地址	格式	当前值	新值
1	启动按钮SB1:I0.0	位	2#0	
2	停止按钮SB2:I0.1	位	2#1	
3	热继电器KH:I0.2	位	2#1	
4	接触器KM:Q0.0	位	2#1	
5	接触器KMY:Q0.1	位	2#0	
6	接触器KM△ :Q0.2	位	2#1	
7	T37	位	2#0	
8	T37	有符号	+0	

表格1

d）

图 2-3-18　状态图表监控时的写入数据

a）打开并构建状态图表　b）启动状态图表的监控功能

c）为 Q0.0 写入数据 2#1　d）计时 5 s

（7）单击“STOP”按钮，使 PLC 处于停止模式。CPU 模块上的 STOP 指示灯点亮，RUN 指示灯熄灭，I0.1 和 I0.2 指示灯点亮。

4. 状态图表监控时的强制

状态图表监控时的强制

由于在没有实际 I/O 接线的情况下，利用强制功能模拟调试用户程序，所以要断开启动按钮 SB1、停止按钮 SB2 和热继电器 KH 常闭触点与 CPU 模块输入端子 I0.0、I0.1 和 I0.2 的连接。

（1）启动状态图表的监控功能。当 PLC 处于运行模式时，打开并构建状态图表，单击“图表状态”按钮，启动状态图表的监控功能，如图 2－3－19a 所示。CPU 模块上的 RUN 指示灯点亮，STOP 指示灯熄灭。

（2）强制 I0.1（停止按钮 SB2）和 I0.2（热继电器 KH）的当前值为 2#1，以模拟实际的输入接线情况。在“停止按钮 SB2：I0.1”行和“新值”列确定的单元格中输入 1，然后右击“停止按钮 SB2：I0.1”行，在快捷菜单中选择“强制”命令，则 I0.1 的当前值显示为 2#1（被强制的 I0.1 当前值显示显性强制图标）。使用同样的方法，强制 I0.2 的当前值显示为 2#1，如图 2－3－19b 所示。CPU 模块上的 STOP 指示灯以 1 Hz 的频率闪烁。

（3）强制 I0.0（启动按钮 SB1）的当前值为 2#1。使用同样的方法，强制 I0.0 的当前值显示为 2#1，以模拟“按下启动按钮 SB1”的操作。“接触器 KM：Q0.0”和“接触器 KM_{Y}：Q0.1”的当前值都变为 2#1，且定时器 T37 的当前值从 0 开始进行增 1 计数，如图 2－3－19c 所示。CPU 模块上的 Q0.0 和 Q0.1 指示灯点亮。随后强制 I0.0 的当前值为 2#0，以模拟“松开启动按钮 SB1”的操作。

（4）计时 5 s。定时器 T37 的当前值计数为 +50，即定时器 T37 计时 5 s 时，“接触器 KM：Q0.0”的当前值仍为 2#1，“接触器 KM_{Y}：Q0.1”的当前值变为 2#0，“接触器 $KM_{\triangle}$：Q0.2”的当前值变为 2#1，且定时器 T37 的当前值变为 +0，如图 2－3－19d 所示。CPU 模块上的 Q0.0 和 Q0.2 指示灯点亮，Q0.1 指示灯熄灭。

（5）强制 I0.1（停止按钮 SB2）的当前值为 2#0。使用同样的方法，强制 I0.1 的当前值显示为 2#0，以模拟“按下停止按钮 SB2”的操作。“接触器 KM：Q0.0”和“接触器 $KM_{\triangle}$：Q0.2”的当前值都变为 2#0，如图 2－3－19e 所示。CPU 模块上的 Q0.0 和 Q0.2 指示灯熄灭。也可以强制 I0.2（热继电器 KH）为 2#0。

（6）取消全部强制。单击“取消全部强制”按钮，恢复为图 2－3－19a 所示的状态图表监控画面。CPU 模块上的 STOP 指示灯熄灭。

（7）关闭状态图表的监控功能。单击“图表状态”按钮，关闭状态图表的监控功能。

（8）单击“STOP”按钮，使 PLC 处于停止模式。CPU 模块上的 STOP 指示灯点亮，RUN 指示灯熄灭。

状态图表

	地址	格式	当前值	新值
1	启动按钮SB1:I0.0	位	2#0	
2	停止按钮SB2:I0.1	位	2#0	
3	热继电器KH:I0.2	位	2#0	
4	接触器KM:Q0.0	位	2#0	
5	接触器KMY:Q0.1	位	2#0	
6	接触器KM△:Q0.2	位	2#0	
7	T37	位	2#0	
8	T37	有符号	+0	

表格1

a）

状态图表

	地址	格式	当前值	新值
1	启动按钮SB1:I0.0	位	2#0	
2	停止按钮SB2:I0.1	位	2#1	
3	热继电器KH:I0.2	位	2#1	
4	接触器KM:Q0.0	位	2#0	
5	接触器KMY:Q0.1	位	2#0	
6	接触器KM△:Q0.2	位	2#0	
7	T37	位	2#0	
8	T37	有符号	+0	

表格1

b）

状态图表

	地址	格式	当前值	新值
1	启动按钮SB1:I0.0	位	2#1	
2	停止按钮SB2:I0.1	位	2#1	
3	热继电器KH:I0.2	位	2#1	
4	接触器KM:Q0.0	位	2#1	
5	接触器KMY:Q0.1	位	2#1	
6	接触器KM△:Q0.2	位	2#0	
7	T37	位	2#0	
8	T37	有符号	+19	

表格1

c）

状态图表

	地址	格式	当前值	新值
1	启动按钮SB1:I0.0	位	2#0	
2	停止按钮SB2:I0.1	位	2#1	
3	热继电器KH:I0.2	位	2#1	
4	接触器KM:Q0.0	位	2#1	
5	接触器KMY:Q0.1	位	2#0	
6	接触器KM△:Q0.2	位	2#1	
7	T37	位	2#0	
8	T37	有符号	+0	

表格1

d）

状态图表

	地址	格式	当前值	新值
1	启动按钮SB1:I0.0	位	2#0	
2	停止按钮SB2:I0.1	位	2#0	
3	热继电器KH:I0.2	位	2#1	
4	接触器KM:Q0.0	位	2#0	
5	接触器KMY:Q0.1	位	2#0	
6	接触器KM△:Q0.2	位	2#0	
7	T37	位	2#0	
8	T37	有符号	+0	

表格1

e）

图 2-3-19　状态图表监控时的强制数据

a）启动状态图表的监控功能　b）强制 I0.1 和 I0.2 的当前值为 2#1

c）强制 I0.0 的当前值为 2#1　d）计时 5 s　e）强制 I0.0 的当前值为 2#0

注意

模拟调试完毕，关断电源开关 QF2，CPU 模块断电。

五、联机调试

模拟调试成功后，接上实际的负载，按照表 2-3-5 的步骤进行联机调试，同时注意观察和记录。

表 2-3-5 **联机调试记录表**

步骤	操作内容	观察内容	观察结果
1	合上电源开关 QF1、QF2 和 QF3	以太网状态指示灯、CPU 状态指示灯和 I/O 状态指示灯的状态	
2	通过编程软件，将 PLC 置于 RUN 模式		
3	按下启动按钮 SB1	I/O 状态指示灯的状态、接触器 KM、KM_Y、$KM_\triangle$ 得电及电动机 M 运行情况	
4	按下停止按钮 SB2 或手动模拟热继电器 KH 动作		
5	通过编程软件，将 PLC 置于 STOP 模式	CPU 状态指示灯和 I/O 状态指示灯的状态	
6	调试完毕，关断电源开关 QF1、QF2 和 QF3		

任务测评

参考表 1-3-10 进行任务测评。

任务 4 声光报警器 PLC 控制

学习目标

1. 掌握边沿检测器指令的功能、表示形式和使用方法。
2. 了解计数器并掌握计数器指令的功能、表示形式和使用方法。
3. 能使用计数器指令编写计数控制程序。

任务引入

声光报警器是一种用在危险场所，通过声音和光来向人们发出示警信号的报警信号装置，图 2-4-1 所示为某款声光报警器实物。当生产现场发生火灾时，火灾报警控制器送来的控制信号会启动声光报警电路，发出声光报警信号，完成报警目的。也可同手动报警按钮配合使用，达到简单的声光报警目的。

本任务要求使用 PLC 控制方式，完成声光报警器 PLC 控制线路的设计、安装和调试。

图 2-4-1 声光报警器实物

控制要求如下：

1. 当条件 I0.1 = ON 满足时蜂鸣器鸣叫，同时，报警灯连续闪烁 16 次，每次亮 2 s，熄灭 3 s，然后停止声光报警。

2. 具有短路保护等必要的保护措施。

本任务是 PLC 定时器指令和计数器指令综合应用的一个典型实例。报警灯开始工作的条件可以是按钮，也可以是行程开关或接近开关等来自现场的信号，现假定为行程开关。蜂鸣器和报警灯分别占用一个输出点。可以使用两个定时器分别控制报警灯亮和灭的时间，而闪烁的次数由计数器控制。

实施本任务所使用的实训设备可参考表 2-4-1。

表 2-4-1　　实训设备清单

序号	设备名称	型号及规格	数量	单位	备注
1	微型计算机	带 STEP 7-Micro/WIN SMART 软件	1	台	
2	编程电缆	以太网电缆或 USB-PPI 电缆	1	条	
3	可编程序控制器	S7-200 SMART CPU SR60	1	台	配 C45 导轨
4	开关式稳压电源	S-150-24，AC 220 V/DC 24 V，150 W	1	台	
5	低压断路器	Multi9 C65N D20，单极	2	个	
6	行程开关	JLXK1-111	1	个	
7	蜂鸣器	自定，DC 24 V	1	个	
8	报警灯	自定，DC 24 V	1	个	
9	接线端子排	TB-1510，10 位	1	条	
10	配电盘	600 mm×900 mm	1	块	

相关知识

一、边沿检测器指令

边沿检测器指令也称为跳变触点指令，包括上升沿检测器指令（或正跳变触点指令、EU 指令）和下降沿检测器指令（或负跳变触点指令、ED 指令），其指令属性见表 2-4-2。

表 2-4-2　　**EU、ED 指令属性**

指令名称	梯形图	语句表	操作数	功能
EU 指令	─┤ P ├─	EU	无	检测输入信号由 OFF 到 ON 的变化（即正跳变）
ED 指令	─┤ N ├─	ED	无	检测输入信号由 ON 到 OFF 的变化（即负跳变）

1. EU 指令

EU（edge up）指令用于检测输入信号由 OFF 到 ON 的变化，其梯形图形式由常开触点加上升沿检测器指令标识符“P”构成，这里的“P”表示正跳变（positive transition）。EU 指令的语句表形式由上升沿检测器指令操作码“EU”构成，EU 指令无操作数。

在梯形图中，执行 EU 指令，每检测到一次正跳变时，让能流接通一个扫描周期。

【例 2-4-1】　EU 指令的应用如图 2-4-2 所示，当 I0.0 的状态由断开变为接通时（即出现上升沿的过程），上升沿检测器指令对应的常开触点接通一个扫描周期，使线圈 Q0.0 仅得电一个扫描周期。无论此后 I0.0 的状态是接通还是断开，线圈 Q0.0 都不得电。

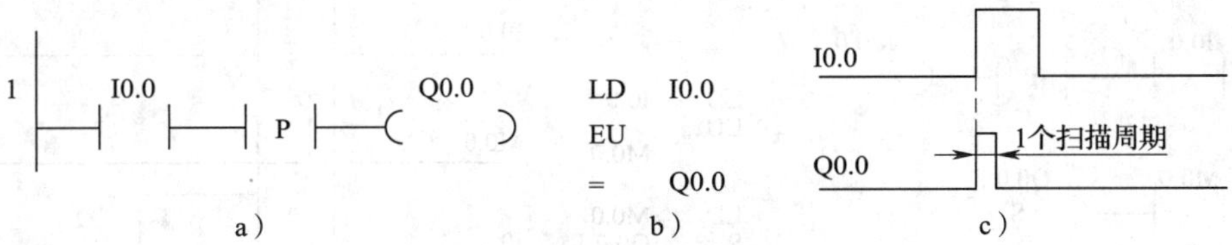

图 2-4-2　EU 指令的应用

a）梯形图　b）语句表　c）波形图

试一试

根据图 2-4-3 所示的梯形图画出软继电器 M0.0、Q0.0 的时序图。

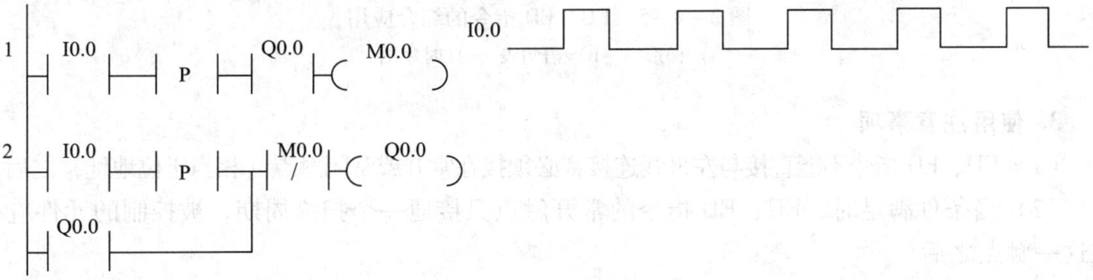

图 2-4-3　梯形图

2. ED 指令

ED（edge down）指令用于检测输入信号由 ON 到 OFF 的变化，其梯形图形式由常开触点加下降沿检测器指令标识符“N”构成，这里的“N”表示负跳变（negative transition）。

ED 指令的语句表形式由下降沿检测器指令操作码“ED”构成，ED 指令无操作数。

在梯形图中，执行 ED 指令，每检测到一次负跳变时，让能流接通一个扫描周期。

【例 2-4-2】 ED 指令的应用如图 2-4-4 所示，当 I0.0 的状态由接通变为断开时（即出现下降沿的过程），下降沿检测器指令对应的常开触点接通一个扫描周期，使线圈 Q0.0 仅得电一个扫描周期。无论此后 I0.0 的状态是接通还是断开，线圈 Q0.0 都不得电。

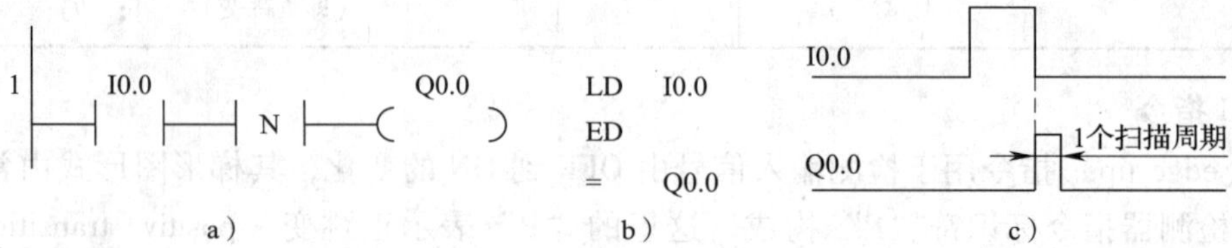

图 2-4-4 ED 指令的应用

a）梯形图 b）语句表 c）波形图

【例 2-4-3】 EU、ED 指令的综合应用如图 2-4-5 所示。当检测到 I0.0 的上升沿时，内部辅助继电器 M0.0 仅接通一个扫描周期，并置位 Q0.0。当检测到 I0.1 的下降沿时，内部辅助继电器 M0.1 仅接通一个扫描周期，并复位 Q0.0。

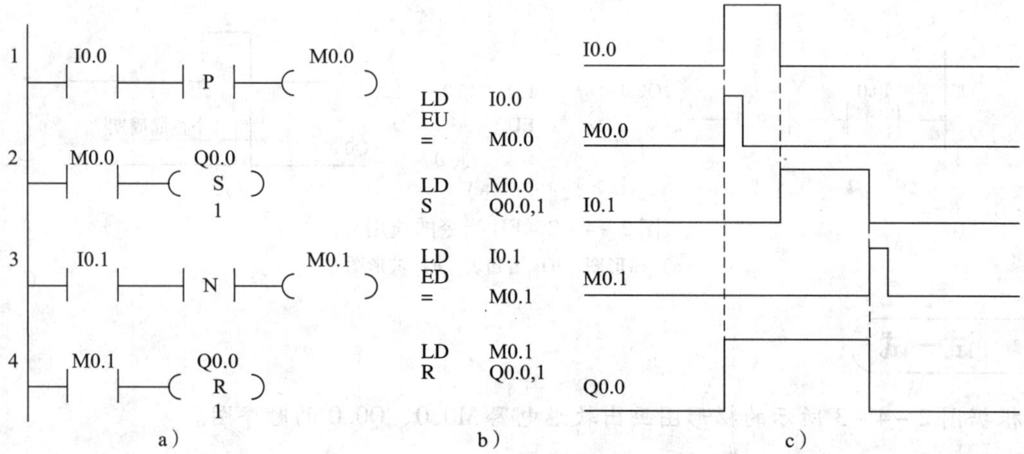

图 2-4-5 EU、ED 指令的综合应用

a）梯形图 b）语句表 c）时序图

3. 使用注意事项

（1）EU、ED 指令不能直接与左母线连接，必须接在常开或常闭触点（相当于位地址）之后。

（2）当条件满足时，EU、ED 指令的常开触点只接通一个扫描周期，被控制的元件应接在这一触点之后。

想一想

EU、ED 指令对应梯形图的触点和普通的常开触点有什么区别？

二、计数器 C

计数器用来累计其计数脉冲输入端的脉冲前沿（由低电平到高电平变化）的次数。

1. 计数器的分类

S7 – 200 SMART 系列 PLC 提供了两类计数器，一类为内部计数器（或称为普通计数器），它是 PLC 在执行扫描操作时对内部信号（如 I、Q、V、M、SM、S、T、C、L 等）进行计数的计数器，要求输入信号的接通和断开时间应大于 PLC 的扫描周期；另一类为高速计数器。普通计数器受 CPU 扫描速度的影响，对高速脉冲计数时可能会发生脉冲丢失现象。高速计数器响应速度快，用于对频率较高的脉冲进行计数。

2. 内部计数器

S7 – 200 SMART 系列 CPU 提供了三种类型的内部计数器，即增计数器、减计数器和增/减计数器。内部计数器共有 256 个，地址编号范围为 C0 ~ C255。

S7 – 200 SMART 系列 CPU 的每个内部计数器都由一个 16 位的当前值寄存器、一个 16 位的预设值寄存器以及一个状态位组成。其中，当前值寄存器用来存放当前值，预设值寄存器用来存放脉冲个数的预设值，状态位反映其触点的状态。每个内部计数器可提供无数对常开和常闭触点供编程使用。

每个内部计数器都有两个相关的变量：

（1）当前值。当前值是计数器累计的输入脉冲个数。计数器的当前值为 16 位有符号整数，范围为 1 ~ 32 767。

（2）计数器位。当计数器的当前值等于或大于预设值时，计数器位被置为 1。

三、计数器指令

计数器指令包括 CTU 指令、CTD 指令和 CTUD 指令，其指令属性见表 2 – 4 – 3。

表 2 – 4 – 3 **CTU、CTD 和 CTUD 指令属性**

指令名称	梯形图	语句表	操作数及数据类型
增计数器指令（CTU 指令）	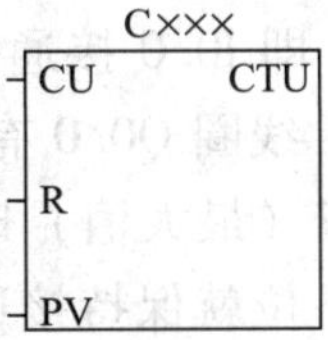	CTU　C×××，PV	C××× 范围（WORD）：C0 ~ C255 增计数信号输入端 CU（BOOL）：I、Q、M、SM、T、C、V、S、L、逻辑流 减计数信号输入端 CD（BOOL）：I、Q、M、SM、T、C、V、S、L、逻辑流 复位信号输入端 R（BOOL）：I、Q、M、SM、T、C、V、S、L、逻辑流 载入输入端 LD（BOOL）：I、Q、M、SM、T、C、V、S、L、逻辑流 预设值 PV（INT）：IW、QW、MW、SMW、VW、SW、LW、AIW、T、C、常数、AC、*VD、*AC、*LD
减计数器指令（CTD 指令）	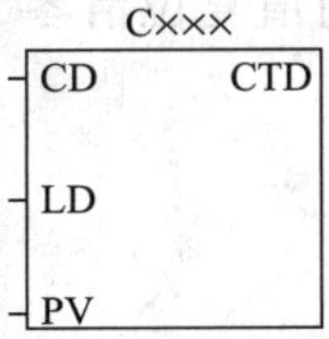	CTD　C×××，PV	
增/减计数器指令（CTUD 指令）	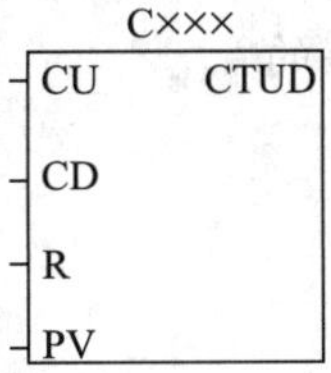	CTUD　C×××，PV	

1. CTU 指令

CTU（count up）指令即增计数器指令，当计数器的输入端 CU 输入一个脉冲上升沿时，计数器递增计数 1 次，当前值加 1。当当前值达到预设值 PV 时，计数器位被置位。若之后计数脉冲再次到来，计数器可继续计数，直到当前值等于 32 767（最大值）后才停止计数。若复位输入端有效或对计数器执行复位指令，则计数器自动复位，即计数器位被复位，当前值为零。在首次扫描时，所有的计数器位被复位为 OFF。可以用系统块设置有断电保持功能的计数器的范围。若断电后又上电，有断电保持功能的计数器能够保持断电时的当前值不变。

【例 2－4－4】　图 2－4－6 所示为使用 CTU 指令构成的增计数器。

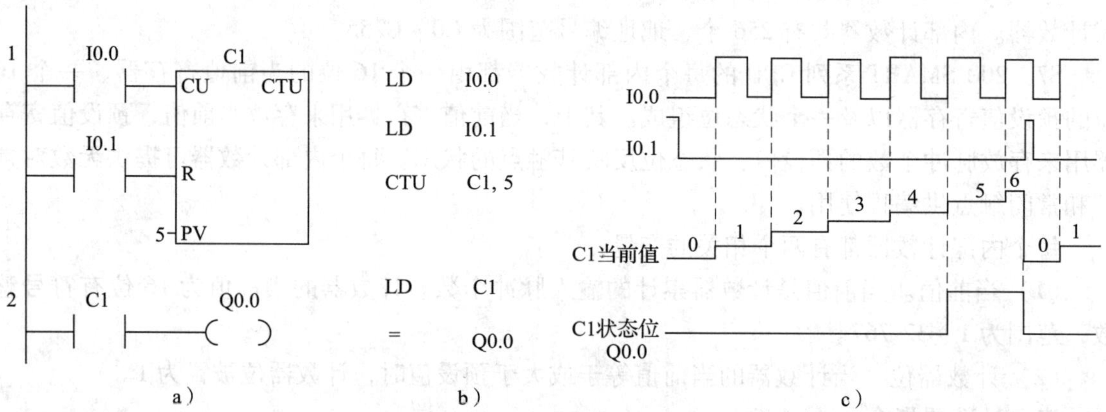

图 2－4－6　使用 CTU 指令构成的增计数器

a）梯形图　b）语句表　c）时序图

当增计数器 C1 的复位信号接通，即 I0.1 = 1 时，增计数器 C1 被复位，C1 当前值为 0，增计数器 C1 不计数。当增计数器 C1 的复位信号断开，即 I0.1 = 0 时，增计数器 C1 才开始计数，此时每当增计数信号输入端 CU 从断开变为接通，即 I0.0 接通一次时，C1 当前值加 1。当 C1 当前值等于预设值 PV 时，C1 的常开触点闭合，线圈 Q0.0 有信号流过。若之后计数脉冲再次到来，当前值仍旧累加，直到当前值为 32 767（最大值）时，增计数器 C1 才停止计数。只要当前值大于或等于预设值 PV，增计数器 C1 位就保持接通，线圈 Q0.0 就有信号流过。直到复位信号 I0.1 接通时，增计数器 C1 的当前值复位清零，增计数器 C1 停止工作，其常开触点复位断开，线圈 Q0.0 没有信号流过。

想一想

为什么计数器的预设值为 0 和 1 时，执行结果是一样的？

试一试

用计数器实现单按钮控制电动机的启停。

【例 2-4-5】　图 2-4-7 所示为计数器扩展电路。计数器的最大计数值为 32 767，在实际应用中，如果计数范围超过该值，就需要对计数器的计数范围进行扩展。

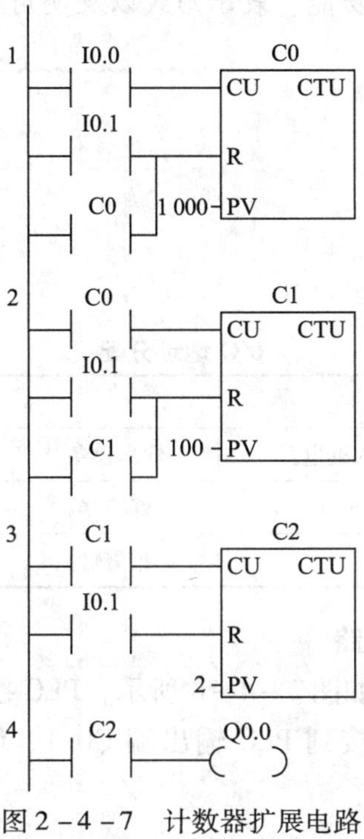

图 2-4-7　计数器扩展电路

图 2-4-7 中，输入信号 I0.0 作为 C0 的计数端输入信号，它的每一个上升沿都使 C0 计数 1 次；C0 的常开触点作为计数器 C1 的计数端输入信号，C0 每计数到 1 000 时，计数器 C1 计数 1 次；C1 的常开触点作为计数器 C2 的计数端输入信号，C1 每计数到 100 时，C2 计数 1 次。这样当 C2 的当前值为 200 000（1 000×100×2=200 000），即当 I0.0 的上升沿脉冲数达到 200 000 时，Q0.0 才被置位。这种扩展计数范围的方法也称为接力计数法。

使用时应注意，计数器复位端要保证各计数器能准确、及时复位。该例中，I0.1 为外置公共复位信号。当 C0 计数到 1 000 时，在使计数器 C1 计数 1 次后的下一个扫描周期，它的常开触点使自己复位；同理，当 C1 计数到 100 时，在使计数器 C2 计数 1 次后的下一个扫描周期，它的常开触点使自己复位。

2. CTU 指令的使用注意事项

（1）增计数器指令用语句表表示时，要注意计数输入（第一个 LD）、复位信号输入（第二个 LD）和 CTU 的先后顺序不能颠倒。

（2）在同一个程序中，不能出现两个相同的计数器编号，否则会导致程序执行时出错，无法达到控制目的。

（3）使用计数器时，如果将计数器位的常开触点作为复位输入信号，则可以实现循环计数，这种复位方法称为自复位。

除了 CTU 指令，计数器指令还有 CTD 指令和 CTUD 指令。扫描右侧二维码，可了解 CTD 指令和 CTUD 指令的功能、表示形式以及使用方法。

任务实施

一、分配 I/O 地址

I/O 地址分配见表 2－4－4。

表 2－4－4　　I/O 地址分配

输入			输出		
输入设备	文字符号	输入继电器	输出设备	文字符号	输出继电器
行程开关	SQ	I0.1	蜂鸣器	HA	Q0.1
			报警灯	HL	Q0.2

二、绘制并安装 PLC 控制线路

声光报警器 PLC 控制线路图如图 2－4－8 所示，PLC 控制接线图请读者自行绘制。安装接线时，蜂鸣器、报警灯暂时不接到 PLC 输出端 Q0.1、Q0.2，待模拟调试程序通过后再连接。

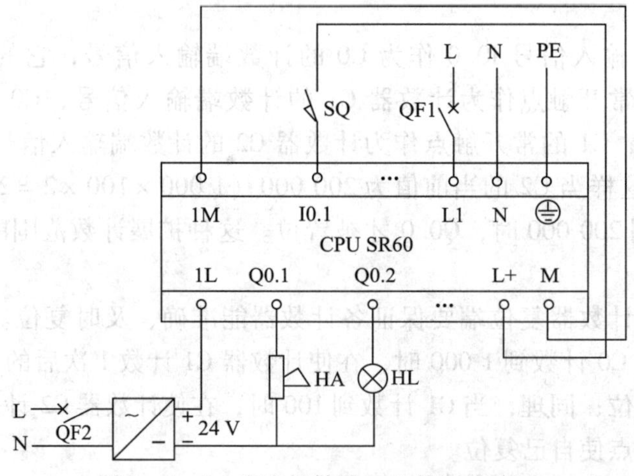

图 2－4－8　声光报警器 PLC 控制线路图

三、设计梯形图程序

编辑符号表，如图 2－4－9 所示。

1. 设计启动和停止控制程序

启动和停止控制程序的梯形图如图 2－4－10 所示。启动信号为 I0.1，当碰到行程开关 SQ 时，I0.1 常开触点闭合，利用上升沿检测指令产生一个脉冲信号 M0.1，使输出继电器线圈 Q0.1 得电并自锁，Q0.1 产生的输出信号使蜂鸣器 HA 鸣叫。停止信号是计数器 C0 的常

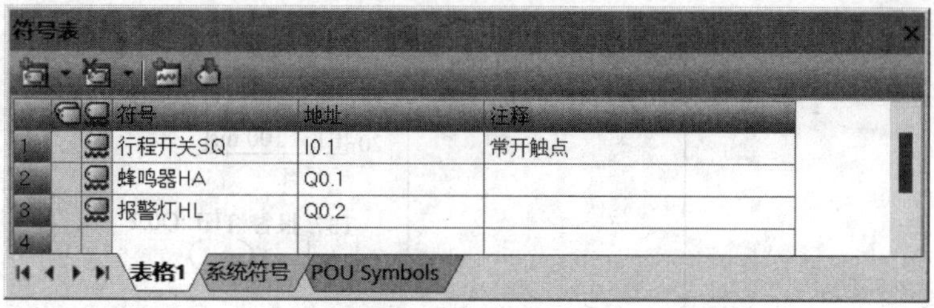

图 2－4－9　符号表

闭触点，当报警灯闪烁 16 次后，计数器 C0 的常闭触点断开，使线圈 Q0.1 断电，Q0.1 的触点复位，报警电路停止报警。

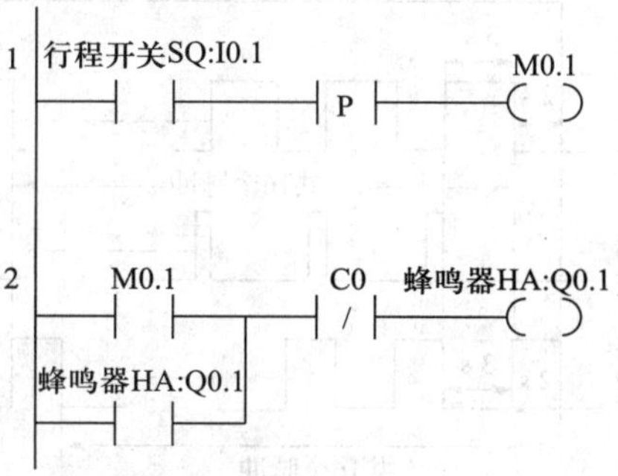

图 2－4－10　启动和停止控制程序的梯形图

2. 设计报警灯闪烁控制程序

如图 2－4－11a 所示，报警灯要在蜂鸣器鸣叫的同时闪烁，所以采用 Q0.1 的常开触点控制报警灯闪烁。采用定时器 T37 控制报警灯亮的时间，定时器 T38 控制报警灯熄灭的时间。当 Q0.1 常开触点闭合时，线圈 Q0.2 与线圈 T37 同时得电。线圈 Q0.2 得电后，Q0.2 产生的输出信号使报警灯点亮。线圈 T37 得电后，开始计时，经 2 s 延时后，T37 常闭触点断开，使线圈 Q0.2 断电，报警灯熄灭。同时，T37 常开触点闭合，使线圈 T38 得电，开始定时，经 3 s 延时后，T38 常闭触点断开，使线圈 T37 断电，T37 常开触点断开，线圈 T38 也随之断电，T38 常闭触点恢复闭合，定时器 T38 的触点只动作了一个扫描周期。当 T38 常闭触点恢复闭合后，线圈 Q0.2 和 T37 又得电，重复以上动作。该段程序的时序图如图 2－4－11b 图所示。

由时序图可以看出，线圈 Q0.2 得电时间为 2 s，断电时间为 3 s，是一个连续脉冲信号，而且线圈 Q0.2 得电和断电的时间可分别由 T37 和 T38 的常数预设值改变。

3. 设计报警灯闪烁次数控制程序

使用计数器 C0 进行闪烁次数的控制。这时，要考虑计数器输入信号和计数器复位信号两个方面。

由图 2－4－11b 可以看出，Q0.2 输出的脉冲信号下降沿正好是 T37 脉冲信号的上升沿。当 Q0.2 第 16 个脉冲结束，即报警灯闪烁 16 次后，T37 正好产生第 16 个脉冲，因此将 T37 常开触点的动作作为计数输入信号。这样，当计数器 C0 累计到第 16 个脉冲时，计数器 C0

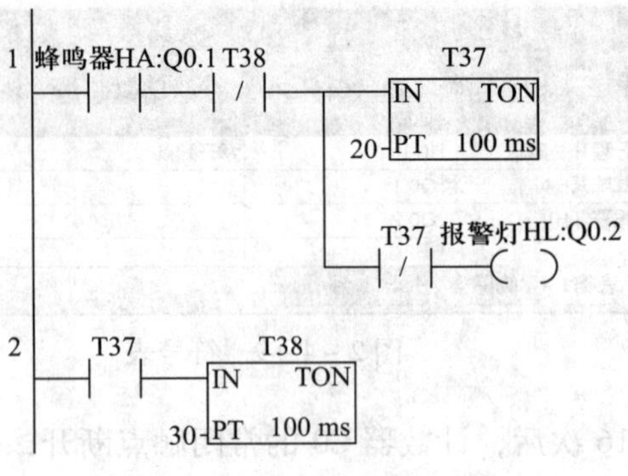

a）

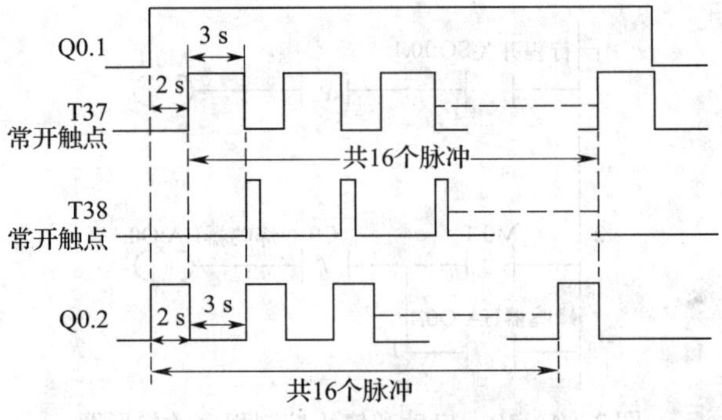

b）

图 2－4－11　报警灯闪烁控制程序

a）梯形图　b）时序图

的线圈得电，C0 常闭触点断开，报警器停止工作（见图 2－4－10 程序段 2）。

计数器 C0 的复位信号使用 Q0.1 的常闭触点。当蜂鸣器鸣叫时，Q0.1 常闭触点是断开的，计数器 C0 计数不复位，当计数到 16 个脉冲时，C0 常闭触点断开，线圈 Q0.1 断电，Q0.1 常闭触点恢复闭合，计数器 C0 被复位，为报警器下次工作做好准备。

报警灯闪烁次数控制程序如图 2－4－12 所示。

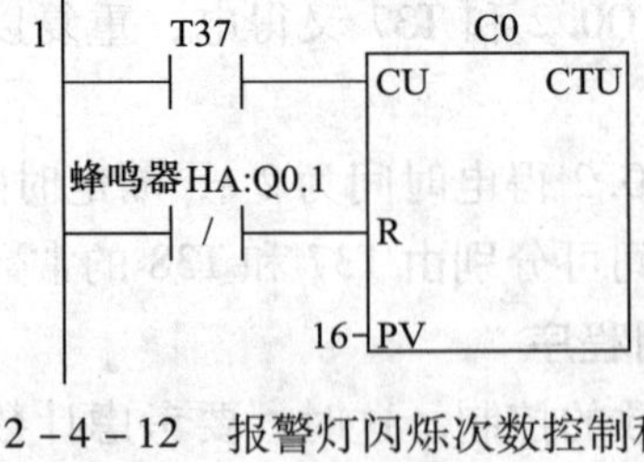

图 2－4－12　报警灯闪烁次数控制程序

将以上各段程序合并，得到完整的程序，如图 2－4－13 所示。

四、模拟调试

按照 PLC 用户程序模拟调试的方法，进行梯形图或语句表程序状态监控的模拟调试。

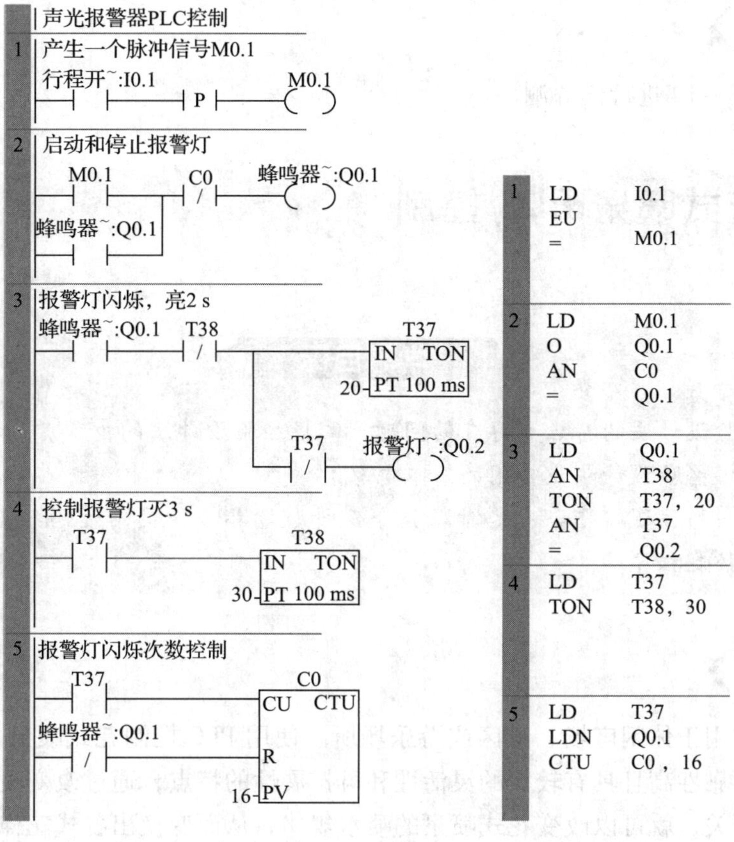

图 2－4－13　声光报警器 PLC 控制程序

a）梯形图　b）语句表

五、联机调试

模拟调试成功后，接上实际的负载，按照表 2－4－5 的步骤进行联机调试，同时注意观察和记录。

表 2－4－5　　　　联机调试记录表

步骤	操作内容	观察内容	观察结果
1	合上电源开关 QF1 和 QF2	以太网状态指示灯、CPU 状态指示灯和 I/O 状态指示灯的状态	
2	通过编程软件，将 PLC 置于 RUN 模式		
3	手动压合行程开关 SQ，然后放开	I/O 状态指示灯、蜂鸣器 HA 及报警灯 HL 的工作情况	
4	通过编程软件，将 PLC 置于 STOP 模式	CPU 状态指示灯和 I/O 状态指示灯的状态	
5	关断电源开关 QF1 和 QF2		

任务测评

参考表 1－3－10 进行任务测评。

任务 5　花式喷泉 PLC 控制

学习目标

1. 了解经验设计法的特点和存在的问题，掌握经验设计法的步骤。

2. 熟练掌握经验设计法中常用的基本电路。

3. 能综合应用位逻辑指令、定时器指令及计数器指令，灵活运用经验设计法，编写较复杂的 PLC 控制程序。

任务引入

花式喷泉常用于休闲广场、景区或游乐场所。使用 PLC 控制花式喷泉，利用 PLC 体积小、功能强、可靠性高且具有较大的灵活性和可扩展性的特点，通过改变喷泉的控制程序或改变方式选择开关，就可以改变花式喷泉的喷水规律，从而变换出各式花样，以适应不同季节、不同场合的喷水要求。图 2－5－1a 所示为某休闲广场的花式喷泉画面，该花式喷泉分别由 A、B、C 三组喷头组成，如图 2－5－1b 所示，工作时序图如图 2－5－1c 所示。

本任务要求使用 PLC 控制花式喷泉工作，完成花式喷泉 PLC 控制系统的设计、安装和调试。控制要求如下：

1. 早上 8：00 按下启动按钮 SB1，A、B、C 三组喷头按照图 2－5－1c 所示的时序图循环工作 15 h，即到晚上 11：00 时自动停止。9 h 后即第二天早上 8：00，花式喷泉又自动按照图 2－5－1c 所示的时序图循环工作 15 h，到晚上 11：00 时又自动停止工作。花式喷泉每天都按照上述时间不断循环工作。按下停止按钮 SB2，花式喷泉停止工作。

2. 具有短路保护等必要的保护措施。

本任务的电气控制要求是长时限（工作时间为早上 8：00 至晚上 11：00）的带延时的顺序控制（三组喷头按一定的顺序延时工作）。S7－200 SMART 系列 PLC 的最长定时时间为 3 276.7 s，不能有效地完成本任务。如果需要更长的定时时间，可以使用多个定时器的接力定时程序、时钟脉冲和计数器配合的长延时程序或定时器与计数器配合的长延时程序。本任务主要通过时钟脉冲和计数器配合来获得较长的延时时间，从而实现长时限的控制。另外，三组喷头按一定的时序顺序工作，也需要使用几个定时器组成顺序脉冲发生器。

实施本任务所使用的实训设备可参考表 2－5－1。

a）

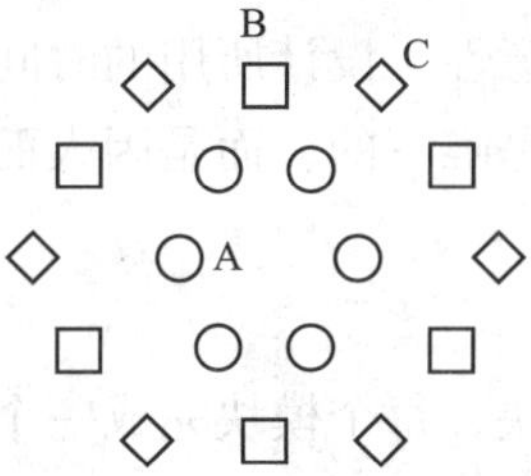

b）

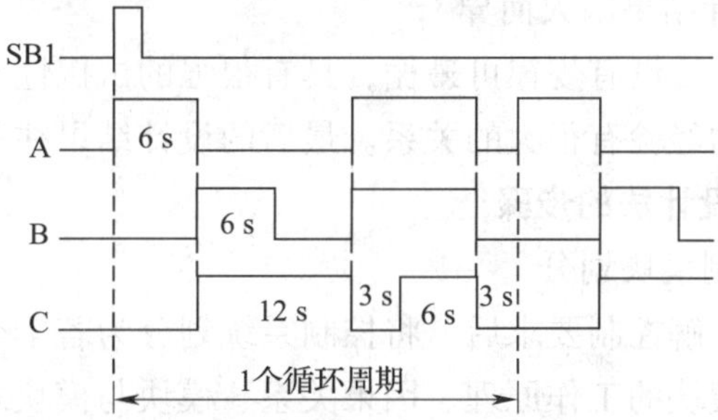

c）

图 2－5－1　花式喷泉画面、喷泉组示意图及其工作时序图

a）花式喷泉画面　b）喷泉组示意图　c）工作时序图

表 2－5－1　实训设备清单

序号	设备名称	型号及规格	数量	单位	备注
1	微型计算机	带 STEP 7－Micro/WIN SMART 软件	1	台	
2	编程电缆	以太网电缆或 USB－PPI 电缆	1	条	
3	可编程序控制器	S7－200 SMART CPU SR60	1	台	配 C45 导轨
4	开关式稳压电源	S－150－24，AC 220 V/DC 24 V，150 W	1	台	
5	低压断路器	Multi9 C65N D20，单极	2	个	
6	按钮	LA4－2H	1	个	
7	电磁阀	自定，DC 24 V	3	个	
8	接线端子排	TB－1520，20 位	2	条	
9	配电盘	600 mm×900 mm	1	块	

相关知识

一、经验设计法

根据控制要求，利用各种继电器控制的典型控制环节和基本控制电路，或依靠经验设计满足电气控制要求的 PLC 控制程序，称为经验设计法。经验设计法可以用于逻辑关系较简

单的梯形图程序设计。

1. 经验设计法的特点

（1）对设计者要求高

经验设计法主要是依靠设计者的经验来进行设计，所以对设计者的要求较高，特别是要求设计者具有一定的实践经验，对工业控制系统和工业上常用的各种典型环节比较熟悉。

（2）设计过程有反复

经验设计法沿用了继电器电路图的设计方法来设计梯形图，即在某些典型电路的基础上，根据对控制系统的具体要求，不断地修改和完善梯形图。有时需要反复地对梯形图进行修改和调试，不断地增加中间编程元件和辅助触点，才能得到一个较为满意的结果。

（3）设计结果因人而异

经验设计法没有规律可遵循，具有很强的试探性和随意性，设计所用的时间、设计的质量与设计者的经验有很大的关系。最后的设计结果往往不是唯一的，而是因人而异。

2. 经验设计法的步骤

（1）控制模块划分

在准确了解控制要求后，将控制系统划分为若干个模块，每个模块完成一个功能。再仔细分析每个模块的工作原理、因果关系、模块与模块之间的联系等内容。

（2）PLC 选配

根据控制要求确定所需的用户输入/输出设备，选配 PLC。

（3）I/O 地址分配

对用户输入/输出设备进行功能、代号及 I/O 端口定义。

（4）硬件安装

绘制 I/O 线路图并完成硬件安装和接线。

（5）程序设计

1）设计各模块的梯形图程序。根据已划分的模块，进行各模块的梯形图程序设计。这一阶段的关键是确定能实现模块功能的典型控制程序。

2）设计整体的梯形图程序。对各模块的梯形图程序进行组合，得到整体的梯形图程序。但有时还需要进一步补充和修改，才能得到一个完善的整体程序。在组合各模块的梯形图程序时，要注意各模块组合的先后顺序、模块之间的联络信号以及软继电器线圈之间的互锁信号等。

（6）程序调试

1）模拟调试。先对用户程序进行模拟调试，实际的输入信号可以用小型开关和按钮来模拟，各输出量的通/断状态用 PLC 面板上相关的发光二极管来显示。如果程序中某些定时器或计数器的预设值过大，为了缩短调试时间，可以在模拟调试时将它们减小，模拟调试结束后再恢复为它们的实际预设值。

2）现场调试。完成模拟调试后，将 PLC 安装在控制现场进行联机调试。现场调试的过程中将暴露出控制系统可能存在的传感器、执行器、硬件接线等方面的问题，以及 PLC 外部接线图和梯形图程序设计中的问题，需要对这些问题及时加以解决。

（7）技术文件编写

控制系统交付使用后，应根据调试的最终结果整理出完整的技术文件，并提供给用户，以方便控制系统的维修和改进。技术文件应包括：

1）PLC 电气控制系统原理图、I/O 外部线路图、电气控制元器件布置图等电气图纸以及电气设备清单。

2）PLC 编程元件表。包括程序中使用的输入/输出继电器、辅助继电器、定时器、计数器等的名称、地址、功能，以及定时器、计数器的预设值等。

3）带注释的梯形图和必要的总体文字说明。

3. 经验设计法存在的问题

经验设计法一般适合于设计一些简单的梯形图程序或者复杂系统的某一局部程序（如手动程序等）。如果用来设计复杂系统的梯形图程序，会存在以下问题：

（1）考虑不周、设计周期长

用经验设计法设计复杂系统的梯形图程序时，要用大量的中间元件来完成记忆、联锁、互锁等功能，由于需要考虑的因素很多，它们往往又交织在一起，分析起来非常困难，很容易遗漏一些问题。修改某一局部程序时，很可能会对系统其他部分程序产生影响，导致工作量增大，设计周期长。

（2）梯形图的可读性差、系统维护困难

经验设计法的设计结果因人而异，导致梯形图的可读性差、系统维护困难。

二、常用的基本电路

用经验设计法设计 PLC 控制程序，必须熟记一些典型的基本电路，现介绍如下：

1. 自锁电路

图 2－5－2 所示为两种自锁电路，它们都是具有记忆（或保持）功能的电路。其中，图 2－5－2a 为使用标准触点指令和输出指令的自锁电路，即启保停电路；图 2－5－2b 为使用置位/复位指令的自锁电路。

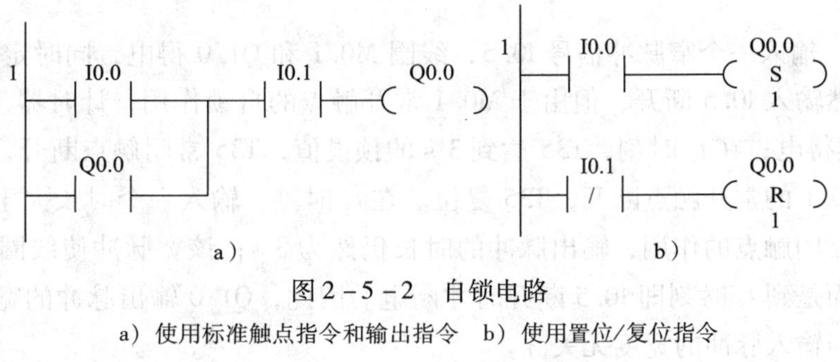

图 2－5－2　自锁电路

a）使用标准触点指令和输出指令　b）使用置位/复位指令

2. 互锁电路

互锁电路如图 2－5－3 所示，该电路具有防止电源短路的保护功能。

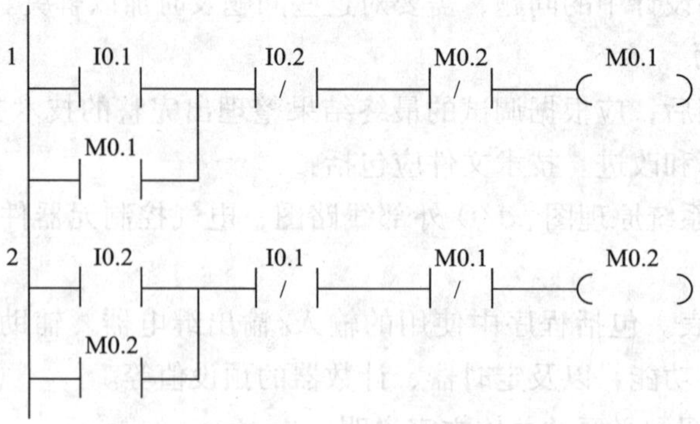

图 2－5－3　互锁电路

3. 脉冲发生器

（1）单脉冲发生器

单脉冲发生器的功能是每给定一个任意宽度的输入脉冲信号，就产生一个一定宽度的输出脉冲信号。图 2－5－4 所示的单脉冲发生器，无论 I0.5 的接通时间长短如何，输出 Q1.0 的脉冲宽度都等于定时器 T35 设定的时间。

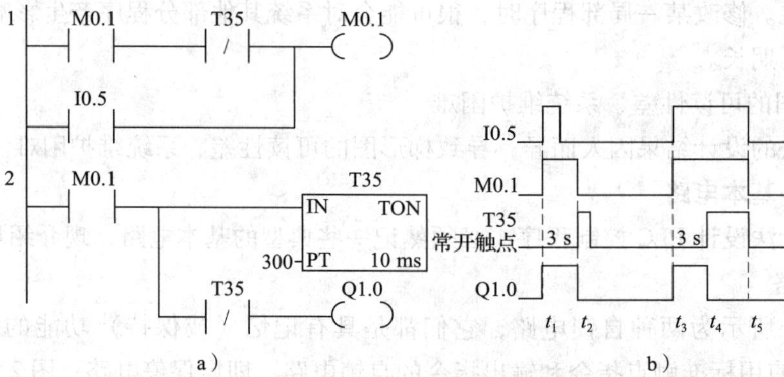

图 2－5－4　单脉冲发生器

a）梯形图　b）时序图

在 t_1 时刻，输入一个窄脉冲信号 I0.5，线圈 M0.1 和 Q1.0 得电，同时定时器 T35 开始计时；之后虽然输入 I0.5 断开，但由于 M0.1 常开触点的自锁作用，计时器 T35 继续计时，线圈 Q1.0 持续得电；在 t_2 时刻，T35 达到 3 s 的预设值，T35 常闭触点断开，线圈 Q1.0 和 M0.1 断电，M0.1 的常开触点断开，T35 复位。在 t_3 时刻，输入一个时长大于 3 s 的脉冲信号，由于 T35 常闭触点的作用，输出脉冲的时长仍然为 3 s；该宽脉冲使线圈 M0.1 在 t_4 时刻无法断电，而是到 t_5 时刻即 I0.5 断开时才断电。因此，Q1.0 输出脉冲的宽度取决于 T35 的预设值，而与输入脉冲的宽度无关。

（2）连续脉冲发生器

图 2－5－5 所示程序是一个周期和占空比可调的连续脉冲发生器，实际上就是一种用定时器设计的振荡电路。连续脉冲发生器可以用来驱动需要闪烁的指示灯，常用于报警、娱乐

等场合。

在图 2－5－5a 中，I0.0 的常开触点接通后，T37 的使能输入端（IN）为 ON，T37 开始计时。2 s 后定时时间到，T37 的常开触点接通，线圈 Q0.0 得电，同时 T38 开始计时。3 s 后 T38 的定时时间到，其常闭触点断开，T37 因为使能输入电路断开而被复位。T37 的常开触点断开，线圈 Q0.0 断电，同时 T38 因为使能输入电路断开而被复位。T38 复位后其常闭触点恢复接通，PLC 进入下一扫描周期，T37 又开始计时。以后线圈 Q0.0 将这样周期性地得电和断电，直到 I0.0 的常开触点断开。线圈 Q0.0 得电和断电的时间分别等于 T38 和 T37 的预设值。

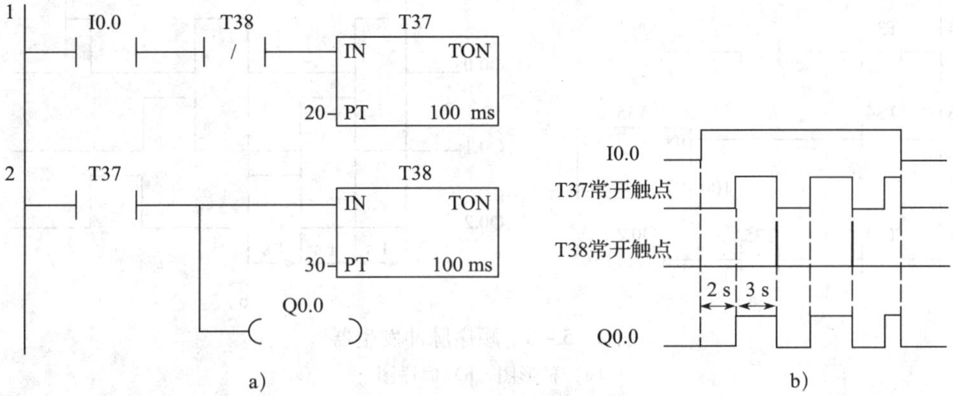

图 2－5－5　连续脉冲发生器

a）梯形图　b）时序图

特殊辅助继电器 SM0.5 的常开触点也提供周期为 1 s、占空比为 0.5 的连续脉冲信号，同样可以用来驱动需要闪烁的指示灯。

（3）顺序脉冲发生器

图 2－5－6 所示为使用 3 个定时器的顺序脉冲发生器。调节定时器 T33、T34 和 T35 的预设值，就可以改变各组输出脉冲的宽度。

当输入信号 I1.1 接通时，T33 开始计时，同时线圈 Q0.0 接通；当 T33 计时到 1 s 时，T33 常闭触点断开，线圈 Q0.0 断电，T33 常开触点闭合，T34 开始计时，线圈 Q0.1 接通；当 T34 计时到 1 s 时，T34 常闭触点断开，线圈 Q0.1 断电，T34 常开触点闭合，T35 开始计时，线圈 Q0.2 接通；当 T35 计时到 1 s 时，T35 常闭触点断开，线圈 Q0.2 断电，同时计时器 T33 复位；T33 常开触点断开，计时器 T34 复位；T34 常开触点断开，计时器 T35 复位。在下一个扫描周期，如果输入信号 I1.1 继续保持接通，则重复上述过程。当输入信号 I1.1 断开时，所有的定时器同时复位，输出线圈全部断电。

4. 长延时电路

（1）使用特殊辅助继电器和计数器的长延时电路

S7－200 SMART 系列 PLC 定时器的最长定时时间为 3 276.7 s，如果需要更长的定时时间，可以使用图 2－5－7 所示的由特殊辅助继电器和计数器组成的长延时电路。

图中的定时时间为 60 min（1 h）。周期为 1 min 的时钟脉冲 SM0.4 的常开触点为增计数器 C0 提供计数脉冲输入。当 I0.1 由 OFF 变为 ON 时，C0 的复位解除，C0 开始计数。

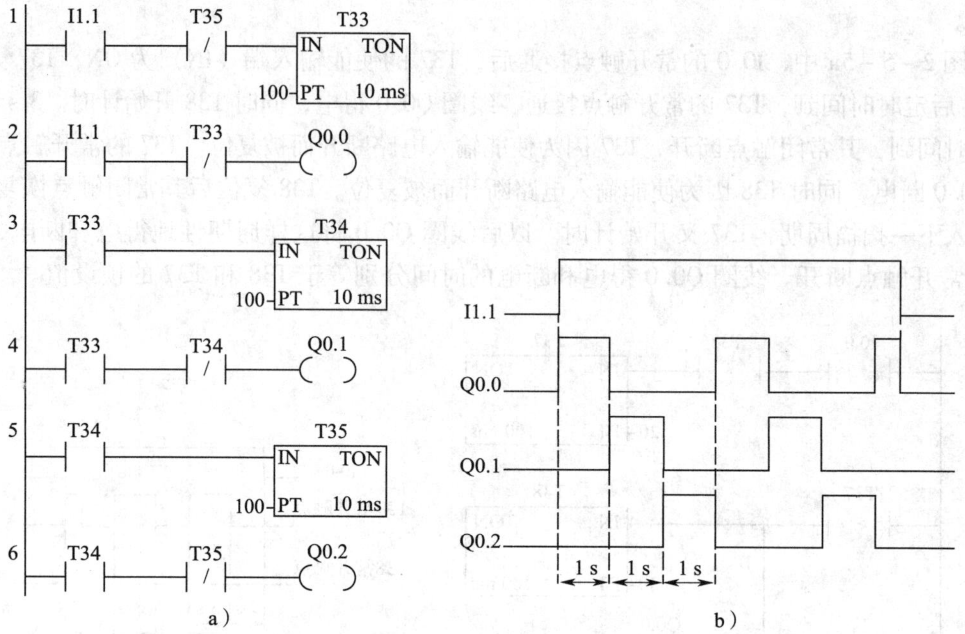

图 2－5－6　顺序脉冲发生器

a）梯形图　b）时序图

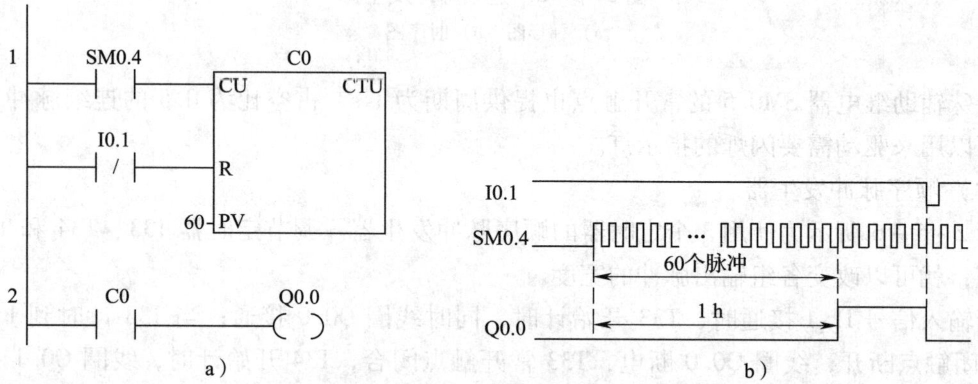

图 2－5－7　特殊辅助继电器和计数器组成的长延时电路

a）梯形图　b）时序图

试一试

用特殊辅助继电器和计数器实现 30 天定时程序。

（2）使用定时器和计数器的长延时电路

图 2－5－8 所示为定时器 T37 和增计数器 C0 组成的长延时电路。当 I0.0 为 OFF 时，T37 和 C0 处于复位状态；当 I0.0 为 ON 时，其常开触点接通，T37 开始计时，3 000 s 后 T37 的定时时间到，其常开触点闭合，C0 计数一次；T37 的常闭触点断开，T37 复位，当前值变为 0。下一扫描周期开始后 T37 的常闭触点接通，定时器再次开始计时。

该程序中，T37 的常开触点每隔 3 000 s 接通一次，计数器 C0 的当前值加 1。当 C0 的当前值增加到 12 000 时，C0 的常开触点接通，线圈 Q0.0 得电。从 I0.0 接通到线圈 Q0.0 得电的时间间隔为 10 000 h（12 000 × 3 000 s = 36 000 000 s），这样就增加了延时时间。

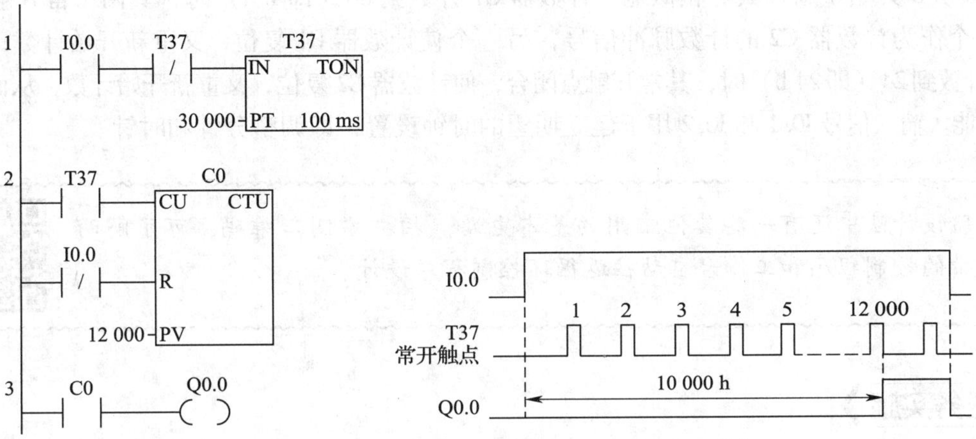

图 2－5－8　定时器和计数器组成的长延时电路

a）梯形图　b）时序图

5. 高精度时钟电路

高精度时钟电路如图 2－5－9 所示，由特殊辅助继电器和计数器组成。

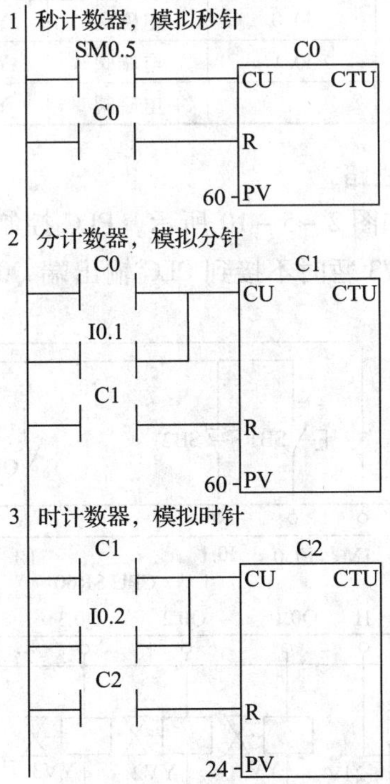

图 2－5－9　高精度时钟电路

特殊辅助继电器 SM0.5 作为秒脉冲发生器，用于产生计数器 C0 的计数脉冲信号。当计数器 C0 的计数累计值达到预设值 60（即 1 min）时计数器位置 1，C0 的常开触点闭合，该信号将作为计数器 C1 的计数脉冲信号；计数器 C0 的另一常开触点使计数器 C0 复位后，计数器 C0 从 0 开始重新计数。相似地，计数器 C1 计数到 60（即 1 h）时，其两个常开触点闭合，一个作为计数器 C2 的计数脉冲信号，另一个使计数器 C1 复位，又重新开始计数；计数器 C2 计数到 24（即 24 h）时，其常开触点闭合，使计数器 C2 复位，又重新开始计数，从而实现时钟功能。输入信号 I0.1 和 I0.2 用于建立期望的时钟设置，即调整分针和时针。

经验设计法中还有一些其他常用的基本电路。扫描右侧二维码，可了解两条运输带的控制程序和工作台自动往返循环控制程序设计。

任务实施

一、分配 I/O 地址

I/O 地址分配见表 2-5-2。

表 2-5-2　I/O 地址分配

输入				输出			
输入设备	文字符号	作用	输入继电器	输出设备	文字符号	作用	输出继电器
启动按钮	SB1	启动	I0.0	电磁阀	YV1	A 组喷头电磁阀	Q0.1
停止按钮	SB2	停止	I0.1	电磁阀	YV2	B 组喷头电磁阀	Q0.2
				电磁阀	YV3	C 组喷头电磁阀	Q0.3

二、绘制并安装 PLC 控制线路

花式喷泉 PLC 控制线路图如图 2-5-10 所示，PLC 控制接线图请读者自行绘制。安装接线时，电磁阀 YV1、YV2、YV3 暂时不接到 PLC 输出端 Q0.1、Q0.2、Q0.3，待模拟调试程序通过后再连接。

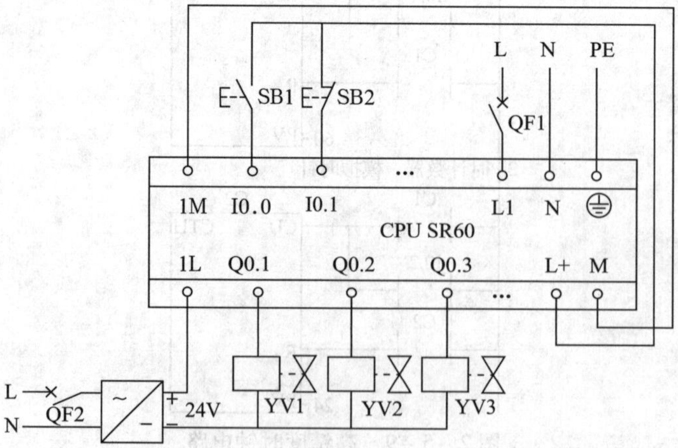

图 2-5-10　花式喷泉 PLC 控制线路图

三、设计梯形图程序

编辑符号表，如图 2 – 5 – 11 所示。

符号表

		符号	地址	注释
1		启动按钮SB1	I0.0	常开按钮
2		停止按钮SB2	I0.1	常闭按钮
3		电磁阀YV1	Q0.1	A组喷头电磁阀
4		电磁阀YV2	Q0.2	B组喷头电磁阀
5		电磁阀YV3	Q0.3	C组喷头电磁阀

表格1　POU Symbols

图 2 – 5 – 11　符号表

分析本任务的控制要求可知，花式喷泉控制系统是一个长时限（工作时间为早上 8：00 至晚上 11：00）的带延时的顺序控制（三组喷头按一定的顺序延时工作）系统。另外，该系统还要求具有手动启动/停止控制功能和自动启动/停止控制功能。根据对上述控制要求的分析，花式喷泉控制系统可以划分为长时限控制、手动启动/停止控制、自动启动/停止控制和顺序脉冲发生器四个模块。

1. 长时限控制程序

可以使用秒时钟脉冲 SM0.5 和计数器配合实现 24 h 及 15 h 定时的长时限控制程序，如图 2 – 5 – 12 所示。

2. 手动启动/停止控制程序

按下启动按钮 SB1 后，花式喷泉中 A、B、C 三组喷头电磁阀才开始工作，且按照图 2 – 5 – 1c 所示的三路顺序脉冲时序图工作。因此，可以设计图 2 – 5 – 13 所示的手动启动/停止控制程序。

3. 自动启动/停止控制程序

花式喷泉 A、B、C 三组喷头每天只工作 15 h（早上 8：00 到晚上 11：00 工作，晚上 11：00 到第二天早上 8：00 停止工作），且每经过 24 h 即自动启动/停止，控制程序如图 2 – 5 – 14 所示。

4. 顺序脉冲发生器

使用定时器 T37 ~ T42 组成 A、B、C 三组顺序脉冲发生器，如图 2 – 5 – 15 所示。

5. 整体的梯形图程序

对上述四个控制程序进行组合，其中手动启动/停止控制程序和自动启动/停止控制程序优化合并为一个程序段，即得到花式喷泉 PLC 控制系统整体的梯形图程序，如图 2 – 5 – 16 所示。

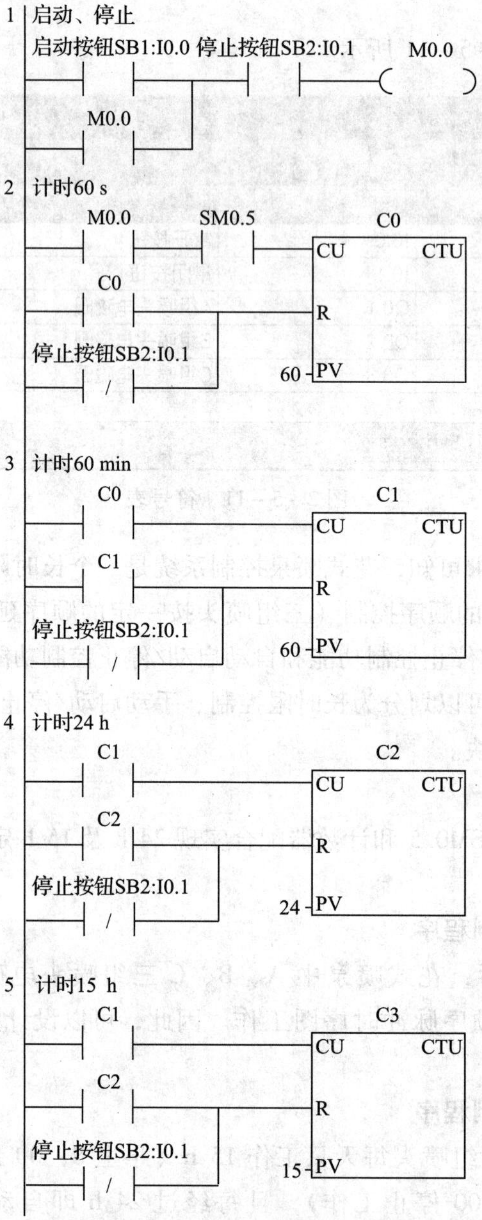

图 2－5－12　24 h 及 15 h 定时控制程序

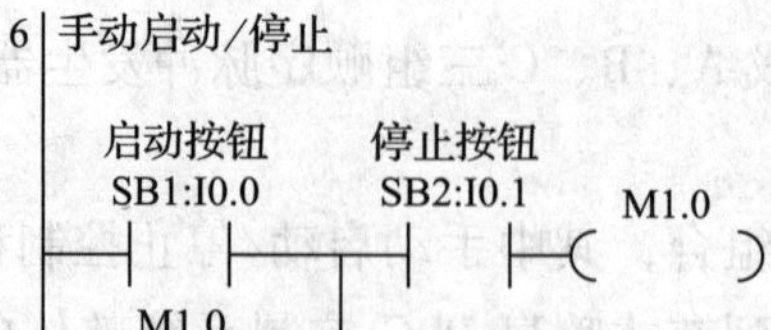

图 2－5－13　手动启动/停止控制程序

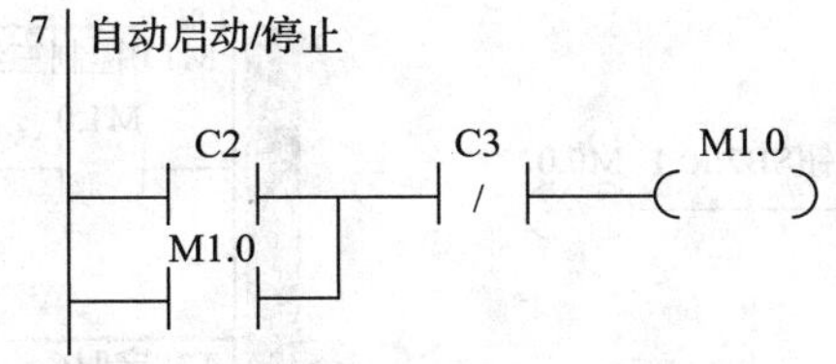

图 2-5-14 自动启动/停止控制程序

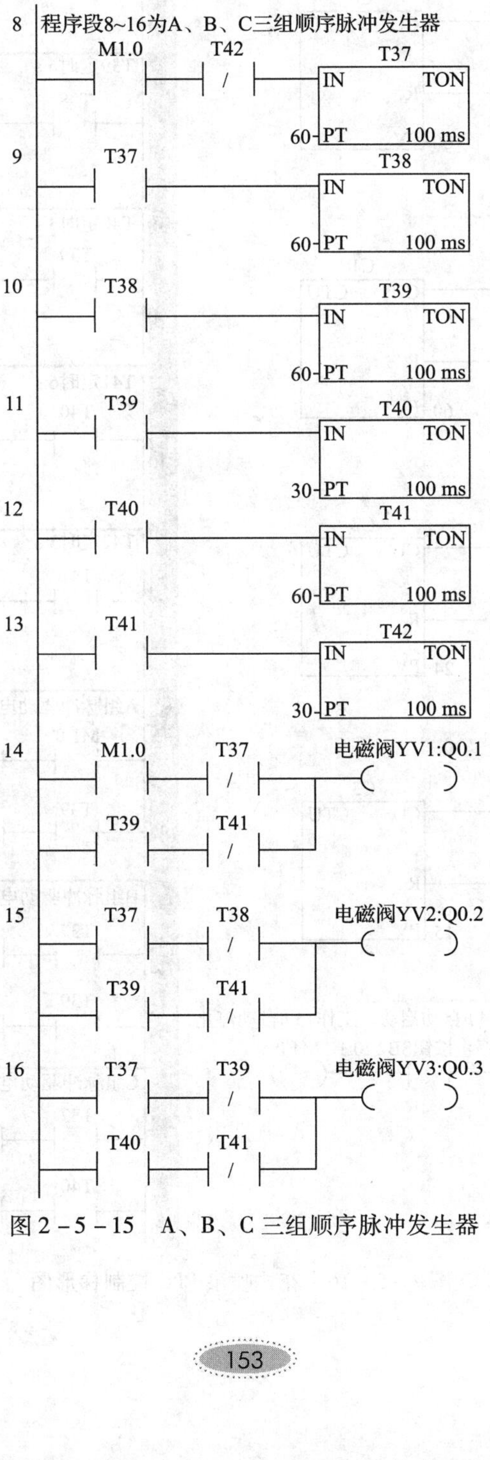

图 2-5-15 A、B、C 三组顺序脉冲发生器

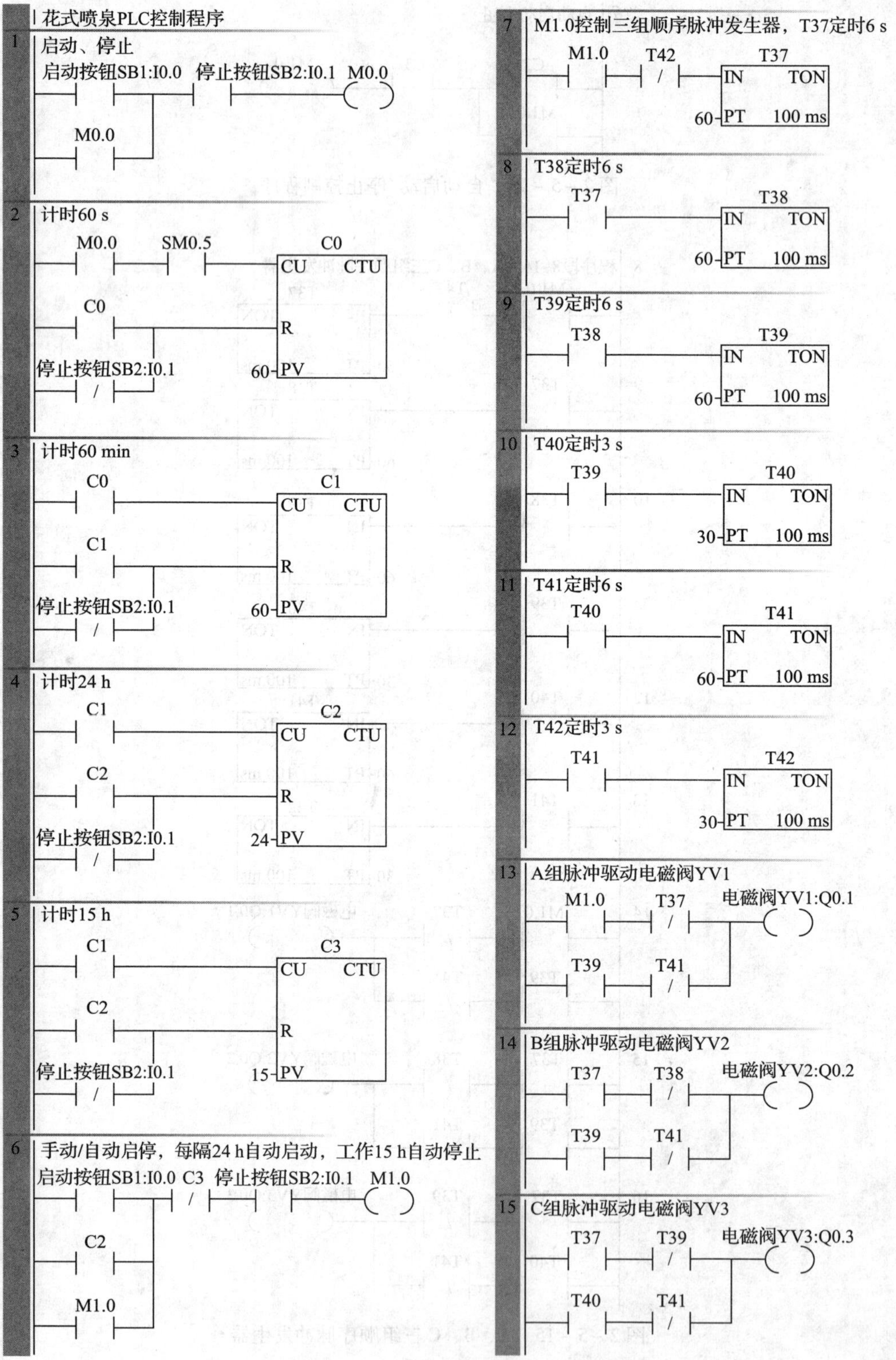

图 2-5-16　花式喷泉 PLC 控制梯形图

STEP 7 – Micro/WIN SMART 软件有强大的密码保护功能。扫描右侧二维码，可了解利用系统块的“安全”节点设置 CPU 密码的方法。

四、模拟调试

按照 PLC 用户程序模拟调试的方法，进行程序状态监控或状态图表监控的模拟调试。

本任务中，早上 8：00 至晚上 11：00，喷头处于工作状态；晚上 11：00 至早上 8：00，喷头处于停止状态。由于延时时间过长，模拟调试时可将 60 s 时钟 C0、60 min 时钟 C1、24 h 时钟 C2 及 15 h 时钟 C3 的预设值分别减少为 6、6、3、2，以方便监控运行。待模拟调试结束后再还原它们的实际预设值。

进行语句表的程序状态监控和调试时，4 个计数器当前值的变化情况如图 2 – 5 – 17 所示。

2　计时60 s

		操作数 1	操作数 2	操作数 3	0123	中
LD	M0.0	ON			1100	1
A	SM0.5	OFF			0100	0
LD	C0	OFF			0010	0
ON	停止按钮SB2:I0.1	ON			0010	0
CTU	C0, +6	+2	+6		0010	0

3　计时60 min

		操作数 1	操作数 2	操作数 3	0123	中
LD	C0	OFF			0001	0
LD	C1	OFF			0000	0
ON	停止按钮SB2:I0.1	ON			0000	0
CTU	C1, +6	+4	+6		0000	0

4　计时24 h

		操作数 1	操作数 2	操作数 3	0123	中
LD	C1	OFF			0000	0
LD	C2	OFF			0000	0
ON	停止按钮SB2:I0.1	ON			0000	0
CTU	C2, +3	+1	+3		0000	0

5　计时15 h

		操作数 1	操作数 2	操作数 3	0123	中
LD	C1	OFF			0000	0
LD	C2	OFF			0000	0
ON	停止按钮SB2:I0.1	ON			0000	0
CTU	C3, +2	+1	+2		0000	0

图 2 – 5 – 17　语句表的程序状态监控

利用状态图表监控时，Q0.1、Q0.2 和 Q0.3 驱动的三个电磁阀的工作趋势视图如图 2 – 5 – 18 所示，与图 2 – 5 – 1c 所示的时序图一致。

五、联机调试

模拟调试成功后，接上实际的负载，按照表 2 – 5 – 3 的步骤进行联机调试，同时注意观察和记录。

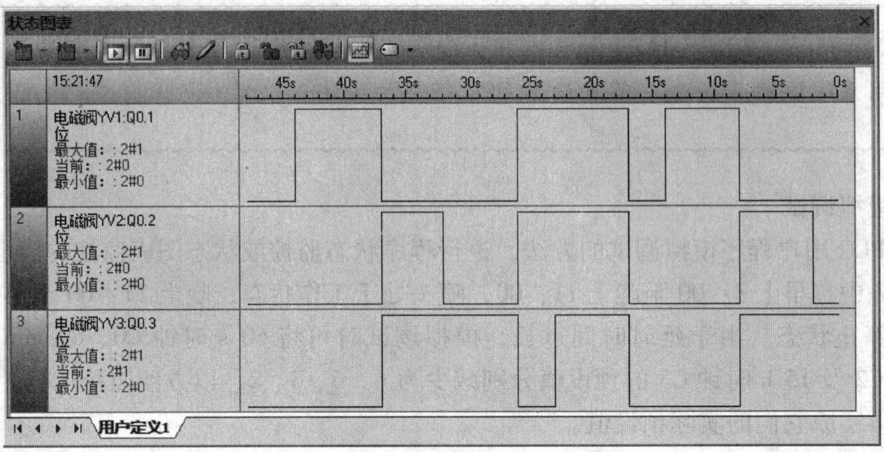

图 2－5－18　状态图表的趋势视图

表 2－5－3　　联机调试记录表

步骤	操作内容	观察内容	观察结果
1	合上电源开关 QF1 和 QF2	以太网状态指示灯、CPU 状态指示灯和 I/O 状态指示灯的状态	
2	通过编程软件，将 PLC 置于 RUN 模式		
3	按下启动按钮 SB1	I/O 状态指示灯的状态及电磁阀 YV1～YV3 的得电情况	
4	按下停止按钮 SB2		
5	通过编程软件，将 PLC 置于 STOP 模式	CPU 状态指示灯和 I/O 状态指示灯的状态	
6	关断电源开关 QF1 和 QF2		

任务测评

参考表 1－3－10 进行任务测评。

课题三 顺序控制设计法及顺序控制继电器指令应用

任务1 液压动力滑台 PLC 控制

学习目标

1. 了解顺序控制系统的概念，掌握顺序控制设计法的步骤。
2. 熟悉顺序功能图的组成要素和结构形式，掌握顺序功能图的绘制方法。
3. 能运用启保停电路的编程方法，将步元件为 M 的顺序功能图改画为梯形图。
4. 能运用顺序控制设计法，根据系统控制要求绘制步元件为 M 的顺序功能图，并运用启保停电路的编程方法设计 PLC 顺序控制系统。

任务引入

液压动力滑台是组合机床用来实现进给运动的通用部件，在组合机床中已得到广泛应用。图 3－1－1 所示为液压动力滑台实物图和进给运动示意图。

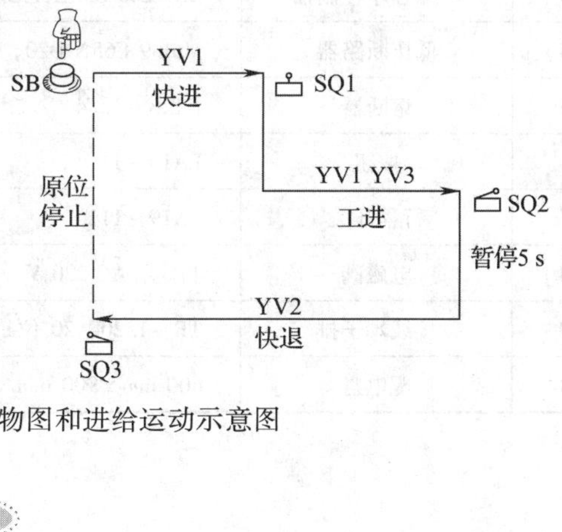

图 3－1－1　液压动力滑台实物图和进给运动示意图

本任务要求运用顺序控制设计法，根据系统控制要求绘制步元件为辅助继电器 M 的顺序功能图，并运用启保停电路的编程方法，完成液压动力滑台 PLC 控制系统的设计、安装和调试。控制要求如下：

1. 假设液压动力滑台处于初始状态时停在左边，限位开关 SQ3 被压合。按下启动按钮 SB 后，电磁阀 YV1 通电，液压动力滑台向右快速进给（简称快进）；碰到限位开关 SQ1 后，电磁阀 YV1 和 YV3 通电，变为工作进给（简称工进）；碰到限位开关 SQ2 后，暂停 5 s；5 s 后电磁阀 YV2 通电，电磁阀 YV1、YV3 断电，工作台快速退回（简称快退），返回初始位置后停止运动，完成一个工作周期。电磁阀线圈动作状态见表 3－1－1。

表 3－1－1　　电磁阀线圈动作状态

电磁阀	YV1	YV2	YV3
原位	－	－	－
快进	＋	－	－
工进	＋	－	＋
快退	－	＋	－

注：“＋”表示电磁阀线圈得电，“－”表示电磁阀线圈断电。

2. 具有短路保护等必要的保护措施。

分析上述控制要求可知，液压动力滑台控制系统是在每个输入信号的作用下，按照其工作状态和时间的顺序，自动而有序地进行工作。像这样的顺序控制系统，可以使用前面学过的 PLC 经验设计法来设计，还可以使用一种专门针对顺序控制系统的设计方法——顺序控制设计法来设计。如果顺序控制系统的控制要求比较复杂，顺序控制设计法会比经验设计法更有优越性。

实施本任务所使用的实训设备可参考表 3－1－2。

表 3－1－2　　实训设备清单

序号	设备名称	型号及规格	数量	单位	备注
1	微型计算机	带 STEP 7－Micro/WIN SMART 软件	1	台	
2	编程电缆	以太网电缆或 USB－PPI 电缆	1	条	
3	可编程序控制器	S7－200 SMART CPU SR60	1	台	配 C45 导轨
4	低压断路器	Multi9 C65N D20，单极	2	个	
5	熔断器	RT28－32/4	1	个	
6	按钮	LA19－11	1	个	绿色
7	行程开关	LX19－111	3	个	
8	电磁阀	自定，AC 220 V	3	个	
9	接线端子排	TB－1520，20 位	1	条	
10	配电盘	600 mm×900 mm	1	块	

相关知识

一、顺序控制设计法

所谓顺序控制，就是按照生产工艺要求，在各个输入信号的作用下，根据内部的状态和时间的顺序，控制生产过程中各个执行机构自动而有序地进行工作。如果一个控制系统可以分解成几个独立的控制动作，且这些动作必须严格按照一定的先后次序执行才能保证生产活动的正常进行，那么这个系统就称为顺序控制系统，也称为步进控制系统。针对顺序控制系统，有一种专门的程序设计方法，称为顺序控制设计法。使用顺序控制设计法时，首先根据系统的工艺过程，画出顺序功能图（sequential function chart，SFC），然后根据顺序功能图画出梯形图。顺序控制设计法是一种先进的设计方法，很容易被初学者接受，对于有经验的工程师，也会提高设计效率，且程序的调试、修改和阅读也很方便。

运用顺序控制设计法设计 PLC 顺序控制梯形图程序，主要有划分工作步、确定转换条件、绘制顺序功能图和设计梯形图四个步骤。

1. 划分工作步

顺序控制设计法最基本的思想是将系统的一个工作周期划分为若干个顺序相连的阶段，这些阶段称为步（step），并用编程元件（如辅助继电器 M 或顺序控制继电器 S）来代表各步。一般情况下，步是根据输出量的状态变化来划分的，在任何一步之内，各输出量的 ON/OFF 状态不变，但是相邻两步输出量总的状态是不同的，如图 3-1-2 所示。这种划分步的方法使代表各步的编程元件的状态与各输出量的状态之间有着极为简单的逻辑关系。

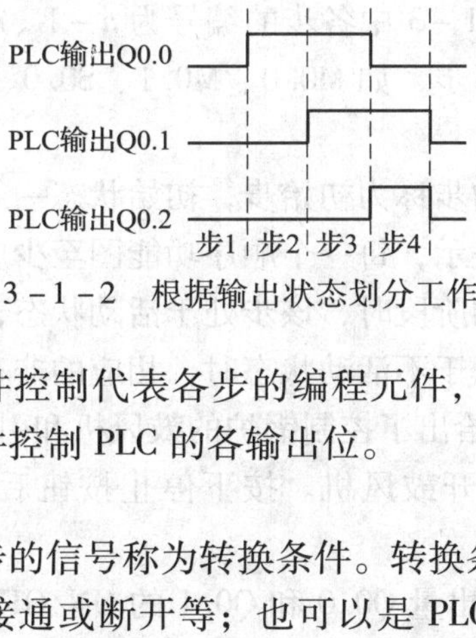

图 3-1-2　根据输出状态划分工作步

顺序控制设计法用转换条件控制代表各步的编程元件，让它们的状态按规定的顺序变化，然后用代表各步的编程元件控制 PLC 的各输出位。

2. 确定转换条件

使系统由当前步进入下一步的信号称为转换条件。转换条件可以是外部的输入信号，如按钮、指令开关、限位开关的接通或断开等；也可以是 PLC 内部产生的信号，如定时器、计数器常开触点（或常闭触点）的接通（或断开）等；还可以是若干个信号的与、或、非逻辑组合。

3. 绘制顺序功能图

绘制顺序功能图是顺序控制设计法中最为关键的一步。顺序功能图又称为功能表图或状态转移图，它是描述控制系统的控制过程、功能和特性的一种图形，是设计 PLC 顺序控制程序的有力工具。顺序功能图并不涉及所描述控制功能的具体技术，它是一种通用的技术语言，可用于进一步与不同专业人员进行技术交流。

国际电工委员会颁布的 PLC 编程语言标准（IEC 61131－3）没有将顺序功能图（SFC）单独列为编程语言的一种，而是将它在公用元素中予以规范。也就是说，不论在文本化语言中还是在图形化语言中，都可以运用 SFC 的概念、句法和语法。因此，在目前使用的编程语言中，既可以在梯形图中使用 SFC，也可以在指令表中使用 SFC。

图 3－1－3 所示为顺序功能图的一般形式，它主要由步、有向连线、转换、转换条件和动作（或命令）组成。

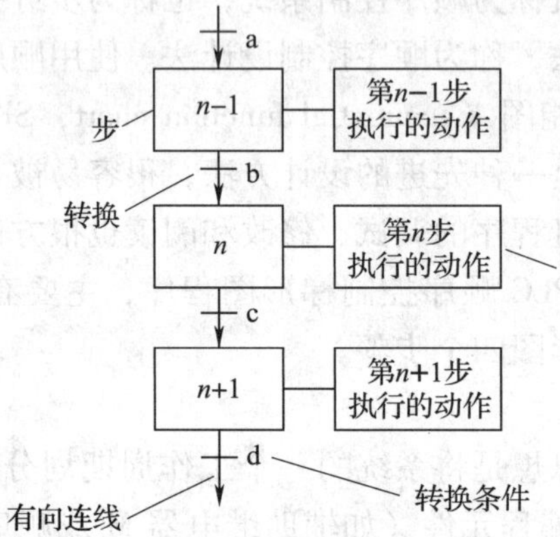

图 3－1－3　顺序功能图的一般形式

（1）步

步是根据输出量的状态变化来划分的。在顺序功能图中用矩形方框表示步，方框中可以用数字表示该步的编号，图 3－1－3 中各步的编号为 $n-1$、n、$n+1$。编程时一般用 PLC 内部编程元件（M 或 S）来代表各步，如 M0.0、M0.1、S0.0、S0.1 等，这样在根据顺序功能图设计梯形图时较为方便。

与系统的初始状态相对应的步称为初始步，初始状态一般是系统等待启动命令的相对静止的状态。初始步用双线方框表示，每一个顺序功能图至少应该有一个初始步。

当系统正处于某一步所在的阶段时，该步处于活动状态，称该步为活动步。步处于活动状态时，相应的动作被执行；处于不活动状态时，相应的非存储型动作被停止执行。

图 3－1－4a 所示的时序图给出了控制锅炉的鼓风机和引风机的要求。按下启动按钮后，应先开引风机，延时 12 s 后再开鼓风机。按下停止按钮后，应先停鼓风机，10 s 后再停引风机。

根据图 3－1－4a 中 PLC 输出量 Q0.0 和 Q0.1 的 ON/OFF 状态的变化，可以将一个工作周期划分为三步，分别用 M0.1、M0.2、M0.3 来代表，控制引风机的 Q0.0 在步 M0.1～M0.3 中都应为 ON。另外还应设置一个等待启动的初始步 M0.0，该系统的顺序功能图如图 3－1－4b 所示。

（2）与步对应的动作（或命令）

可以将一个控制系统划分为被控系统和施控系统。例如，在数控车床系统中，数控装置是施控系统，而车床是被控系统。对于被控系统，在某一步中要完成某些“动作”；对于施控系统，在某一步中则要向被控系统发出某些“命令”。为了叙述方便，下面将动作和命令

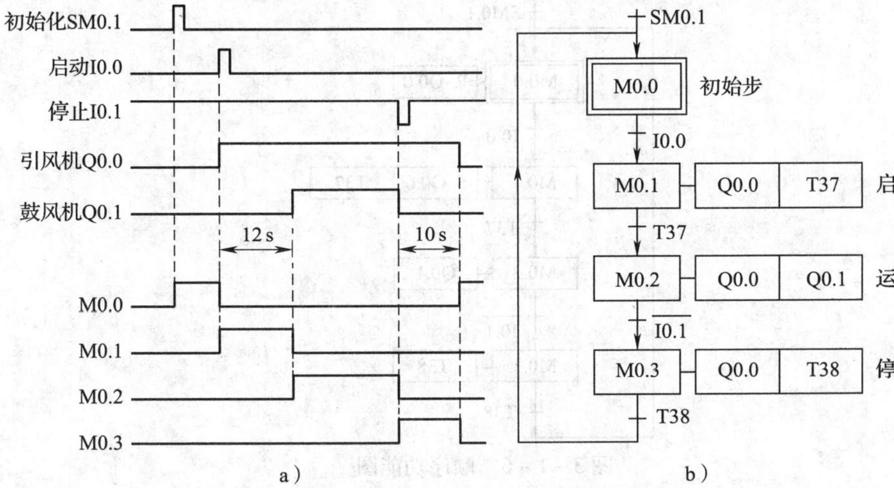

图 3－1－4　时序图和顺序功能图

a）时序图　b）顺序功能图

统称为动作，并用矩形框中的文字或符号表示，该矩形框应与相应步的矩形框相连接。

如果某一步有多个动作，可以用图 3－1－5 中的两种画法来表示，但是并不代表这些动作之间的任何顺序。

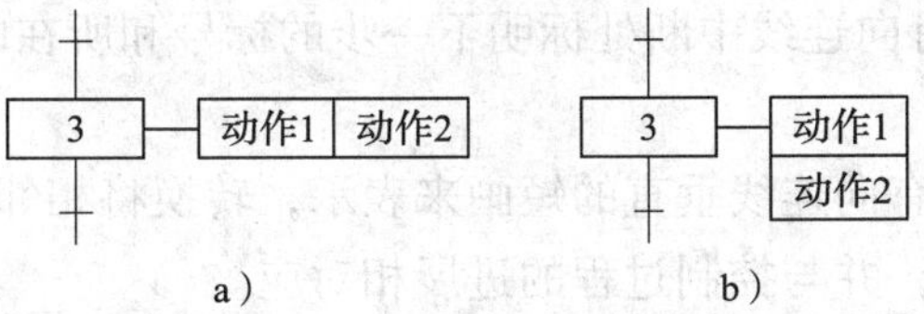

图 3－1－5　多个动作的表示方法

a）画法一　b）画法二

说明动作的语句应清楚地表明该动作是存储型还是非存储型。图 3－1－4 中的 Q0.1 为非存储型动作，当步 M0.2 为活动步时，动作 Q0.1 为 ON；当步 M0.2 为不活动步时，动作 Q0.1 为 OFF。步 M0.2 与它的非存储型动作 Q0.1 的波形完全相同。

由图 3－1－4a 可知，T37 在步 M0.1 为活动步时计时，T37 的 IN 输入（使能输入）为 ON。从这个意义上来说，T37 的 IN 输入相当于步 M0.1 的一个非存储型动作，所以将 T37 放在步 M0.1 的动作框内。

图 3－1－4 中的动作 Q0.0 在连续的三步中都应为 ON，因此可以在顺序功能图中用置位指令 S 将它在应为 ON 的第一步 M0.1 置位，用复位指令 R 将它在应为 ON 的最后一步 M0.3 的下一步 M0.0 复位为 OFF，如图 3－1－6 所示。这种动作是存储型动作，在程序中可以用置位、复位指令来实现对 Q0.0 的控制。

（3）有向连线

在顺序功能图中，随着时间的推移和转换条件的实现，步的活动状态会产生进展，这种进展按有向连线规定的路线和方向进行。在画顺序功能图时，将代表各步的方框按它们成为

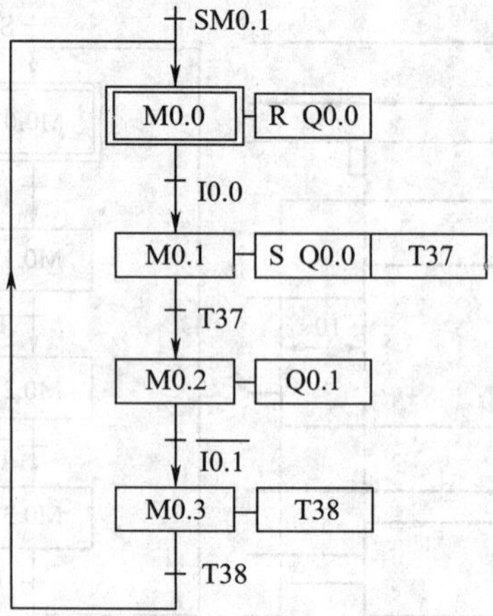

图 3－1－6　顺序功能图

活动步的先后次序排列，并用有向连线将它们连接起来。步的活动状态习惯的进展方向是从上到下或从左至右，这两个方向有向连线上的箭头可以省略。如果不是上述方向，应在有向连线上用箭头注明进展方向。在可以省略箭头的有向连线上，为了更易于理解也可以加箭头。

如果在画顺序功能图时有向连线必须中断（如顺序功能图较复杂或用几个图来表示一个顺序功能图时），应在有向连线中断处标明下一步的标号和所在的页数，如步 41、18 页。

（4）转换和转换条件

转换用有向连线上与有向连线垂直的短画来表示，转换将相邻两步分隔开。状态的进展是由转换的实现来完成的，并与控制过程的进展相对应。

转换条件是与转换相关的逻辑命题，转换条件可以用文字语言、图形符号、逻辑符号或布尔代数表达式标注在表示转换的短画旁边，如图 3－1－7 所示。最常使用的转换条件是布尔代数表达式。

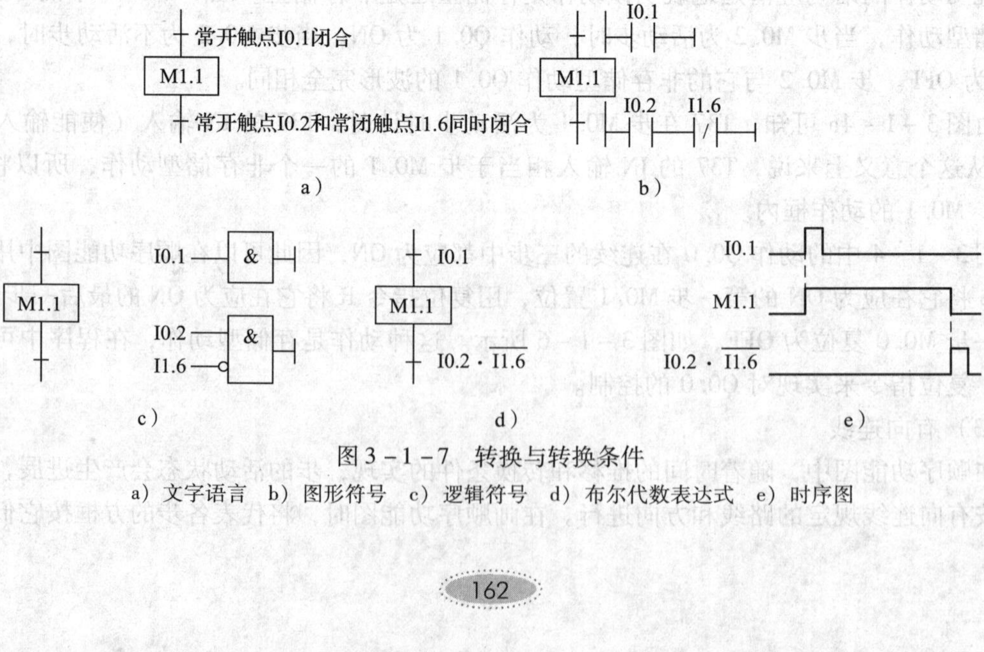

图 3－1－7　转换与转换条件

a）文字语言　b）图形符号　c）逻辑符号　d）布尔代数表达式　e）时序图

图3-1-7e中用高电平表示步M1.1为活动步，反之则用低电平表示。转换条件 $I0.2\cdot\overline{I1.6}$ 表示I0.2的常开触点与I1.6的常闭触点同时闭合，在梯形图中则用这两个触点的串联来表示这样一个“与”逻辑关系。

图3-1-4中的启动按钮的常开触点I0.0、停止按钮的常闭触点I0.1、定时器延时接通的常开触点是各步之间的转换条件。转换条件I0.0表示当输入信号I0.0为ON时转换实现，转换条件 $\overline{I0.1}$ 表示当输入信号I0.1为OFF时转换实现。图中有两个T37，但它们的意义完全不同。与步M0.1对应的方框相连的动作框中的T37表示T37的IN输入应在步M0.1为活动步时为ON，在梯形图中，T37的方框与线圈Q0.0并联。转换条件T37对应于T37延时接通的常开触点，它是步M0.1和M0.2之间的转换条件。

在顺序功能图中，只有当某一步的前级步是活动步时，该步才有可能变成活动步。如果用没有断电保持功能的编程元件来代表各步，当进入RUN模式时，它们均处于OFF状态。必须在开机时接通一个扫描周期的SM0.1的常开触点作为转换条件，将初始步M0.0预置为活动步（见图3-1-4），否则因为顺序功能图中没有活动步，系统将无法工作。

注意

绘制顺序功能图的注意事项如下：

（1）两个步绝对不能直接相连，必须用一个转换将它们分隔开。

（2）两个转换也不能直接相连，必须用一个步将它们分隔开。

（3）顺序功能图中的初始步一般对应于系统等待启动的初始状态，这一步可能没有输出处于ON状态，因此很容易被遗漏。要注意初始步是必不可少的，一方面因为该步与相邻步的输出变量的状态不同；另一方面如果没有该步，就不能表示初始状态，系统也不能返回等待启动的停止状态。

（4）自动控制系统应能多次重复执行同一个工艺过程，因此在顺序功能图中一般应有由步和有向连线组成的闭环，即在完成一次工艺过程的全部操作之后，应从最后一步返回初始步，系统停留在初始状态，即所谓的单周期操作（见图3-1-4b）；而在连续循环工作方式中，应从最后一步返回到下一工作周期开始运行的第一步。

4. 设计梯形图

根据顺序功能图，按照某种编程方法画出梯形图。如果PLC支持顺序功能图语言，则可直接使用该顺序功能图作为最终程序。由于S7-200 SMART系列PLC编程软件不支持顺序功能图语言，因此在运用顺序控制设计法设计程序时需要将顺序功能图转换为梯形图程序。

根据系统的顺序功能图设计梯形图的方法有：使用启保停电路（通用逻辑指令）的编程方法、使用置位/复位指令（以转换为中心）的编程方法和使用顺序控制继电器指令的编程方法，用户可以自行选择上述任意一种编程方法将顺序功能图转换为梯形图。

顺序控制设计法与经验设计法的思路和方法不同，当设计顺序控制系统时，顺序控制设计法无疑更占优势。扫描右侧二维码，可了解顺序控制设计法与经验设计法的区别。

二、顺序功能图的结构形式

根据步与步之间转换情况的不同，顺序功能图有三种不同的基本结构形式：单序列、选择序列和并行序列，如图 3－1－8 所示。在基本结构形式的基础上，顺序功能图还有跳转、重复和循环序列以及子步等结构形式。

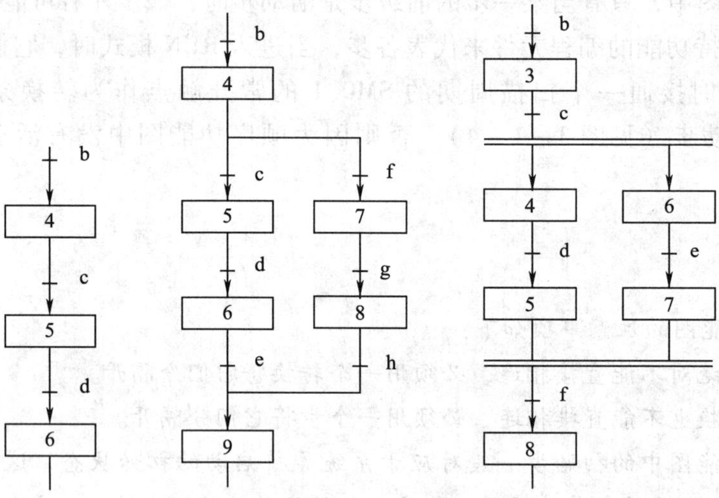

图 3－1－8　顺序功能图的基本结构形式
a）单序列　b）选择序列　c）并行序列

1. 单序列

如图 3－1－8a 所示，单序列结构形式没有分支，它由一系列按顺序排列并相继激活的步组成。每一步的后面只有一个转换，每一个转换的后面只有一步。当上一步为活动步且转换条件满足时，下一步被激活，同时上一步变成不活动步。

2. 选择序列

如图 3－1－8b 所示，选择序列结构形式有分支，在当前步执行完毕后有两个或两个以上的步可转移。

选择序列的开始称为分支，转换符号只能标在水平连线之下。在图 3－1－8b 中，步 4 之后有两个分支，这两个分支不能同时执行，只能选择其中的一个分支执行。例如，当步 4 为活动步且转换条件 c 满足时，则发生由步 4→步 5 的进展。当步 4 为活动步且转换条件 f 满足时，则发生由步 4→步 7 的进展。

选择序列的结束称为合并，几个选择序列合并为一个公共序列时，用与需要重新组合的序列相同数量的转换符号和水平连线来表示，转换符号只允许标在水平连线之上。在

图3－1－8b中，当步6为活动步且转换条件e满足时，则发生由步6→步9的进展。当步8为活动步且转换条件h满足时，则发生由步8→步9的进展。

3. 并行序列

并行序列用来表示系统的几个独立部分同时工作的情况。如图3－1－8c所示，并行序列结构形式也有分支，当转换条件满足时有两个或两个以上的步同时被激活。

并行序列的开始称为分支，当转换的实现导致几个序列同时被激活时，这些序列称为并行序列。如图3－1－8c所示，当步3为活动步且转换条件c满足时，步4和步6同时被激活，变为活动步，而步3变为不活动步。为了强调转换的同步实现，水平连线用双线表示。步4和步6被同时激活后，每个序列中活动步的进展将是独立的。在表示同步的水平双线之上，只允许有一个转换符号。

并行序列的结束也称为合并，在表示同步的水平双线之下，只允许有一个转换符号。在图3－1－8c中，当直接连在水平双线上的所有前级步，即并行序列各分支的最后一步（步5和步7）都为活动步，且转换条件f满足时，才会发生步5和步7到步8的进展，即步5和步7同时变为不活动步，而步8变为活动步。

4. 跳转、重复和循环序列

在实际系统中经常使用跳转、重复和循环序列，如图3－1－9所示。这些序列实际上都是选择序列的特殊形式。在图3－1－9a所示的跳转序列中，当步2为活动步时，若转换条件e满足，则跳过步3和步4，直接激活步5。在图3－1－9b所示的重复序列中，当步4为活动步时，若转换条件d不满足而e满足，则重新返回步3，重复执行步3和步4，直到转换条件d满足，才转入步5。在图3－1－9c所示的循环序列中，序列结束后，采用重复的方式，直接返回初始步0，实现序列的循环执行。

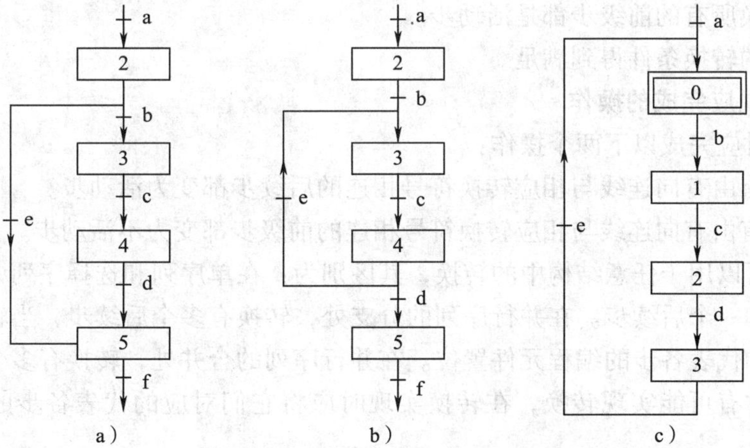

图3－1－9　跳转、重复和循环序列

a）跳转序列　b）重复序列　c）循环序列

5. 子步

如图3－1－10所示，某一步可以包含一系列子步和转换，这一序列表示整个系统中的一个完整的子系统或子功能。子步的使用使得系统的设计者在总体设计时能够抓住系统的主要矛盾，从而使用更加简洁的方式表示系统的整体功能和概貌，而不是一开始就陷入某些细节之中。设计者可以从对整个系统的全面描述开始，然后画出更详细的顺序功能图。子步中还可以包含更详细的子步，这使得设计方法的逻辑性很强，可以减少设计中的错误，缩短总体设计和查错所需要的时间。子步或子系统的设计思想是工程实践中的一种很有效的思维方式：任何简单的电路组合起来，都可以实现复杂的功能；任何复杂的电路或功能，都可以分解成一系列简单的电路或功能。

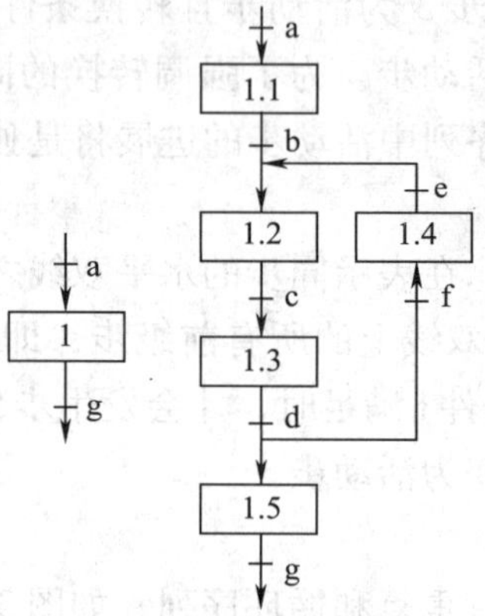

图 3－1－10　子步

三、顺序功能图中转换实现的基本规则

1. 转换实现的条件

在顺序功能图中，步的活动状态的进展是由转换的实现来完成的。转换的实现必须同时满足以下两个条件：

（1）该转换所有的前级步都是活动步。

（2）相应的转换条件得到满足。

2. 转换实现应完成的操作

转换实现时应完成以下两个操作：

（1）使所有由有向连线与相应转换符号相连的后续步都变为活动步。

（2）使所有由有向连线与相应转换符号相连的前级步都变为不活动步。

以上规则可以用于任意结构中的转换，其区别为：在单序列和选择序列中，一个转换仅有一个前级步和一个后续步。在并行序列的分支处，转换有多个后续步，当转换实现时应同时将它们对应的代表各步的编程元件置位。在并行序列的合并处，转换有多个前级步，它们均为活动步时才有可能实现转换，在转换实现时应将它们对应的代表各步的编程元件全部复位。

四、使用启保停电路的单序列顺序控制梯形图的编程方法

顺序控制设计法用转换条件控制代表各步的编程元件，让它们的状态按一定的顺序变化，然后用代表各步的编程元件控制可编程序控制器的各输出位。因此，可以利用启保停电路控制代表各步的编程元件，启动电路是前级步对应的辅助继电器的常开触点与相应转换条件对应的触点（或电路）串联，保持电路是当前步对应的辅助继电器的常开触点，停止电

路是后续步对应的辅助继电器的常闭触点，再用代表各步的编程元件去控制 PLC 的输出位，就可以设计出满足要求的梯形图。

概括地说，根据顺序功能图使用启保停电路的编程方法来设计梯形图，要从步的处理和输出电路两方面来考虑。

1. 步的处理

用辅助继电器 M 来代表步，当某一步为活动步时，对应的辅助继电器 M 为 ON 状态。当某一转换实现时，该转换的后续步变为活动步，前级步变为不活动步。由于很多转换条件都是短信号，即它存在的时间比它激活后续步为活动步所需要的时间短，因此，应使用有记忆（或保持）功能的电路（如启保停电路、由置位/复位指令等组成的电路）来控制代表步的辅助继电器 M。

设计启保停电路的关键是根据顺序功能图中转换实现的基本规则找出它的启动条件和停止条件。图 3－1－11 中的步 M_{i-1}、M_i 和 M_{i+1} 是顺序功能图中顺序连接的三步，I_i 是步 M_i 之前的转换条件。转换实现的条件是它的前级步为活动步，并且满足相应的转换条件，所以步 M_i 变为活动步的条件是它的前级步 M_{i-1} 为活动步，且转换条件 $I_i=1$。在启保停电路中，则应将前级步 M_{i-1} 和转换条件 I_i 对应的常开触点串联，作为控制 M_i 的启动电路。

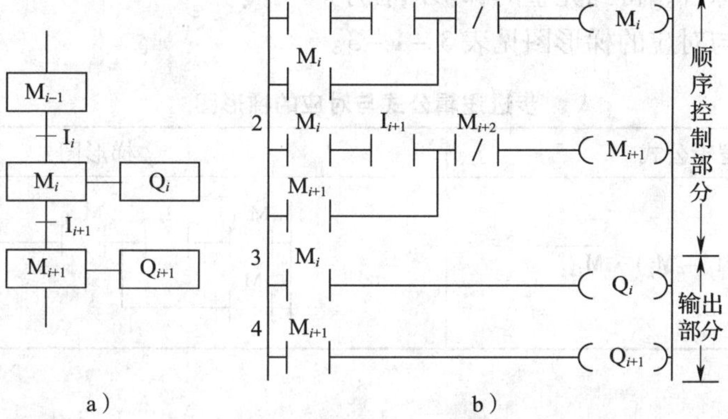

图 3－1－11　使用启保停电路的编程方法

a）顺序功能图　b）梯形图

当 M_i 和 I_{i+1} 均为 ON 状态时，步 M_{i+1} 变为活动步，这时步 M_i 应变为不活动步。因此，可以将 $M_{i+1}=1$ 作为使辅助继电器 M_i 变为 OFF 状态的条件，即将后续步 M_{i+1} 的常闭触点与 M_i 线圈串联，作为启保停电路的停止电路。

图 3－1－11 所示的梯形图也可以用步进逻辑公式法来设计。列出每个工作步的逻辑代数式后，再用启保停电路画出每个工作步的梯形图的设计方法称为步进逻辑公式法。步进逻辑公式法实际上就是逻辑设计法在 PLC 顺序控制系统中的应用。

步进逻辑公式法的使用方法如下：

（1）步进逻辑公式

对于比较复杂的生产工艺要求，每个工作步之间都存在着如下关系：每个工作步都随前一步行程开关的压合或按钮的按下（转换条件）而产生，都随后一步的出现而消失。假设 i

表示第 i 工作步（本步），$i-1$ 表示第 $i-1$ 工作步（前一步），$i+1$ 表示第 $i+1$ 工作步（后一步），M 表示辅助继电器的线圈或触点，I 表示按钮或行程开关。用逻辑代数表示时，M_i 在等号的左端出现表示辅助继电器的线圈符号，M_i 在等号的右端出现表示辅助继电器的触点符号。

第 i 工作步用逻辑代数书写的过程为：

1）每一步 M_i 都是由前一步行程开关的压合或按钮的按下（转换条件）I_i 产生的，则有 $M_i = M_{i-1} \cdot I_i$。

2）每一步 M_i 产生后应有一段时间保持不变，故应该有自锁（自保）功能，则有 $M_i = M_{i-1} \cdot I_i + M_i$。

3）每一步 M_i 都是随着后一步的出现而消失，则有 $M_i = (M_{i-1} \cdot I_i + M_i) \cdot \overline{M_{i+1}}$，此表达式即为以后经常使用的步进逻辑公式。

（2）步进逻辑公式法的步骤

步进逻辑公式的表示方法简单、容易记忆且使用方便。用步进逻辑公式法来设计顺序控制梯形图时，应先根据顺序控制系统的工艺过程画出顺序功能图，然后套用步进逻辑公式列出每个工作步的逻辑代数方程，再利用启保停电路的编程方法，画出每个工作步的梯形图，最后做进一步整理综合，得到完整的梯形图程序。

步进逻辑公式与对应的梯形图见表 3－1－3。

表 3－1－3　　步进逻辑公式与对应的梯形图

步进逻辑公式	梯形图
$M_i = (M_{i-1} \cdot I_i + M_i) \cdot \overline{M_{i+1}}$	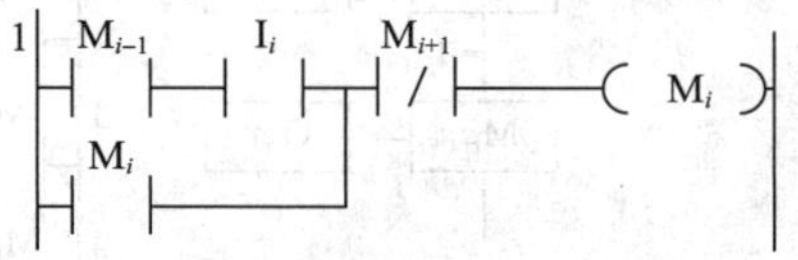

2. 输出电路

步是根据输出量的状态变化划分的，它们之间的关系极为简单，可以分为以下两种情况来处理：

（1）如果某一输出继电器仅在某一步中为 ON 状态，则一种方法是将其线圈与对应的步元件辅助继电器 M 的常开触点串联（建议初学者使用，便于读图），另一种方法是将其线圈与对应的步元件辅助继电器 M 的线圈并联。这两种方法都使用辅助继电器 M，不会增加硬件费用，在设计和输入程序时也不会花费很多时间。用辅助继电器 M 来代表步具有概念清楚、编程规范、梯形图易于阅读和查错的优点。

（2）如果某一输出继电器在多步中为 ON 状态，则应将代表各有关步的辅助继电器 M 的常开触点并联后，驱动该输出继电器线圈，以避免双线圈输出现象。

【例 3－1－1】　某一顺序控制系统的顺序功能图如图 3－1－12 所示，通过步进逻辑公式法画出的梯形图如图 3－1－13 所示。

套用步进逻辑公式 $M_i = (M_{i-1} \cdot I_i + M_i) \cdot \overline{M_{i+1}}$，列出每个工作步的逻辑代数方程为：

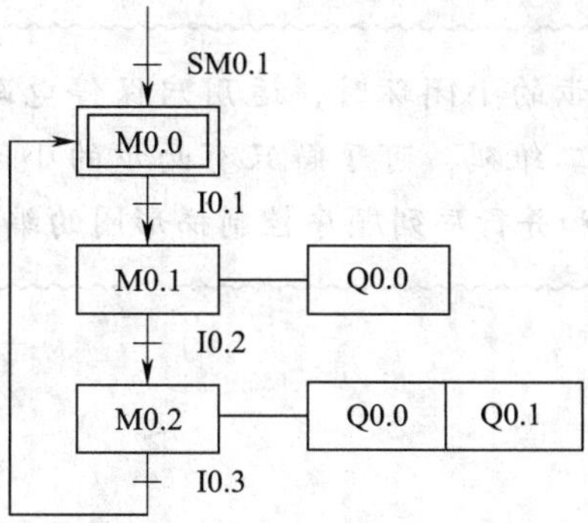

图 3-1-12　顺序功能图

$$M0.0 = (SM0.1 + M0.2 \cdot I0.3 + M0.0) \cdot \overline{M0.1}$$
$$M0.1 = (M0.0 \cdot I0.1 + M0.1) \cdot \overline{M0.2}$$
$$M0.2 = (M0.1 \cdot I0.2 + M0.2) \cdot \overline{M0.0}$$
$$Q0.0 = M0.1 + M0.2$$
$$Q0.1 = M0.2$$

使用启保停电路的编程方法，根据上述逻辑代数方程画出其梯形图，如图 3-1-13 所示。其中，输出继电器 Q0.1 仅在步 M0.2 中为 ON，所以也可以将其线圈与对应的辅助继电器 M0.2 的线圈直接并联，这样可省去程序段 5。

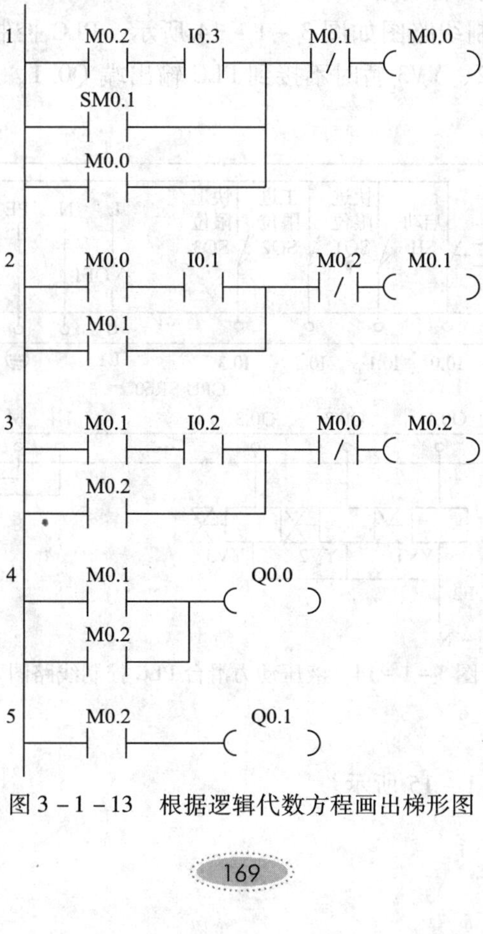

图 3-1-13　根据逻辑代数方程画出梯形图

顺序功能图中遇到仅有两步的小闭环时，运用启保停电路设计的梯形图程序会无法正确运行。扫描右侧二维码，可了解只有两步的小闭环的处理方法以及使用启保停电路的选择序列和并行序列顺序控制梯形图的编程方法。

任务实施

一、分配 I/O 地址

I/O 地址分配见表 3－1－4。

表 3－1－4　　I/O 地址分配

输入				输出			
输入设备	文字符号	作用	输入继电器	输出设备	文字符号	作用	输出继电器
按钮	SB	启动	I0. 0	电磁阀	YV1	快进	Q0. 1
行程开关	SQ1	快进限位	I0. 1	电磁阀	YV2	快退	Q0. 2
行程开关	SQ2	工进限位	I0. 2	电磁阀	YV3	工进	Q0. 3
行程开关	SQ3	快退限位	I0. 3				

二、绘制并安装 PLC 控制线路

液压动力滑台 PLC 控制线路图如图 3－1－14 所示，PLC 控制接线图请读者自行绘制。安装时，电磁阀 YV1、YV2、YV3 暂时不接到 PLC 输出端 Q0. 1、Q0. 2、Q0. 3，待模拟调试程序通过后再连接。

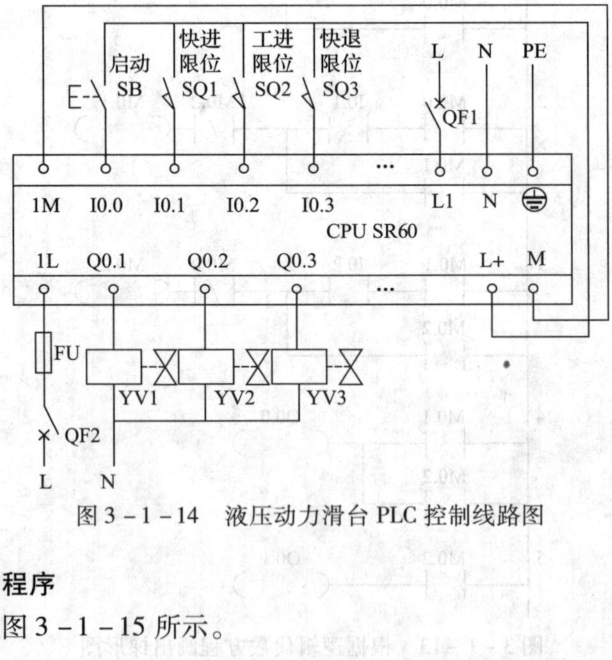

图 3－1－14　液压动力滑台 PLC 控制线路图

三、设计梯形图程序

编辑符号表，如图 3－1－15 所示。

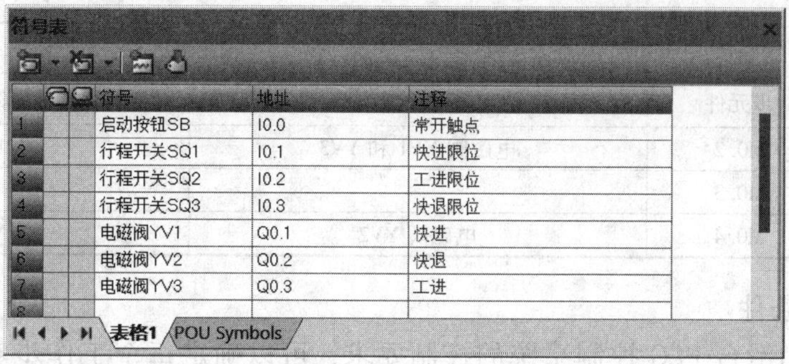

	符号	地址	注释
1	启动按钮SB	I0.0	常开触点
2	行程开关SQ1	I0.1	快进限位
3	行程开关SQ2	I0.2	工进限位
4	行程开关SQ3	I0.3	快退限位
5	电磁阀YV1	Q0.1	快进
6	电磁阀YV2	Q0.2	快退
7	电磁阀YV3	Q0.3	工进

图 3－1－15　符号表

使用顺序控制设计法，根据系统控制要求绘制顺序功能图，利用启保停电路的编程方法和步进逻辑公式，设计梯形图程序。

1. 划分工作步

全部相关输出状态保持不变的一段时间区域称为一个工作步，只要有一个输出状态发生变化就转入下一工作步。分析液压动力滑台 PLC 控制系统的工作过程，根据输出量 Q0. 1 ~ Q0. 3 的 ON/OFF 状态变化，可以将一个工作周期分为快进、工进、暂停和快退四步，另外还应设置一个等待启动的初始步，分别用辅助继电器 M0. 0 ~ M0. 4 来代表这五步。图 3 －1 －16 所示为液压动力滑台 PLC 控制系统输入/输出信号时序图。

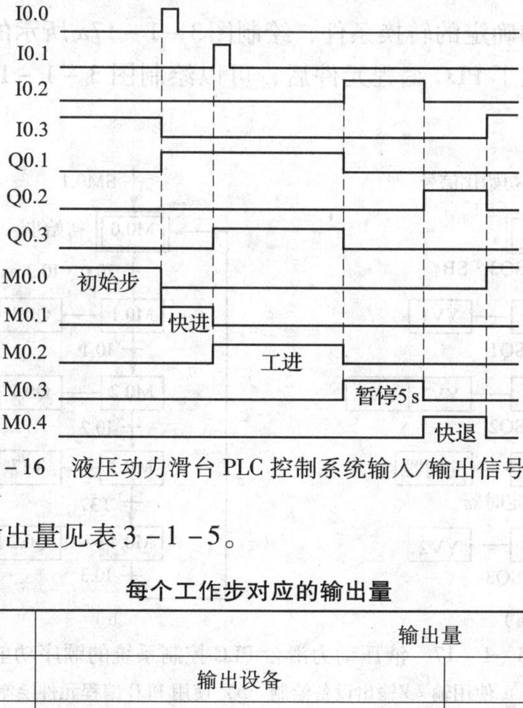

图 3 －1 －16　液压动力滑台 PLC 控制系统输入/输出信号时序图

每个工作步对应的输出量见表 3 －1 －5。

表 3 －1 －5　　每个工作步对应的输出量

工作步		输出量	
步名称	步元件	输出设备	编程元件
原位	M0. 0	—	—
快进	M0. 1	电磁阀 YV1	Q0. 1

续表

工作步		输出量	
步名称	步元件	输出设备	编程元件
工进	M0.2	电磁阀 YV1 和 YV3	Q0.1 和 Q0.3
暂停	M0.3	—	T37
快退	M0.4	电磁阀 YV2	Q0.2

2. 确定转换条件

分析液压动力滑台 PLC 控制系统的控制要求，可以确定每个工作步对应的转换条件，见表 3-1-6。

表 3-1-6　每个工作步对应的转换条件

工作步		转换条件	
步名称	步元件	输入设备	编程元件
原位	M0.0	行程开关 SQ3	SM0.1 和 I0.3
快进	M0.1	行程开关 SQ3 和启动按钮 SB	I0.3 和 I0.0
工进	M0.2	行程开关 SQ1	I0.1
暂停	M0.3	行程开关 SQ2	I0.2
快退	M0.4	—	T37

3. 绘制顺序功能图

根据划分的工作步和确定的转换条件，绘制图 3-1-17a 所示的液压动力滑台 PLC 控制系统的顺序功能图。确定了 PLC 编程元件后，可以绘制图 3-1-17b 所示的步元件为辅助继电器 M 的顺序功能图。

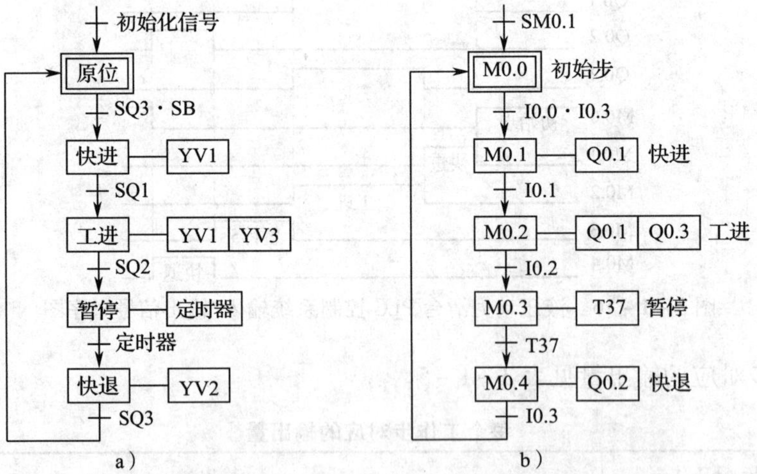

图 3-1-17　液压动力滑台 PLC 控制系统的顺序功能图

a）使用输入/输出设备绘制　b）使用 PLC 编程元件绘制

在图 3-1-17b 的暂停步 M0.3 中，PLC 的所有输出量均为 OFF 状态。接通延时定时器 T37 为暂停步定时，在暂停步中，T37 的线圈应一直通电。转换到下一步后，T37 的线圈断电。从这个意义上说，T37 的线圈相当于暂停步的非存储型动作，因此可以将这种为某一步定时的接通延时定时器放在与该步相连的动作框内，它表示定时器的线圈在该步内通电。

4. 设计梯形图

明确代表各工作步的辅助继电器 M 及各工作步对应的转换条件后，套用步进逻辑公式 $M_i = (M_{i-1} \cdot I_i + M_i) \cdot \overline{M_{i+1}}$，列出各工作步的逻辑代数方程，使用启保停电路的编程方法，画出各工作步的梯形图，见表 3－1－7。

表 3－1－7　　各工作步的逻辑代数方程和梯形图

逻辑代数方程	梯形图
初始步 M0.0： $M0.0 = (M0.4 \cdot I0.3 + SM0.1 + M0.0) \cdot \overline{M0.1}$	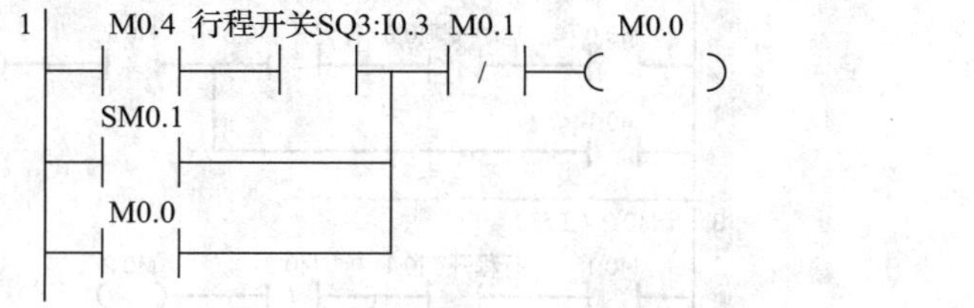
步 M0.1： $M0.1 = (M0.0 \cdot I0.0 \cdot I0.3 + M0.1) \cdot \overline{M0.2}$	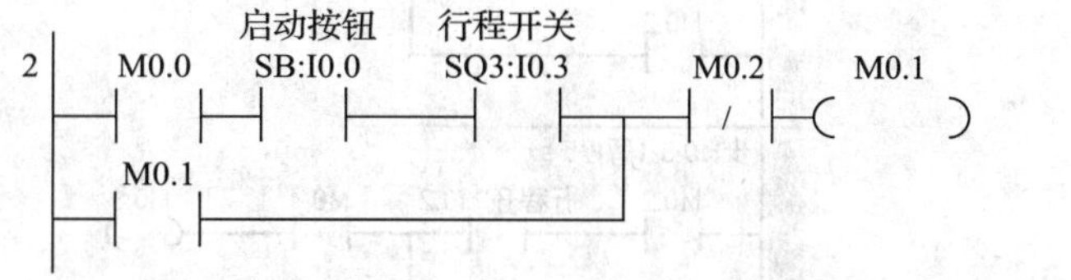
步 M0.2： $M0.2 = (M0.1 \cdot I0.1 + M0.2) \cdot \overline{M0.3}$	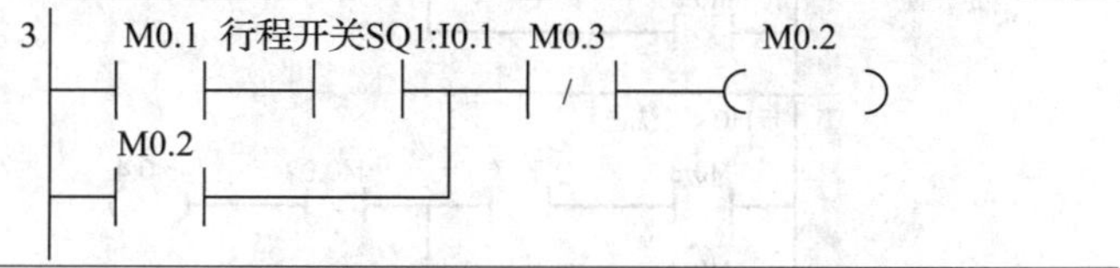
步 M0.3： $M0.3 = (M0.2 \cdot I0.2 + M0.3) \cdot \overline{M0.4}$	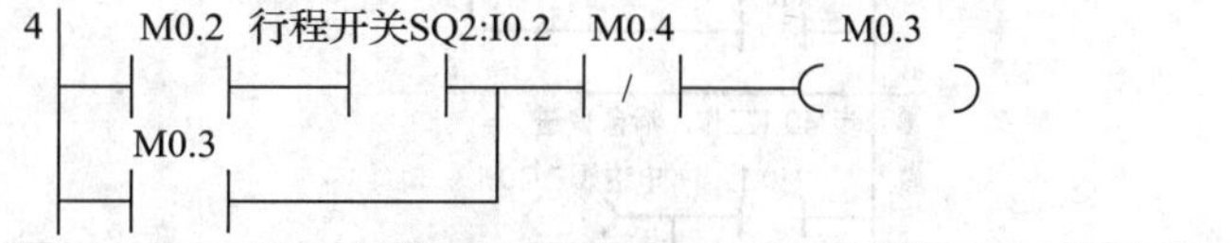
步 M0.4： $M0.4 = (M0.3 \cdot T37 + M0.4) \cdot \overline{M0.0}$	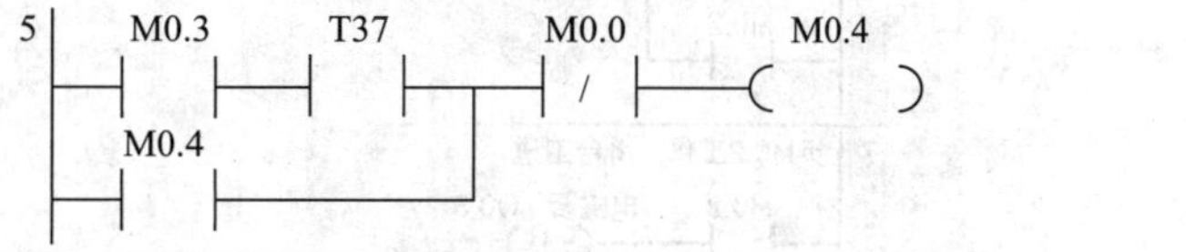
输出电路： Q0.1 ＝ M0.1 ＋ M0.2 Q0.3 ＝ M0.2 T37 ＝ M0.3 Q0.2 ＝ M0.4	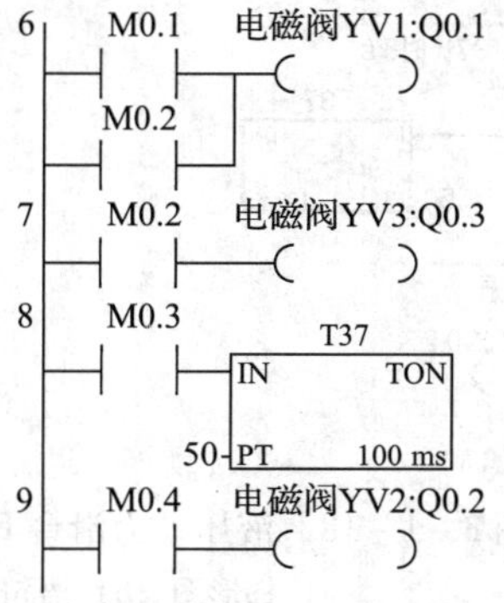

根据步进逻辑公式法，将表 3－1－7 中各工作步的梯形图和输出电路的梯形图进行整合，可以得到本任务的完整梯形图，如图 3－1－18a 所示，语句表如图 3－1－18b 所示。

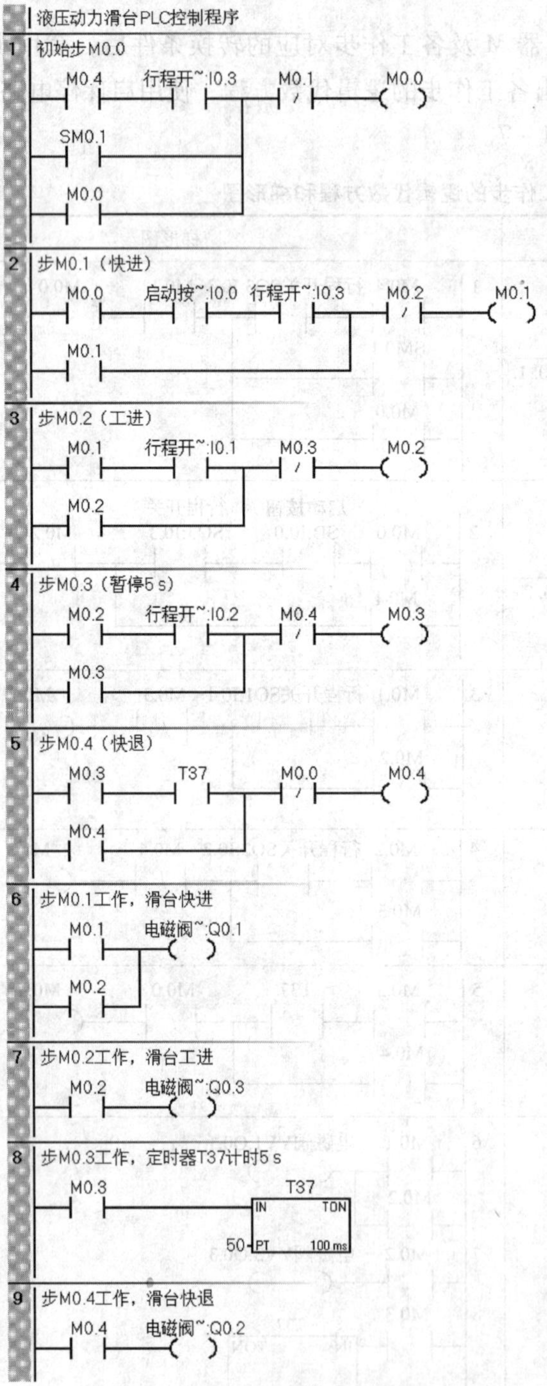

a）

```
1   LD    M0.4
    A     I0.3
    O     SM0.1
    O     M0.0
    AN    M0.1
    =     M0.0

2   LD    M0.0
    A     I0.0
    A     I0.3
    O     M0.1
    AN    M0.2
    =     M0.1

3   LD    M0.1
    A     I0.1
    O     M0.2
    AN    M0.3
    =     M0.2

4   LD    M0.2
    A     I0.2
    O     M0.3
    AN    M0.4
    =     M0.3

5   LD    M0.3
    A     T37
    O     M0.4
    AN    M0.0
    =     M0.4

6   LD    M0.1
    O     M0.2
    =     Q0.1

7   LD    M0.2
    =     Q0.3

8   LD    M0.3
    TON   T37, 50

9   LD    M0.4
    =     Q0.2
```

b）

图 3－1－18 液压动力滑台 PLC 控制程序

a）梯形图 b）语句表

四、模拟调试

顺序功能图是用来描述控制系统的外部性能的，因此，应该根据顺序功能图而不是梯形图来调试 PLC 顺序控制程序。

图 3－1－19 所示是使用状态图表监控本任务包含的所有步元件 MB0、对应的动作 QB0、输入继电器 IB0 和定时器 T37 的当前值，此刻正监控被激活的步 M0.3，对应的定时器 T37 在计时。使用二进制格式，可以用一行监控最多一个双字的 32 个位变量。

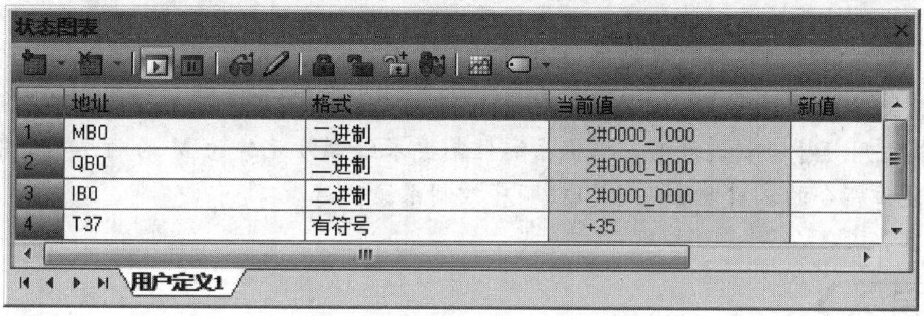

图 3－1－19　状态图表监控

五、联机调试

模拟调试成功后，接上实际的负载，按照表 3－1－8 的步骤进行联机调试，同时注意观察和记录。

表 3－1－8　联机调试记录表

<table>
<tr><th>步骤</th><th>操作内容</th><th>观察内容</th><th>观察结果</th></tr>
<tr><td>1</td><td>合上电源开关 QF1 和 QF2</td><td rowspan="2">以太网状态指示灯、CPU 状态指示灯和 I/O 状态指示灯的状态</td><td></td></tr>
<tr><td>2</td><td>通过编程软件，将 PLC 置于 RUN 模式</td><td></td></tr>
<tr><td>3</td><td>压合行程开关 SQ3 并按下启动按钮 SB，然后松开 SQ3 和 SB</td><td rowspan="4">I/O 状态指示灯的状态及电磁阀 YV1 ~ YV3 的工作情况</td><td></td></tr>
<tr><td>4</td><td>压合行程开关 SQ1 并松开</td><td></td></tr>
<tr><td>5</td><td>压合行程开关 SQ2，5 s 后松开 SQ2</td><td></td></tr>
<tr><td>6</td><td>压合行程开关 SQ3 并松开</td><td></td></tr>
<tr><td>7</td><td>通过编程软件，将 PLC 置于 STOP 模式</td><td>CPU 状态指示灯和 I/O 状态指示灯的状态</td><td></td></tr>
<tr><td>8</td><td>关断电源开关 QF1 和 QF2</td><td></td><td></td></tr>
</table>

任务测评

参考表 1－3－10 进行任务测评。

任务2 气动机械手 PLC 控制

学习目标

1. 了解磁性开关的工作原理，并能正确进行安装、检测和调整。

2. 了解气动机械手的组成和控制原理。

3. 能使用置位/复位指令的编程方法，将步元件为 M 的顺序功能图改画为梯形图。

4. 能运用顺序控制设计法，根据系统控制要求绘制步元件为 M 的顺序功能图，并运用置位/复位指令的编程方法设计 PLC 顺序控制系统。

任务引入

图 3－2－1 所示的气动机械手由 A、B、C 三个气缸组成。按下启动按钮 SB1，系统开始按照图 3－2－1 所示的①、②、③、④、⑤、⑥顺序工作：当接近开关 SQ0 检测到有物体时，气缸 A 向左运行；到极限位置 SQ2 后，气缸 B 向下运行，直到极限位置 SQ4 为止；接着手指气缸 C 抓住物体，延时 1 s；然后气缸 B 向上运行；到极限位置 SQ3 后，气缸 A 向右运行；到极限位置 SQ1 后，手指气缸 C 释放物体，并延时 1 s，完成搬运工作。按下停止按钮 SB2，系统完成当前的工作循环后才停止工作。电磁阀 YV1 通电后气缸 A 向左运行，电磁阀 YV2 通电后气缸 A 向右运行，电磁阀 YV3 通电后气缸 B 向下运行，电磁阀 YV4 通电后气缸 B 向上运行，电磁阀 YV5 通电后气缸 C 夹紧，电磁阀 YV5 断电后气缸 C 松开。

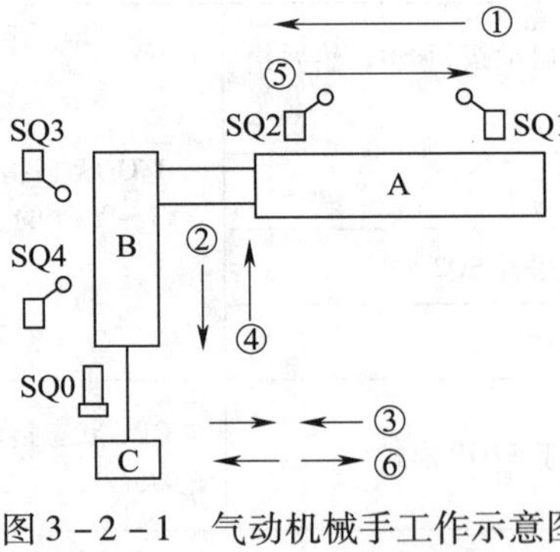

图 3－2－1　气动机械手工作示意图

本任务要求以图 3－2－1 所示的气动机械手为例，运用 PLC 顺序控制设计法，绘制步元件为辅助继电器 M 的顺序功能图，并使用置位/复位指令的编程方法，完成气动机械手 PLC 控制系统的设计、安装和调试，要求具有短路保护等必要的保护措施。

分析上述控制要求可知，气动机械手控制系统是一种典型的顺序控制系统，适合运用 PLC 顺序控制设计法进行设计。可以用本课题任务 1 中介绍的使用启保停电路的编程方法，但此种编程方法涉及的指令条数较多，编程略显烦琐，容易出错。本任务要求使用置位/复位指令的编程方法。

实施本任务所使用的实训设备可参考表 3－2－1。

表 3－2－1　　实训设备清单

序号	设备名称	型号及规格	数量	单位	备注
1	微型计算机	带 STEP 7－Micro/WIN SMART 软件	1	台	
2	编程电缆	以太网电缆或 USB－PPI 电缆	1	条	
3	可编程序控制器	S7－200 SMART CPU SR60	1	台	配 C45 导轨
4	开关式稳压电源	S－150－24，AC 220 V/DC 24 V，150 W	1	个	
5	低压断路器	Multi9 C65N D20，单极	2	个	
6	按钮	LA4－2H	1	个	
7	接近开关	欧姆龙 E2E－X7D1S M18	1	个	
8	磁性开关	D－Z73	4	个	
9	电磁阀	自定，DC 24 V	5	个	
10	接线端子排	TB－1520，20 位	2	条	
11	配电盘	600 mm×900 mm	1	块	

相关知识

一、磁性开关

磁性开关是一种非接触式位置检测开关，这种非接触式位置检测不会磨损和损伤检测对象，响应速度快。当有磁性物质接近磁性开关传感器时，传感器动作，并输出开关信号。

气动机械手中常用的磁性开关的型号为 D－Z73 和 D－C73，外形和图形符号如图 3－2－2 所示，技术参数见表 3－2－2。

a）　　b）　　c）

图 3－2－2　磁性开关实物图及电气图形符号

a）D－Z73 型磁性开关　b）D－C73 型磁性开关　c）电气图形符号

表 3－2－2　　D－Z73、D－C73 型磁性开关技术参数

技术参数	D－Z73	D－C73
负载电压及电流范围	DC：24 V/5～40 mA AC：100 V/5～20 mA	DC：24 V/5～40 mA AC：100 V/5～20 mA
安装方式	嵌入安装	环带安装

续表

技术参数	D－Z73	D－C73
类型	直线型	直线型
电线长度/m	0.5	0.5
指示灯	LED	LED
反应时间/ms	1.2	1.2
使用温度范围/℃	－10～60	－10～60
线制	2线制有触点	2线制有触点
保护等级	IP67	IP67
适用气缸型号	CQ2/CXS	CG1/CJ2

磁性开关一般和磁性气缸配套使用。例如，在气缸的活塞或活塞杆（被测物体）上安装一个永久性磁环，在气缸缸筒外面的两端各安装一个磁性开关。当活塞往复运动时，永久性磁环也一起运动。气缸的活塞杆运动到哪一端，哪一端的磁性开关就检测到永久性磁环，并发出一个电信号。利用这两个磁性开关就可以分别标识气缸运动的两个极限位置（缩回限位和伸出限位）。在气动机械手的控制中，可以利用磁性开关的信号判断气缸的运动状态或所处位置，以确定工件是否被夹紧或气缸是否返回。

1. 电气接法与检查

磁性开关的内部电路如图3－2－3所示，如果使用共阴极接法，棕色线接PLC输入端，蓝色线接公共端。磁性开关上设置有LED，用于显示传感器的信号状态，供调试与运行监视时观察。当气缸活塞靠近磁性开关时，磁性开关输出动作，输出“1”信号，LED亮；当没有气缸活塞靠近时，磁性开关输出不动作，输出“0”信号，LED不亮。

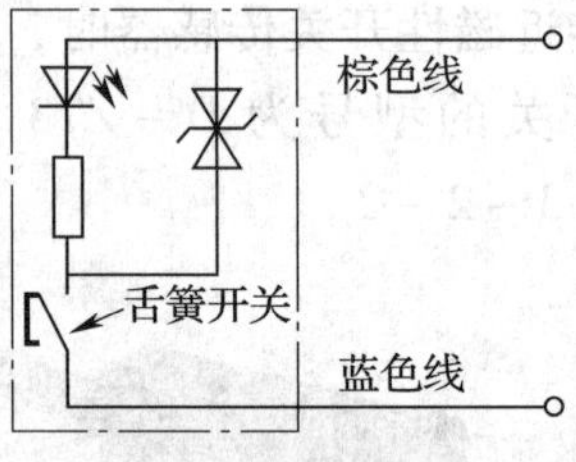

图3－2－3　磁性开关内部电路

2. 磁性开关在气缸上的安装与调整

如果磁性开关与气缸的安装不合理，可能会导致气缸的动作不正确。当气缸活塞移向磁性开关，并接近到一定距离时，磁性开关才会“感知”，开关才会动作，通常把这个距离称为检出距离。磁性开关的安装位置可以调整，调整方法是松开它的紧固螺栓，让磁性开关顺着气缸滑动，到达指定位置后，再旋紧紧固螺栓。

二、气动机械手的组成和控制原理

1. 气动机械手的组成

气动机械手是机器人领域广泛使用的一种机械手。在自动化生产线上，可以利用气动机械手将工件从一条生产线搬运到另一条生产线，自动完成夹持、运送和卸料，是一种高效的工作方式。气动机械手具有气源使用方便、不污染环境、动作灵活迅速、工作安全可靠、操作维修简便以及适于在恶劣环境中工作等特点。

气动机械手主要由执行机构、驱动机构、控制系统、位置检测装置等组成，图 3－2－4 所示是气动机械手的部分部件。其中，手爪是与物件接触的部件，是执行机构最重要的部件；气缸是将压缩气体的压力能转换为机械能的执行部件；磁性开关和接近开关是位置检测装置常用的主要部件。

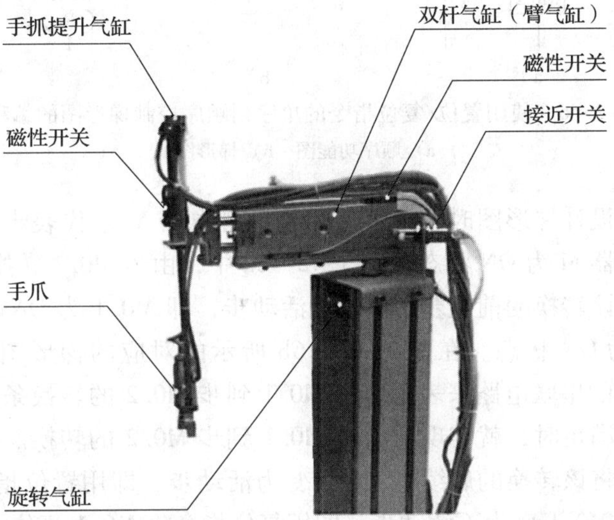

图 3－2－4　气动机械手

2. 气动机械手的控制原理

图 3－2－5 所示是气动机械手控制示意图。当手爪由单向气动电磁阀控制时，单向气动电磁阀得电，手爪夹紧；单向气动电磁阀断电，手爪松开。当手爪由双向气动电磁阀控制时，手爪夹紧和松开分别由一个线圈控制，在控制过程中不允许两个线圈同时得电。二者的区别在于双向气动电磁阀的初始位置是任意的，可以随意控制两个位置，而单向气动电磁阀的初始位置是固定的，只能控制一个方向。由于双向气动电磁阀的两个线圈不能同时得电，因此，从安全角度考虑，控制同一电磁阀的两个线圈都应在程序上加一个联锁保护。

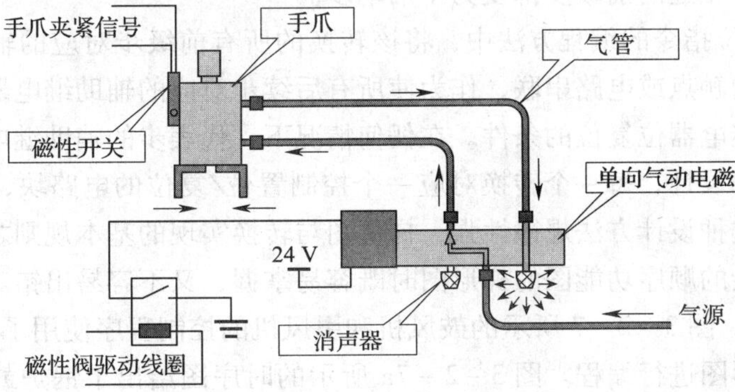

图 3－2－5　气动机械手控制示意图

三、使用置位/复位指令的单序列顺序控制梯形图的编程方法

图 3-2-6 所示的一段顺序功能图及其对应的梯形图即可说明使用置位/复位指令的单序列顺序控制梯形图的编程方法。

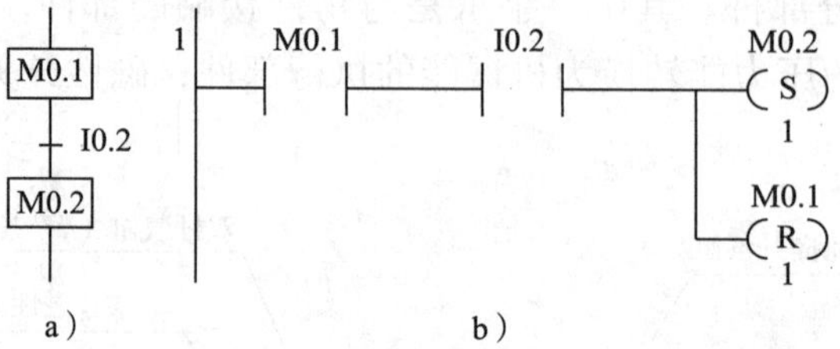

图 3-2-6　使用置位/复位指令的单序列顺序控制梯形图的编程方法

a）顺序功能图　b）梯形图

根据顺序功能图设计梯形图时，可以使用辅助继电器 M 来代表步。当某一步为活动步时，对应的辅助继电器 M 为 ON 状态。图 3-2-6a 中，由步 M0.1 转换到步 M0.2 需要同时满足两个条件：一是该转换的前级步 M0.1 是活动步，即 M0.1 为 ON 状态；二是转换条件 I0.2 满足，即 I0.2 为 ON 状态。在图 3-2-6b 所示的对应的梯形图中，可以用 M0.1 和 I0.2 的常开触点组成的串联电路来表示由步 M0.1 到步 M0.2 的转换条件。该串联电路接通即上述两个条件同时满足时，就实现了由步 M0.1 到步 M0.2 的转换。一旦转换实现，就完成了两个操作：一是将该转换的后续步 M0.2 变为活动步，即用置位指令将 M0.2 置位；二是将该转换的前级步 M0.1 变为不活动步，即用复位指令将 M0.1 复位。

使用置位/复位指令的编程方法也称为以转换为中心的编程方法。这种编程方法与转换实现的基本规则之间有着严格的对应关系，用它编制复杂的顺序功能图的梯形图时，更能显示出它的优越性。

概括地说，根据顺序功能图使用置位/复位指令的编程方法来设计梯形图，主要包括步的控制程序设计和输出电路的设计两方面。

1. 步的控制程序设计

在顺序功能图中，如果某一转换所有的前级步都是活动步，并且满足相应的转换条件，则转换实现，即所有由有向连线与相应转换符号相连的后续步都变为活动步，而所有由有向连线与相应转换符号相连的前级步都变为不活动步。

在使用置位/复位指令的编程方法中，将该转换的所有前级步对应的辅助继电器位的常开触点与转换对应的触点或电路串联，作为使所有后续步对应的辅助继电器位置位和使所有前级步对应的辅助继电器位复位的条件。在任何情况下，代表步的辅助继电器位的控制电路都可以用这一原则来设计，每一个转换对应一个控制置位/复位的电路块，转换的数量与电路块的数量相等。这种设计方法规律性强，梯形图与转换实现的基本规则之间有着严格的对应关系，在设计复杂的顺序功能图的梯形图时既容易掌握，又不容易出错。

【例 3-2-1】　图 3-2-7 所示的鼓风机和引风机的控制程序使用了置位/复位指令对单序列顺序控制梯形图进行编程。图 3-2-7a 所示的时序图给出了锅炉鼓风机和引风机的控制要求。当按下启动按钮 I0.0 时，应先开引风机，延时 15 s 后再开鼓风机。按下停止按

钮 I0.1 后，应先停鼓风机，延时 20 s 后再停引风机。图 3 - 2 - 7b 所示为顺序功能图，图 3 - 2 - 7c 所示为梯形图。

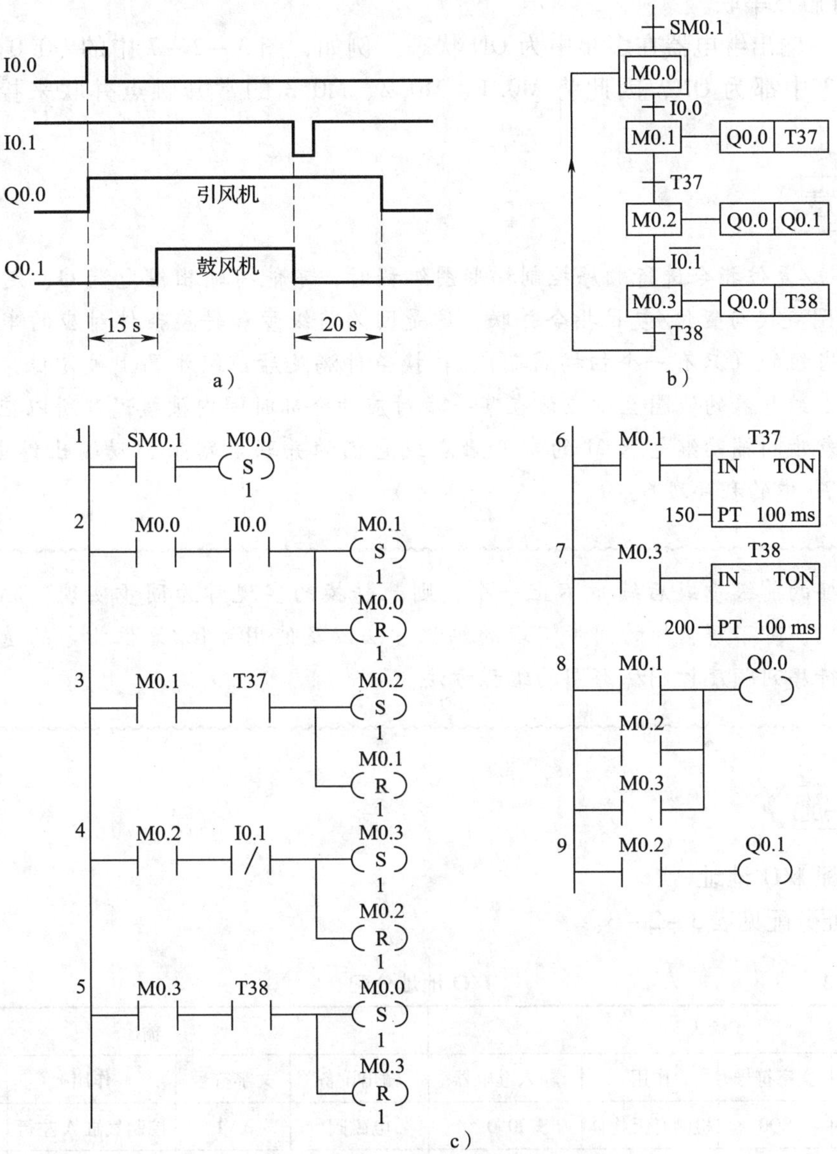

图 3 - 2 - 7　鼓风机和引风机的控制程序

a）时序图　b）顺序功能图　c）梯形图

在图 3 - 2 - 7b 所示的顺序功能图中，转换条件 I0.1 的前级步为 M0.2，后续步为 M0.3。在图 3 - 2 - 7c 所示的梯形图中，就可以用 M0.2 的常开触点和 I0.1 的常开触点组成的串联电路来控制后续步 M0.3 的置位和前级步 M0.2 的复位。

2. 输出电路的设计

步是根据输出量的状态变化划分的，因此输出电路可以分为以下两种情况来设计：

（1）某一输出继电器仅在某一步中为 ON 状态。例如，图 3-2-7 中的 Q0.1 仅在步 M0.2 中为 ON 状态，因此可以用 M0.2 的常开触点控制 Q0.1 的线圈，即将 Q0.1 的线圈与 M0.2 的常开触点串联。

（2）某一输出继电器在多步中为 ON 状态。例如，图 3-2-7 中的 Q0.0 在步 M0.1、M0.2、M0.3 中都为 ON，因此将 M0.1、M0.2、M0.3 的常开触点并联来控制 Q0.0 的线圈。

注意

使用置位/复位指令进行顺序控制梯形图编程时，不能将输出继电器 Q、定时器 T 和计数器 C 的线圈直接与置位/复位指令并联，这是因为前级步和转换条件对应的串联电路接通的时间是相当短的（只有一个扫描周期）。转换条件满足后前级步马上被复位，该串联电路断开，而输出继电器的线圈至少应该在某一步对应的全部时间内被接通。所以应根据顺序功能图，用代表步的辅助继电器 M 的常开触点或它们的并联电路来驱动输出继电器的线圈，如图 3-2-7c 中的程序段 6~9。

如果转换的前级步或后续步不止一个，则此转换的实现称为同步实现。扫描右侧二维码，可了解转换的同步实现的编程方法以及使用置位/复位指令的选择序列和并行序列顺序控制梯形图的编程方法。

任务实施

一、分配 I/O 地址

I/O 地址分配见表 3-2-3。

表 3-2-3　　I/O 地址分配

输入				输出			
输入设备	文字符号	作用	输入继电器	输出设备	文字符号	作用	输出继电器
接近开关	SQ0	检测有无物体	I0.0	电磁阀	YV1	控制气缸 A 左行	Q0.1
磁性开关	SQ1	检测右极限	I0.1	电磁阀	YV2	控制气缸 A 右行	Q0.2
磁性开关	SQ2	检测左极限	I0.2	电磁阀	YV3	控制气缸 B 下行	Q0.3
磁性开关	SQ3	检测上极限	I0.3	电磁阀	YV4	控制气缸 B 上行	Q0.4
磁性开关	SQ4	检测下极限	I0.4	电磁阀	YV5	控制气缸 C 的夹紧与松开	Q0.5
启动按钮	SB1	启动	I0.5				
停止按钮	SB2	停止	I0.6				

二、绘制并安装 PLC 控制线路

气动机械手 PLC 控制线路图如图 3-2-8 所示，PLC 控制接线图请读者自行绘制。安装时，电磁阀 YV1、YV2、YV3、YV4、YV5 暂时不接到 PLC 输出端 Q0.1、Q0.2、Q0.3、Q0.4、Q0.5，待模拟调试程序通过后再连接。

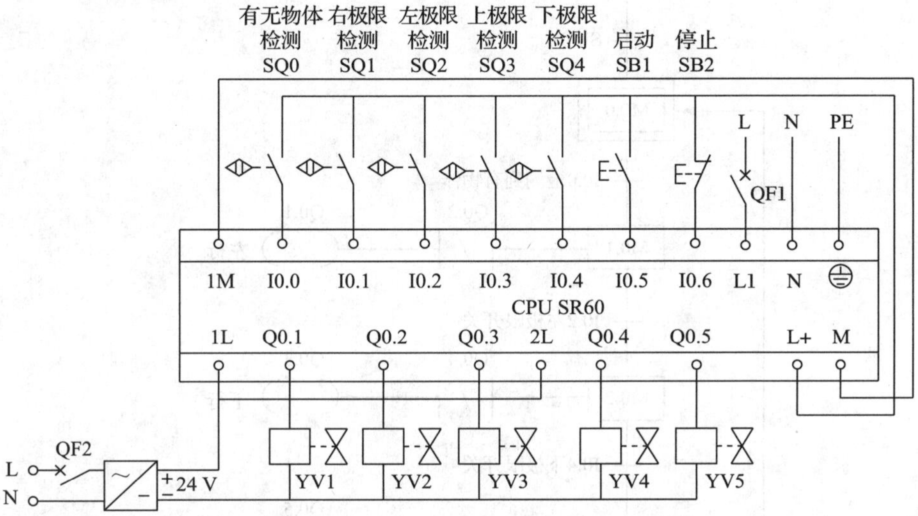

图 3-2-8 气动机械手 PLC 控制线路图

三、设计梯形图程序

根据顺序控制设计法的步骤，通过绘制顺序功能图，使用置位/复位指令的编程方法，设计梯形图程序。

编辑符号表，如图 3-2-9 所示。

符号表

	符号	地址	注释
1	接近开关SQ0	I0.0	检测有无物体
2	右接近开关SQ1	I0.1	检测右极限
3	左接近开关SQ2	I0.2	检测左极限
4	上接近开关SQ3	I0.3	检测上极限
5	下接近开关SQ4	I0.4	检测下极限
6	启动按钮SB1	I0.5	常开按钮
7	停止按钮SB2	I0.6	常闭按钮
8	左行电磁阀YV1	Q0.1	控制气缸A左行
9	右行电磁阀YV2	Q0.2	控制气缸A右行
10	下行电磁阀YV3	Q0.3	控制气缸B下行
11	上行电磁阀YV4	Q0.4	控制气缸B上行
12	夹紧与松开电磁阀YV5	Q0.5	控制气缸C的夹紧与松开

用户定义1 POU Symbols

图 3-2-9 符号表

分析气动机械手 PLC 控制的工作过程，绘制图 3－2－10 所示的步元件为辅助继电器 M 的顺序功能图。

使用置位/复位指令的编程方法，将图 3－2－10 所示的顺序功能图改为图 3－2－11a 所示的气动机械手 PLC 控制梯形图，图 3－2－11b 所示为语句表。

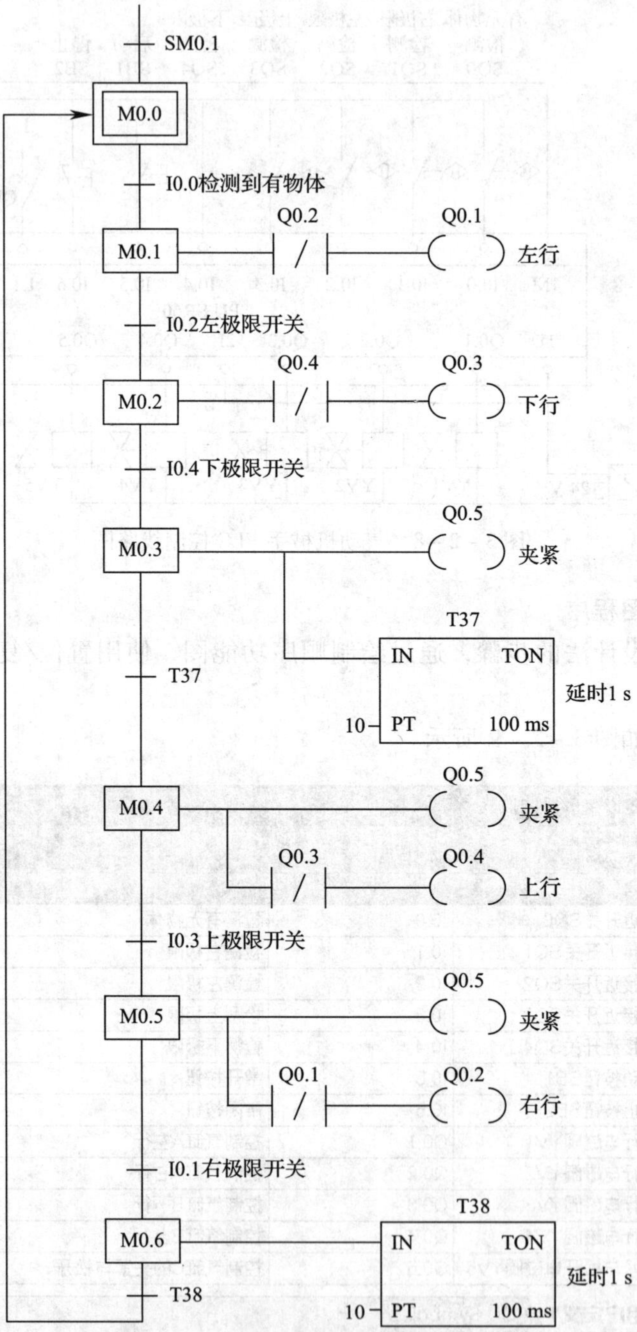

图 3－2－10　气动机械手 PLC 控制顺序功能图

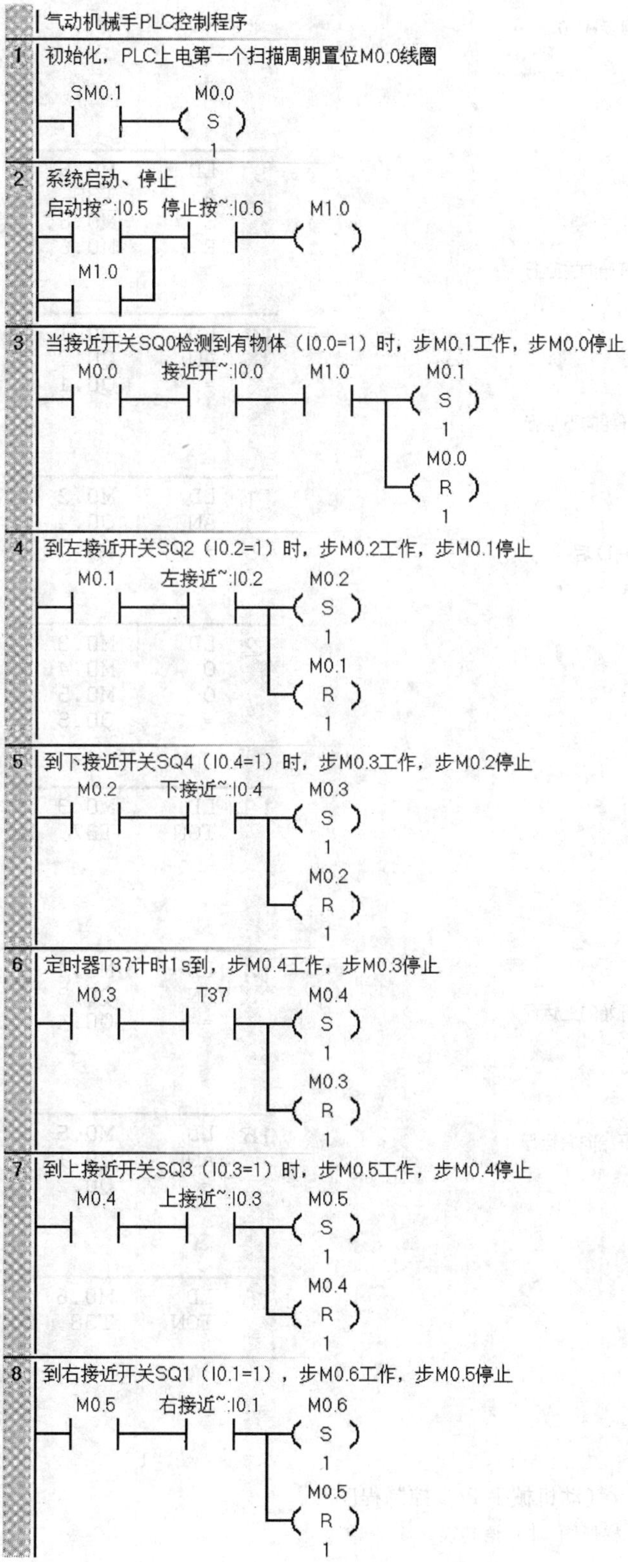


```
1  LD   SM0.1
   S    M0.0, 1

2  LD   I0.5
   O    M1.0
   A    I0.6
   =    M1.0

3  LD   M0.0
   A    I0.0
   A    M1.0
   S    M0.1, 1
   R    M0.0, 1

4  LD   M0.1
   A    I0.2
   S    M0.2, 1
   R    M0.1, 1

5  LD   M0.2
   A    I0.4
   S    M0.3, 1
   R    M0.2, 1

6  LD   M0.3
   A    T37
   S    M0.4, 1
   R    M0.3, 1

7  LD   M0.4
   A    I0.3
   S    M0.5, 1
   R    M0.4, 1

8  LD   M0.5
   A    I0.1
   S    M0.6, 1
   R    M0.5, 1
```

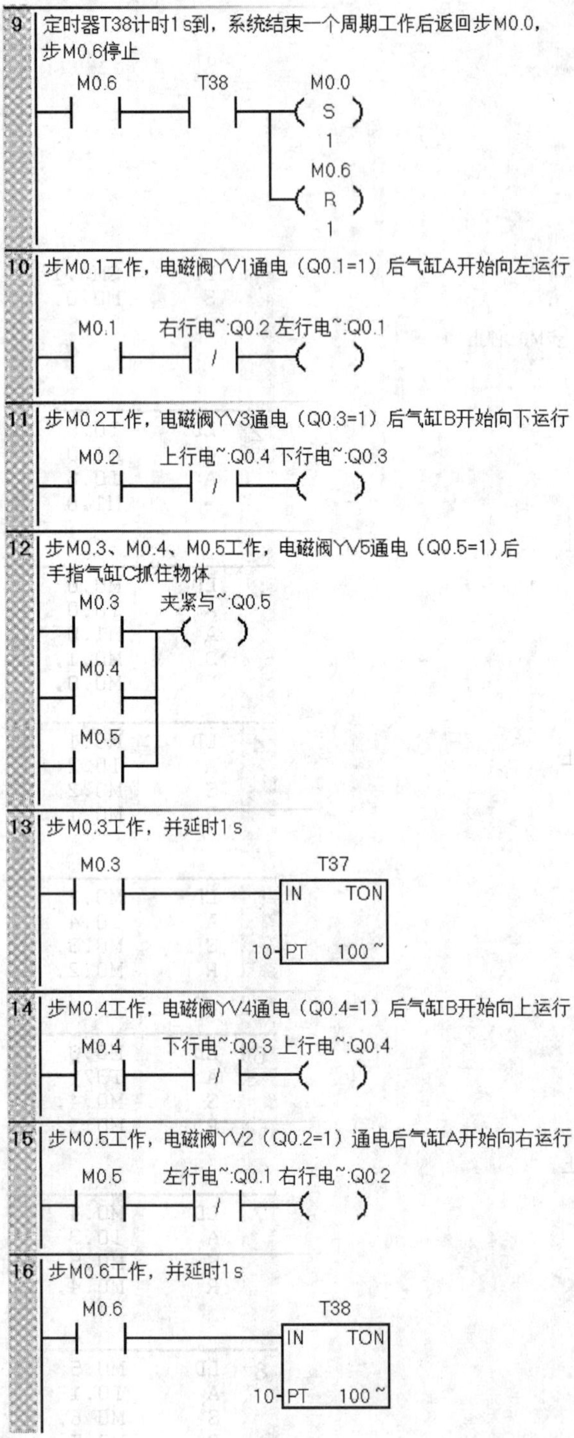

a）

9	LD	M0.6
	A	T38
	S	M0.0, 1
	R	M0.6, 1
10	LD	M0.1
	AN	Q0.2
	=	Q0.1
11	LD	M0.2
	AN	Q0.4
	=	Q0.3
12	LD	M0.3
	O	M0.4
	O	M0.5
	=	Q0.5
13	LD	M0.3
	TON	T37, 10
14	LD	M0.4
	AN	Q0.3
	=	Q0.4
15	LD	M0.5
	AN	Q0.1
	=	Q0.2
16	LD	M0.6
	TON	T38, 10

b）

图 3－2－11　气动机械手 PLC 控制程序

a）梯形图　b）语句表

想一想

如果要求按下停止按钮 SB2 后系统立即停止工作，程序应如何编写？

四、模拟调试

根据顺序功能图，利用程序状态监控或状态图表监控的方法模拟调试程序。

五、联机调试

模拟调试成功后，接上实际的负载，按照表 3－2－4 的步骤进行联机调试，同时注意观察和记录。

表 3－2－4　　联机调试记录表

步骤	操作内容	观察内容	观察结果
1	合上电源开关 QF1 和 QF2	以太网状态指示灯、CPU 状态指示灯和 I/O 状态指示灯的状态	
2	通过编程软件，将 PLC 置于 RUN 模式		
3	按下启动按钮 SB1 并松开	I/O 状态指示灯的状态、电磁阀 YV1～YV5 的得电情况	
4	接通接近开关 SQ0		
5	接通左接近开关 SQ2		
6	接通下接近开关 SQ4		
7	定时器 T37 计时 1 s 到		
8	接通上接近开关 SQ3		
9	接通右接近开关 SQ1		
10	定时器 T38 计时 1 s 到		
11	按下停止按钮 SB2 并松开		
12	通过编程软件，将 PLC 置于 STOP 模式	CPU 状态指示灯和 I/O 状态指示灯的状态	
13	关断电源开关 QF1 和 QF2		

任务测评

参考表 1－3－10 进行任务测评。

任务 3　多种液体自动混合机 PLC 控制

学习目标

1. 了解液位传感器的工作原理和接线方法。
2. 了解顺序控制继电器 S 的功能，掌握 SCR 指令的功能、表示形式及使用方法。
3. 能运用 SCR 指令的编程方法，将步元件为 S 的单序列顺序功能图改画为梯形图。
4. 能运用顺序控制设计法，根据系统控制要求绘制步元件为 S 的单序列顺序功能图，并运用 SCR 指令设计单序列顺序控制系统。

任务引入

图 3－3－1 所示为某多种液体自动混合机示意图，其在医药、食品、化工等行业中应用非常广泛。

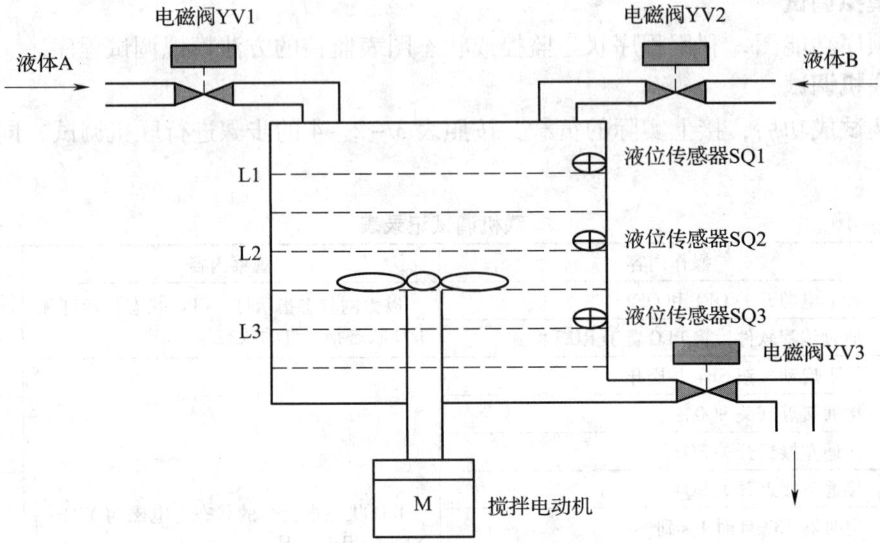

图 3－3－1　多种液体自动混合机示意图

本任务要求运用 PLC 顺序控制设计法，使用 SCR 指令设计多种液体自动混合机 PLC 控制系统，并完成安装和调试。控制要求如下：

1. 初始状态

多种液体自动混合机开始工作前，液体 A、B 的阀门关闭，容器为放空关闭状态。

2. 周期工作

按下启动按钮 SB1 后，多种液体自动混合机开始按如下顺序工作：

（1）电磁阀 YV1 通电，液体 A 的阀门打开，液体 A 流入容器，液位上升。

（2）当液位上升到 L2 液面时，SQ2 导通，电磁阀 YV1 断电，关闭液体 A 的阀门，同时电磁阀 YV2 通电，打开液体 B 的阀门，液体 B 开始流入容器。

（3）当液位上升到 L1 液面时，SQ1 导通，电磁阀 YV2 断电，关闭液体 B 的阀门，搅拌电动机 M 通电启动，开始搅拌液体。

（4）搅拌电动机 M 工作 20 s 后停止搅拌工作，电磁阀 YV3 通电，混合液阀门打开，放出混合液体。

（5）当液位下降到 L3 液面，SQ3 由导通变为断开时开始计时，且装置继续放液直至将容器放空，计时满 10 s 后，电磁阀 YV3 断电，混合液阀门关闭，自动开始下一个周期。

3. 停止工作

当按下停止按钮 SB2 时，多种液体自动混合机在完成当前的工作循环后才停止工作。

4. 具有短路、过载保护等必要的保护措施

分析本任务的控制要求可知，多种液体自动混合机 PLC 控制属于典型的单序列结构的顺序控制。在前面两个任务中，使用顺序控制设计法进行设计时，都是根据步元件为 M 的顺序功能图，分别使用启保停电路和置位/复位指令的编程方法设计梯形图程序。针对顺序控制系统，西门子 PLC 还配有专门的顺序控制继电器 S 和顺序控制继电器（sequence control relay，SCR）指令来设计梯形图程序，适用于任意简单或复杂的顺序控制系统。本任务通过绘制以顺序控制继电器 S 代表步的顺序功能图，使用 SCR 指令设计多种液体自动混合机 PLC 控制程序。

实施本任务所使用的实训设备可参考表 3－3－1。

表 3－3－1　　　　实训设备清单

序号	设备名称	型号及规格	数量	单位	备注
1	微型计算机	带 STEP 7－Micro/WIN SMART 软件	1	台	
2	编程电缆	以太网电缆或 USB－PPI 电缆	1	条	
3	可编程序控制器	S7－200 SMART CPU SR60	1	台	配 C45 导轨
4	低压断路器	Multi9 C65N D20，单极	2	个	
5	低压断路器	Multi9 C65N D20，三极	1	个	
6	熔断器	RT28－32/4	3	个	
7	按钮	LA4－2H	1	个	
8	选择开关	自定	1	个	
9	液位传感器	SL－78	3	个	
10	电磁阀	自定，AC 220 V	3	个	
11	交流接触器	CJX2－1211，线圈 AC 220 V	1	个	
12	热继电器	JR36－20，整定范围 1.5～2.4 A	1	个	
13	接线端子排	TB－1520，20 位	2	条	
14	配电盘	600 mm×900 mm	1	块	
15	三相异步电动机	Y801－4，0.75 kW	1	台	

相关知识

一、液位传感器

液位传感器又称液位开关，它根据控制信号开启排放液体或流进液体的阀门以调节液位。液位开关从形式上主要分为接触式和非接触式。接触式的如浮球式液位开关，非接触式的如电容式液位开关。电容式液位开关也可以采用接触式方法实现。

1. 浮球式液位开关

浮球式液位开关及其接线示意图如图 3－3－2 所示。带有磁体的浮球在被测介质中的位置受浮力作用影响，液位的变化会导致磁性浮球位置的变化。浮球式液位开关中的磁体和传感器（磁簧开关）作用，即可产生开关量信号。浮球式液位开关起检测液位的作用，当检测到一定高度的液位时，其常开触点闭合，否则断开。浮球式液位开关的引出线有三根，一根是公共端（COM），另外两根分别是常闭（NC）和常开（NO）接点。

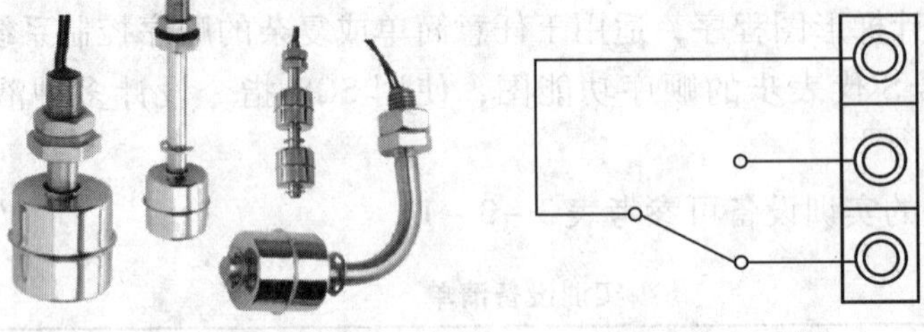

a） b）

图 3－3－2 浮球式液位开关及其接线示意图

a）实物图 b）接线示意图

2. 电容式液位开关

电容式液位开关及其接线示意图如图 3－3－3 所示。其测量原理是，物料的物位高低变化导致探头被覆盖区域的大小发生变化，从而导致电容值发生变化。探头与导电材料制成的罐壁构成一个电容器。当探头处于空气中时，测量到的是一个小数值的初始电容值。当罐体中有物料注入时，电容值将随探头被物料所覆盖区域面积的增大而增大。当电容达到设定值时，液位开关便会动作。

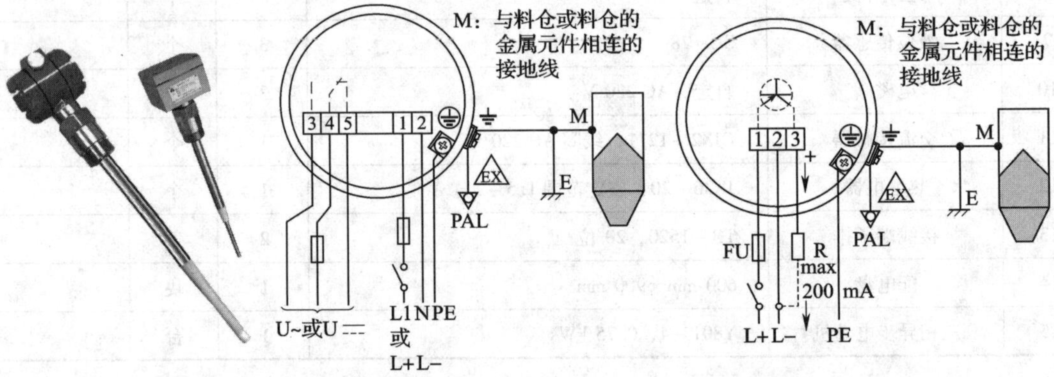

a） b） c）

图 3－3－3 电容式液位开关及其接线示意图

a）实物图 b）AC 或 DC 供电继电器输出型液位开关接线示意图

c）DC 供电晶体管输出型液位开关接线示意图

二、顺序控制继电器 S

顺序控制继电器 S 也称状态继电器，与 SCR 指令配合使用，用于组织设备的顺序操作，以实现顺序控制。顺序控制继电器 S 可以按位、字节、字或双字来存取，编址范围为 S0.0～S31.7，共 256 位，采用八进制编号（S0.0～S0.7、S1.0～S1.7…S31.0～S31.7）。

三、顺序控制继电器（SCR）指令

顺序控制继电器 S 专门用于顺序控制程序。顺序控制程序被 SCR 指令划分为 LSCR

（load sequence control relay，装载顺序控制继电器）指令与 SCRE（sequence control relay end，顺序控制继电器结束）指令之间的若干个 SCR 段，一个 SCR 段对应顺序功能图中的一步。

SCR 指令包括 LSCR 指令、SCRT（sequence control relay transition，顺序控制继电器转换）指令、SCRE 指令和 CSCRE 指令（CSCRE 指令只在 STL 编辑器中使用，且应用较少，这里不予介绍），其梯形图、语句表及功能见表 3－3－2。

表 3－3－2　　SCR 指令的梯形图、语句表及功能

指令名称	梯形图	语句表	功能
装载顺序控制继电器指令（LSCR 指令）	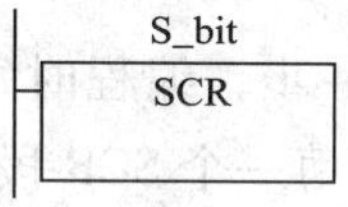	LSCR S_ bit	SCR 程序段的开始
顺序控制继电器转换指令（SCRT 指令）	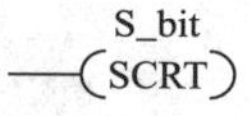	SCRT S_ bit	SCR 程序段的转换
顺序控制继电器结束指令（SCRE 指令）	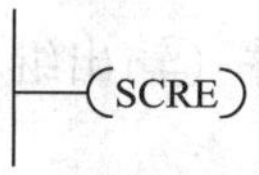	SCRE	SCR 程序段的结束

1. LSCR 指令

LSCR 指令用来表示一个 SCR 段的开始，即顺序功能图中步的开始。指令中的操作数 S_ bit为顺序控制继电器 S（BOOL 型）的地址。当 S_ bit 为“1”状态时，对应的 SCR 段中的程序被执行，反之则不被执行。

2. SCRT 指令

SCRT 指令用来表示 SCR 段之间的转换，即步的活动状态的转换。当 SCRT 线圈得电时，后续步对应的顺序控制继电器 S_ bit 变为“1”状态（后续步变为活动步），同时当前活动步对应的顺序控制继电器 S_ bit 变为“0”状态（当前步变为不活动步）。简单地说，SCRT 指令有两个功能，一是置位下一个要执行的 SCR 段的 S 位，使下一个 SCR 段开始工作；二是复位当前工作的 SCR 段的 S 位，使当前工作的 SCR 段停止工作。

3. SCRE 指令

SCRE 指令用来表示 SCR 段的结束。LSCR 指令将 S_ bit 的值装载到 SCR 堆栈和逻辑堆栈的栈顶，SCR 堆栈中 S 位的状态决定对应的 SCR 段是否执行。由于逻辑堆栈的栈顶装入了 S 位的值，所以可以将 LSCR 指令对应的 LAD 功能框或 SCRE 指令对应的 LAD 输出线圈直接连接到左母线上，无须在前面增加触点指令。

4. 使用 SCR 指令编程的要点

（1）SCR 指令的操作数只能是顺序控制继电器 S 的地址。S 的范围是 S0. 0 ~ S31. 7，采用八进制编号。如果顺序控制继电器 S 没有被 SCR 指令调用，它也可以作为位存储器使用。

（2）顺序控制继电器 S 可以用于主程序、子程序或中断程序，但不能重复使用，即不

能在不同的程序中使用相同的 S 位。例如，如果主程序中使用了 S0.1，则子程序中就不能再使用它了。

(3) 在顺序功能图中，使用顺序控制继电器 S 位时不一定要遵循元件的序号，即可以任意使用各序号的 S 位。但为避免重复，一般情况下会顺序地使用各 S 位，尤其在比较复杂的选择序列和并行序列中，最好做到分组、顺序地使用各 S 位。

(4) 每一个顺序控制继电器的 S 位都表示一个 SCR 段的状态。各 SCR 段的程序能否执行取决于对应的 S 位是否被置位，可以使用 SCRT 指令或对该 SCR 段对应的 S 位进行置位操作。如果需要结束某个 SCR 段，可以使用 SCRT 指令或对该 SCR 段对应的 S 位进行复位操作。

(5) 一个 SCR 段对应于顺序功能图中的一步，编程时每个 SCR 段都必须包含 LSCR、SCRT 和 SCRE 三个指令，缺一不可，而且编写每一个 SCR 段时要考虑三个方面的问题：

1) 本 SCR 段要完成什么工作?

2) 什么条件下才能实现状态的转移?

3) 状态转移的目标是什么?

(6) 在状态发生转移后，所有 SCR 段的元件（输出继电器、定时器等线圈）一般也要复位，如果希望继续输出，可以使用置位指令。

(7) 所有 SCR 段结束后，一般要用复位指令复位仍处于置位状态的 S 位，否则程序会出现运行错误。

(8) 不能在 SCR 段中使用 FOR、NEXT 和 END 指令；可以在 SCR 段中使用跳转指令，但相应的标号指令也必须在同一个 SCR 段中，即不允许用跳转的方法跳入或跳出 SCR 段。

(9) 不支持双线圈输出。

四、使用 SCR 指令的单序列编程方法

单序列顺序功能图的结构形式简单，如图 3-3-4 所示。其特点是每一步后面只有一个转换，每个转换后面只有一步。各个工作步按顺序执行，若上一工作步执行结束且转换条件满足，则立即开通下一工作步，同时关断上一工作步。

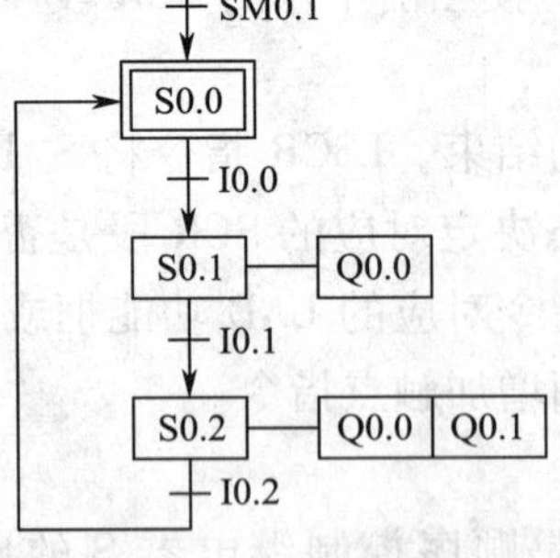

图 3-3-4 单序列顺序功能图

根据图 3-3-4 所示的单序列顺序功能图，用 SCR 指令编程，可得到图 3-3-5 所示的单序列顺序控制梯形图。

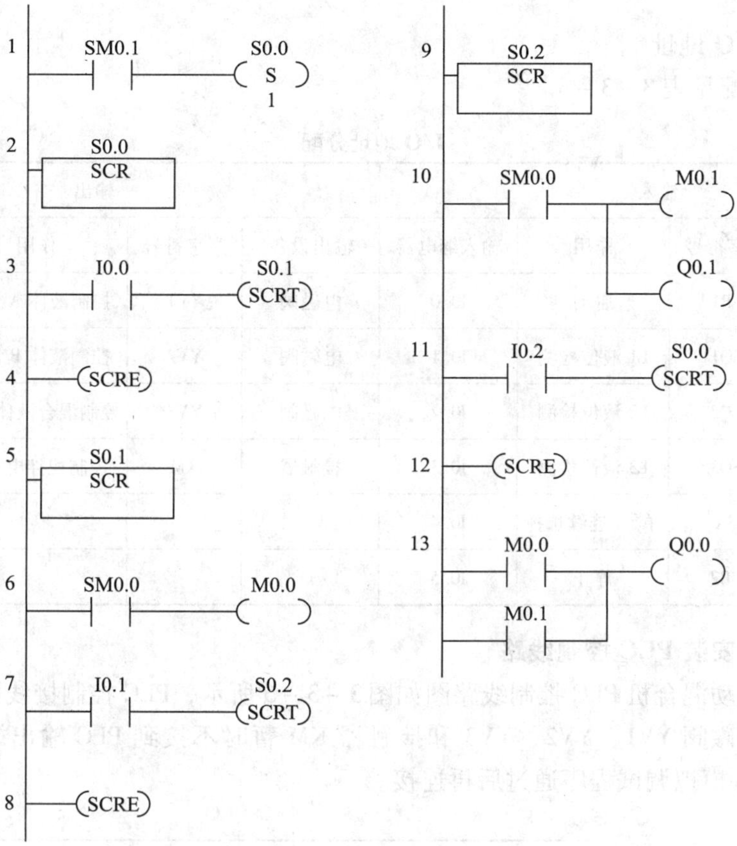

图 3－3－5　使用 SCR 指令的单序列顺序控制梯形图

一个 SCR 段由 LSCR 指令开始，SCRE 指令结束。也就是说，一个 SCR 段由 LSCR 指令和 SCRE 指令之间的所有指令组成，对应于顺序功能图中的一步。例如，图 3－3－5 所示的梯形图中，程序段 2～4、程序段 5～8、程序段 9～12 分别为步 S0.0、S0.1、S0.2 对应的 SCR 段。

在 SCR 段中，常用 SM0.0（常 ON）执行 SCR 段的输出操作，如图 3－3－5 中的程序段 6 和程序段 10。因为线圈不能直接与左母线相连，所以需借助 SM0.0 来与左母线相连，也可以借助与当前 SCR 段的步号一致的 S_bit 的常开触点来与左母线相连。

为了避免双线圈输出现象，在将顺序功能图改画为梯形图时，要将顺序功能图（见图 3－3－4）中对 Q0.0 线圈的控制合在一起，如图 3－3－5 中程序段 13 所示。

在顺序控制系统中，停止功能的处理比较复杂，可分为普通停止和紧急停止两种。扫描右侧二维码，可了解顺序控制系统中两种停止功能的实现方法。

任务实施

一、分配 I/O 地址

I/O 地址分配见表 3-3-3。

表 3-3-3　　I/O 地址分配

输入				输出			
输入设备	文字符号	作用	输入继电器	输出设备	文字符号	作用	输出继电器
启动按钮	SB1	启动	I0.0	电磁阀	YV1	控制液体 A 流入	Q0.1
液位传感器	SQ1	L1 液位检测	I0.1	电磁阀	YV2	控制液体 B 流入	Q0.2
液位传感器	SQ2	L2 液位检测	I0.2	电磁阀	YV3	控制混合液体排放	Q0.3
液位传感器	SQ3	L3 液位检测	I0.3	接触器	KM	控制搅拌电动机	Q0.4
选择开关	SA	单周/连续选择	I0.4				
停止按钮	SB2	停止	I0.5				

二、绘制并安装 PLC 控制线路

多种液体自动混合机 PLC 控制线路图如图 3-3-6 所示，PLC 控制接线图请读者自行绘制。安装时，电磁阀 YV1、YV2、YV3 和接触器 KM 暂时不接到 PLC 输出端 Q0.1、Q0.2、Q0.3、Q0.4，待模拟调试程序通过后再连接。

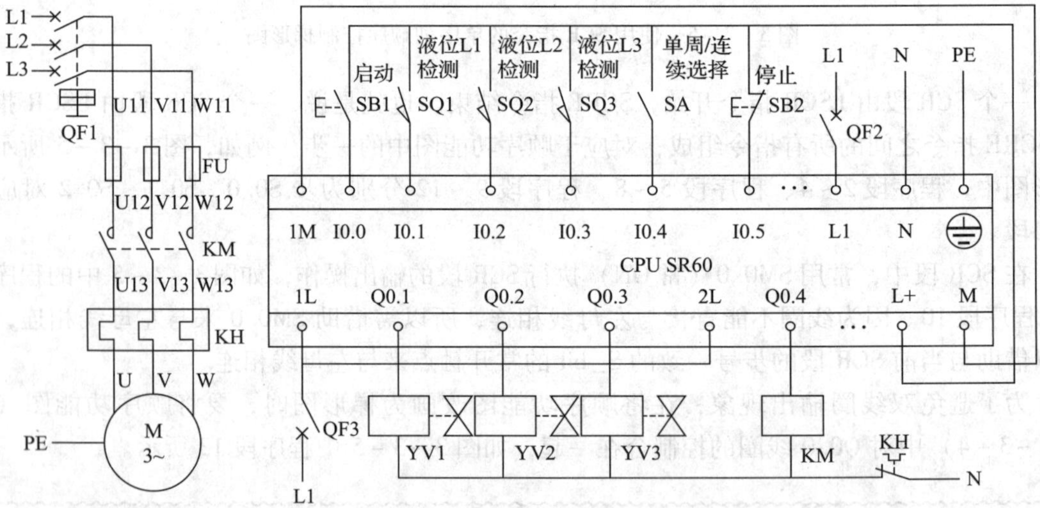

图 3-3-6　多种液体自动混合机 PLC 控制线路图

三、设计梯形图程序

编辑符号表，如图 3-3-7 所示。

符号表

	符号	地址	注释
1	启动按钮	I0.0	常开按钮
2	L1液位传感器	I0.1	L1液位检测
3	L2液位传感器	I0.2	L2液位检测
4	L3液位传感器	I0.3	L3液位检测
5	选择开关	I0.4	单周/连续（闭合/断开）
6	停止按钮	I0.5	常闭按钮
7	液体A电磁阀	Q0.1	控制液体A流入
8	液体B电磁阀	Q0.2	控制液体B流入
9	混合液体电磁阀	Q0.3	控制混合液体排放
10	搅拌电动机	Q0.4	搅拌混合液体

用户定义1　POU Symbols

图 3－3－7　符号表

分析多种液体自动混合机 PLC 控制的工作过程，绘制图 3－3－8 所示的步元件为顺序控制继电器 S 的顺序功能图。

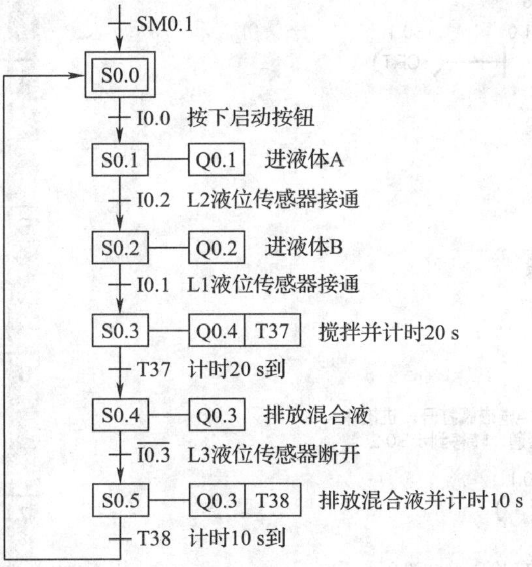

图 3－3－8　多种液体自动混合机 PLC 控制顺序功能图

想一想

当液面高于液位传感器 SQ3 时，I0.3 的常闭触点是闭合还是断开？当液面低于液位传感器 SQ3 时，I0.3 的常闭触点是闭合还是断开？

使用 SCR 指令的编程方法，将图 3－3－8 所示的顺序功能图转换为图 3－3－9a 所示的 PLC 顺序控制梯形图，图 3－3－9b 为语句表。

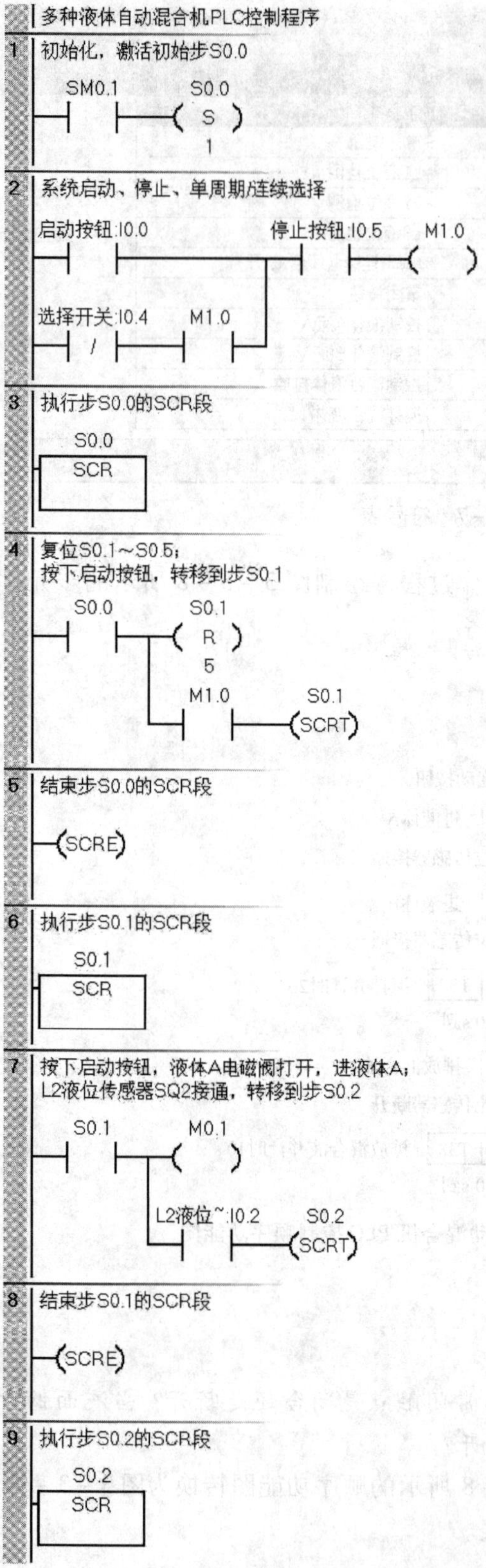


```
1  LD    SM0.1
   S     S0.0, 1

2  LD    I0.0
   LDN   I0.4
   A     M1.0
   OLD
   A     I0.5
   =     M1.0

3  LSCR  S0.0

4  LD    S0.0
   R     S0.1, 5
   A     M1.0
   SCRT  S0.1

5  SCRE

6  LSCR  S0.1

7  LD    S0.1
   =     M0.1
   A     I0.2
   SCRT  S0.2

8  SCRE

9  LSCR  S0.2
```

10 L2液位传感器SQ2接通，液体B电磁阀打开，进液体B；
L1液位传感器SQ1接通，转移到步S0.3

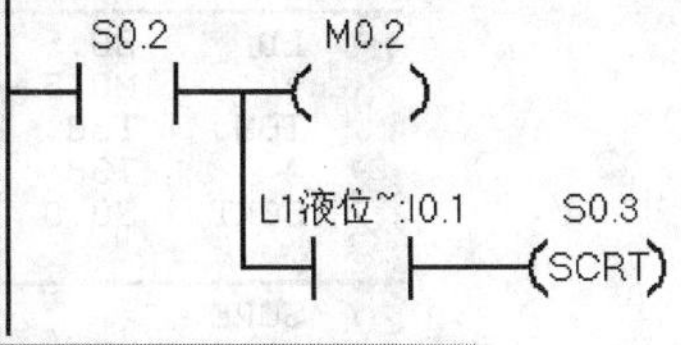


```
LD      S0.2
=       M0.2
A       I0.1
SCRT    S0.3
```

11 结束步S0.2的SCR段

```
SCRE
```

12 执行步S0.3的SCR段

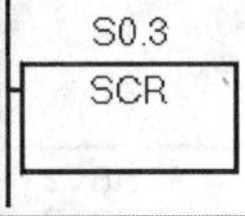


```
LSCR    S0.3
```

13 L1液位传感器SQ1接通，接触器KM线圈得电，电动机M启动，搅拌混合液；
T37计时20 s；T37计时20 s到，转移到步S0.4

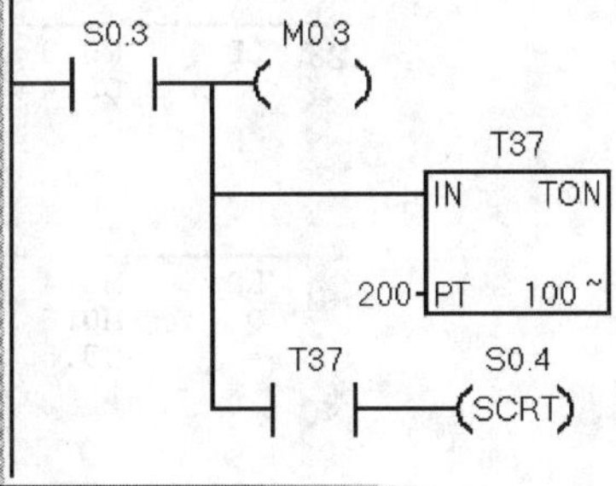


```
LD      S0.3
=       M0.3
TON     T37, 200
A       T37
SCRT    S0.4
```

14 结束步S0.3的SCR段

```
SCRE
```

15 执行步S0.4的SCR段

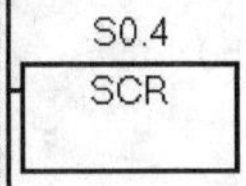


```
LSCR    S0.4
```

16 T37计时20 s到，混合液体电磁阀打开，排放混合液；
L3液位传感器SQ3由接通变为断开，转移到步S0.5

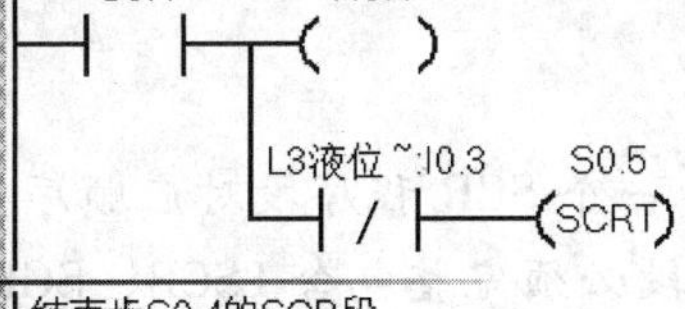


```
LD      S0.4
=       M0.4
AN      I0.3
SCRT    S0.5
```

17 结束步S0.4的SCR段

```
SCRE
```

18 执行步S0.5的SCR段

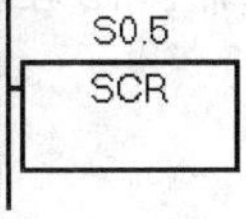


```
LSCR    S0.5
```

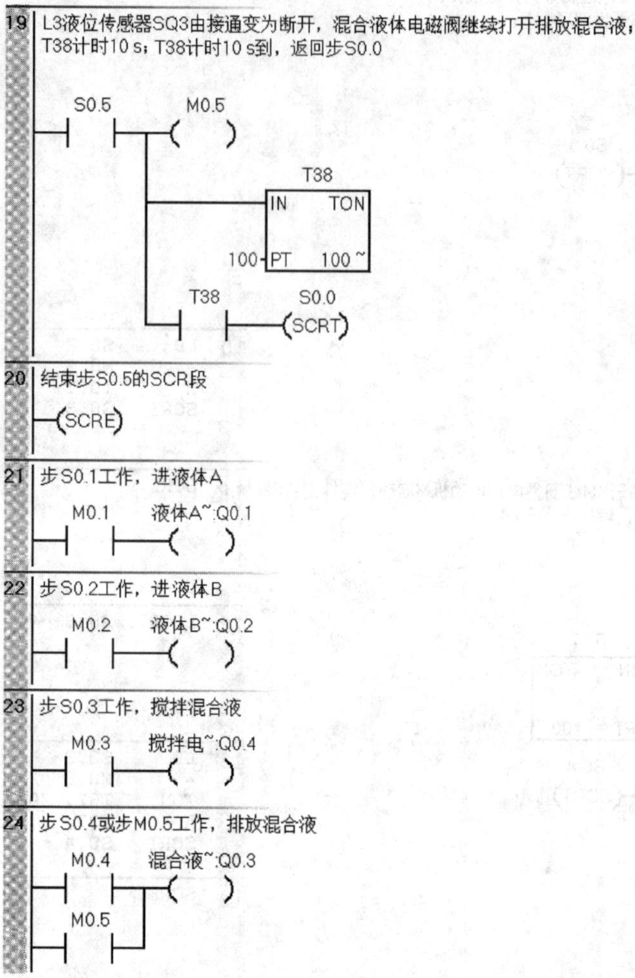

a）

```
19  LD      S0.5
    =       M0.5
    TON     T38, 100
    A       T38
    SCRT    S0.0

20  SCRE

21  LD      M0.1
    =       Q0.1

22  LD      M0.2
    =       Q0.2

23  LD      M0.3
    =       Q0.4

24  LD      M0.4
    O       M0.5
    =       Q0.3
```

b）

图 3－3－9　多种液体自动混合机 PLC 顺序控制程序

a）梯形图　b）语句表

操作提示

使用 SCR 指令设计或编辑 PLC 顺序控制程序时，一个 SCR 程序段对应顺序功能图中的一步，如果这一步使用到 SCRT 指令，则该 SCR 程序段必须完整包含 LSCR、SCRT 和 SCRE 三个指令，而且先后次序不能颠倒。如果遗漏了 LSCR 指令或 SCRE 指令，或颠倒了指令次序，则在编译程序时不会出现错误，而在下载程序时会出现错误，导致程序无法正常下载。如果遗漏了 SCRT 指令编写的一个程序段，则在编译和下载程序时都正常，而在执行程序时无法达到控制要求。

四、模拟调试

根据顺序功能图，利用程序状态监控或状态图表监控的方法模拟调试程序。

用 STEP 7 - Micro/WIN SMART 编程软件的程序状态监控功能来监视处于运行模式的梯形图，可以看到因为直接接在左母线上，每一个 SCR 方框都是蓝色的，但是只有活动步对应的 SCRE 线圈得电，并且只有活动步对应的 SCR 段内的 SM0.0（如果使用了）的常开触点闭合，不活动步的 SCR 段内的 SM0.0（如果使用了）的常开触点断开。以上现象表明，SCR 段内的所有线圈都受到对应的顺序控制继电器 S 的控制。

五、联机调试

模拟调试成功后，接上实际的负载，按照表 3 - 3 - 4 的步骤进行联机调试，同时注意观察和记录。

表 3 - 3 - 4　　联机调试记录表

步骤	操作内容	观察内容	观察结果
1	合上电源开关 QF1、QF2 和 QF3	以太网状态指示灯、CPU 状态指示灯和 I/O 状态指示灯的状态	
2	通过编程软件，将 PLC 置于 RUN 模式		
3	连续循环工作，断开选择开关 SA	I/O 状态指示灯的状态、电磁阀 YV1 ~ YV3 得电和接触器 KM 的运行情况	
4	按下启动按钮 SB1 并松开		
5	接通液位传感器 SQ3 并保持		
6	接通液位传感器 SQ2 并保持		
7	接通液位传感器 SQ1 并保持		
8	定时器 T37 计时 20 s 到		
9	断开液位传感器 SQ1		
10	断开液位传感器 SQ2		
11	断开液位传感器 SQ3		
12	定时器 T38 计时 10 s 到		
13	按下停止按钮 SB2 并松开		
14	重复步骤 5 ~ 12		
15	单周期工作，闭合选择开关 SA		
16	重复步骤 4 ~ 13		
17	通过编程软件，将 PLC 置于 STOP 模式	CPU 状态指示灯和 I/O 状态指示灯的状态	
18	关断电源开关 QF1、QF2 和 QF3		

任务测评

参考表 1 - 3 - 10 进行任务测评。

任务 4 自动门 PLC 控制

学习目标

1. 了解自动门感应器的原理和使用方法。
2. 能使用 SCR 指令的编程方法，将步元件为 S 的选择序列顺序功能图改画为梯形图。
3. 能运用顺序控制设计法，根据系统控制要求绘制步元件为 S 的选择序列顺序功能图，并运用 SCR 指令设计选择序列顺序控制系统。

任务引入

在经济飞速发展、高楼耸立的大都市里，酒店、银行、商场、写字楼等建筑物里的自动门已经随处可见，如图 3－4－1a 所示。自动门是通过感应开关来感应人的出入的，工作示意图如图 3－4－1b 所示。当人走近自动门时，感应开关感应到人的存在，给控制器一个开门信号，控制器通过驱动装置将门打开。待人通过自动门后，再将门关闭。

a）

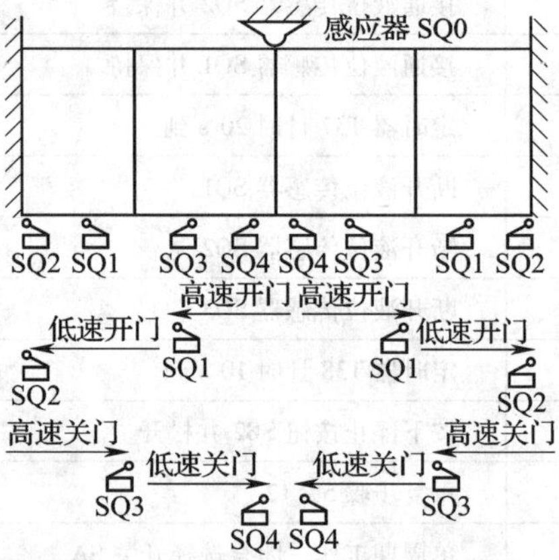

b）

图 3－4－1 自动门及其工作示意图

a）自动门实物图 b）工作示意图

本任务要求运用 PLC 顺序控制设计法，使用 SCR 指令设计自动门 PLC 控制系统，并完成安装和调试。控制要求如下：

1. 开门控制

当有人靠近自动门时，感应器 SQ0 检测到信号，执行高速开门动作。当门开到一定位置，碰到开门减速开关 SQ1 时，变为低速开门。当碰到开门极限开关 SQ2 时，门打开到位，并开始延时。若在 4 s 内感应器持续检测为无人，即转为关门动作。

2. 关门控制

先高速关门，当门关到一定位置碰到关门减速开关 SQ3 时，改为低速关门，碰到关门极限开关 SQ4 时停止。在关门期间若感应器检测到有人（SQ0 动作），则停止关门，延时 1 s 后自动转换为高速开门。

3. 具有短路保护等必要的保护措施

本课题的前三个任务都是典型的单序列顺序控制系统的程序设计，根据单序列顺序功能图，分别使用了启保停电路的编程方法、置位/复位指令的编程方法和 SCR 指令的编程方法，进行了单序列顺序控制梯形图的设计。但在很多顺序控制系统对应的顺序功能图中，往往有两个或两个以上的状态转移支路，即多分支流程。按照驱动条件的不同，多分支流程的顺序控制可分为选择性分支和并行性分支。其中选择性分支是指当前步执行完毕后有两个或两个以上的步可转移；并行性分支是指当转换条件满足时有两个或两个以上的步同时被激活。分析本任务的控制要求可知，自动门 PLC 控制属于典型的选择序列结构的顺序控制。SCR 指令编程简单清晰，容易理解，而且编程效率高，因此本任务选择使用 SCR 指令设计自动门 PLC 控制系统。

实施本任务所使用的实训设备可参考表 3-4-1。

表 3-4-1　实训设备清单

序号	设备名称	型号及规格	数量	单位	备注
1	微型计算机	带 STEP 7-Micro/WIN SMART 软件	1	台	
2	编程电缆	以太网电缆或 USB-PPI 电缆	1	条	
3	可编程序控制器	S7-200 SMART CPU SR60	1	台	配 C45 导轨
4	低压断路器	Multi9 C65N D20，单极	2	个	
5	低压断路器	Multi9 C65N D20，三极	1	个	
6	熔断器	RT28-32/4	6	个	
7	红外感应器	K-25，12～24 V	1	个	
8	限位开关	JLXK1-111	4	个	
9	交流接触器	CJX2-1211，线圈 AC 220 V	4	个	
10	热继电器	JR36-20，整定范围 1.5～2.4 A	2	个	
11	接线端子排	TB-1520，20 位	2	条	
12	配电盘	600 mm×900 mm	1	块	
13	三相异步电动机	Y801-2，0.75 kW	1	台	
14	三相异步电动机	Y801-4，0.75 kW	1	台	

相关知识

一、自动门感应器

感应器是自动门的重要部件，常用的自动门感应器有微波感应器和红外感应器。

微波感应器又称微波雷达，它通过电磁波对物体的移动进行反应，因而反应速度快，适用于行走速度正常人员通过的场所。它的缺点是一旦在门附近的人员不想出门而静止不动，雷达便不再反应，自动门就会关闭，有可能出现夹人现象。

红外感应器利用物体的红外光谱对物体的存在进行反应，不管人员是否移动，只要处于感应器的扫描范围内，它都会产生反应。红外感应器的反应速度比微波感应器慢，但为了安全，一般选用红外感应器。

自动门常用的热释电红外感应器是一种根据热释电效应原理，以非接触形式检测出人体辐射的红外线而输出电信号的感应器。应用这类感应器时，应设法使红外辐射不断变化，这样才能使感应器不断有信号输出。因此，通常会在热释电红外感应器的前面加装一个菲涅尔透镜。由于热释电红外感应器输出的是 5 V 直流信号，因此需要进行信号的处理和转换，以作为 PLC 的输入量使用。例如，使用一款具有较高性能的传感信号处理集成电路 BISS0001，配以热释电红外感应器和少量外接元器件，构成被动式的热释电红外开关，即可作为 PLC 的输入设备，控制自动门的开启和关闭。热释电红外开关的组成示意图如图 3－4－2 所示。

图 3－4－2　热释电红外开关的组成示意图

实际的平移自动门装置中，自动门感应器应在门内、门外各放置一只，本任务为简便起见，只使用一个接近开关。

二、选择序列的特点

选择序列顺序功能图有两个或两个以上的分支，由各自条件决定转移到其中一个分支（各自的转换条件只能标在水平连线之内），而不能有两个或两个以上的转移发生。

三、使用 SCR 指令的选择序列的编程方法

选择序列的编程主要分为两部分：选择序列分支的编程和选择序列合并的编程。

1. 选择序列分支的编程方法

在进行选择序列分支的编程时，如果某一步的后面有 N 个选择序列的分支，则该步的 SCR 段内应有 N 个分别指明各转换条件和转换目标的电路。

【例 3－4－1】　图 3－4－3a 中，在步 S0.0 之后有两个选择序列的分支，这两个分支不能同时执行，只能选择其中的一个分支执行，其梯形图如图 3－4－3b 所示。

例如，当步 S0.0 为活动步，即 S0.0 为 1 时，若转换条件 I0.0 为 1，步 S0.0 对应的程序段 3 中的指令 SCRT S0.1 被执行，步 S0.1 将变为活动步，步 S0.1 对应的 SCR 段（程序段 6～9）被执行，而步 S0.0 变为不活动步；同理，当步 S0.0 为活动步，即 S0.0 为 1 时，若转换条件 I0.2 为 1，将执行步 S0.0 对应的程序段 4 中的指令 SCRT S0.2，步 S0.2 将变为活动步，步 S0.2 对应的 SCR 段（程序段 10～13）被执行，步 S0.0 变为不活动步。

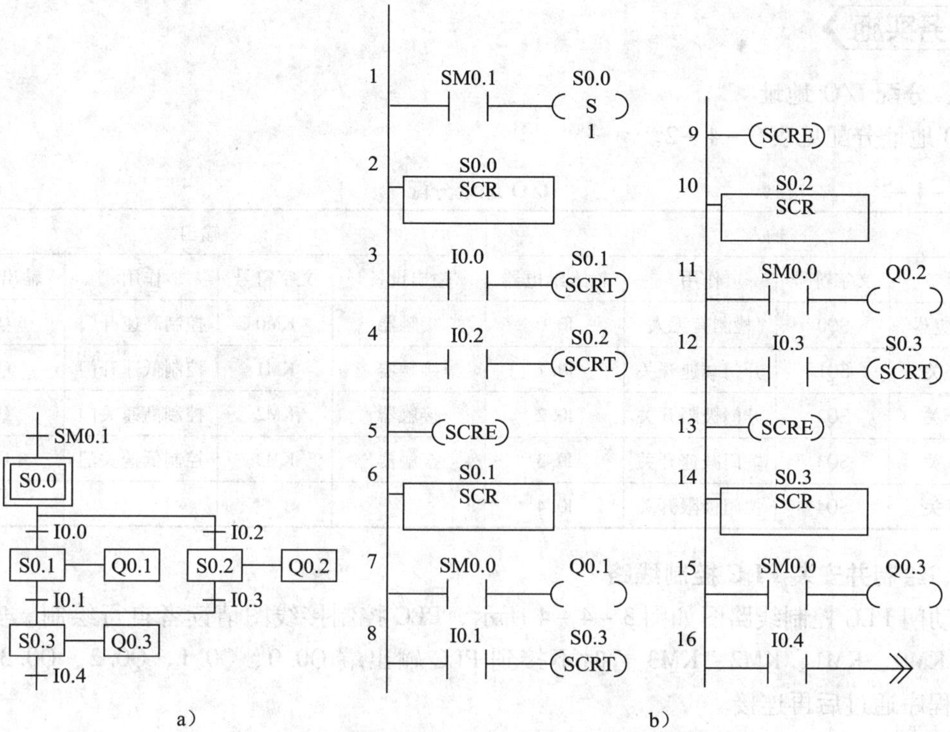

图 3 -4 -3　使用 SCR 指令的选择序列的编程方法

a）顺序功能图　b）梯形图

2. 选择序列合并的编程方法

在进行选择序列合并的编程时，如果某一步的前面有一个由 N 个支路组成的选择序列的合并，则该步的 SCR 段之前也应有 N 个分别指明各转换条件和同一转换目标的电路。

图 3 -4 -3a 中，步 S0. 3 之前为由两个支路组成的选择序列的合并。当步 S0. 1 为活动步且转换条件 I0. 1 满足，或步 S0. 2 为活动步且转换条件 I0. 3 满足时，步 S0. 3 变为活动步，同时步 S0. 1 或步 S0. 2 变为不活动步。

在步 S0. 1 和步 S0. 2 对应的 SCR 段中，分别用 I0. 1 和 I0. 3 的常开触点驱动 SCRT S0. 3 指令，如图 3 -4 -3b 中梯形图程序段 8 和程序段 12 所示。程序段 8 和程序段 12 中均有转换目标 S0. 3，只要任意一个转换实现，系统就自动执行步 S0. 3 对应的 SCR 段，并自动复位相应的前级步（步 S0. 1 或步 S0. 2）。在设计梯形图时，没有必要特别留意选择序列的合并如何处理，只要正确地确定每一步的转换条件和转换目标，就能自然地实现选择序列的合并。

从上述选择序列分支和合并的编程方法可以总结出选择序列顺序功能图的特点：

（1）选择序列各分支状态的转移由各自条件选择执行，不能进行两个或两个以上分支状态的同时转移。

（2）选择序列分支时是先分支后条件。

（3）选择序列合并时是先条件后合并。

任务实施

一、分配 I/O 地址

I/O 地址分配见表 3-4-2。

表 3-4-2　　I/O 地址分配

输入				输出			
输入设备	文字符号	作用	输入继电器	输出设备	文字符号	作用	输出继电器
红外感应器	SQ0	检测有无人	I0.0	接触器	KM0	控制高速开门	Q0.0
限位开关	SQ1	开门减速开关	I0.1	接触器	KM1	控制低速开门	Q0.1
限位开关	SQ2	开门极限开关	I0.2	接触器	KM2	控制高速关门	Q0.2
限位开关	SQ3	关门减速开关	I0.3	接触器	KM3	控制低速关门	Q0.3
限位开关	SQ4	关门极限开关	I0.4				

二、绘制并安装 PLC 控制线路

自动门 PLC 控制线路图如图 3-4-4 所示，PLC 控制接线图请读者自行绘制。安装时，接触器 KM0、KM1、KM2、KM3 暂时不接到 PLC 输出端 Q0.0、Q0.1、Q0.2、Q0.3，待模拟调试程序通过后再连接。

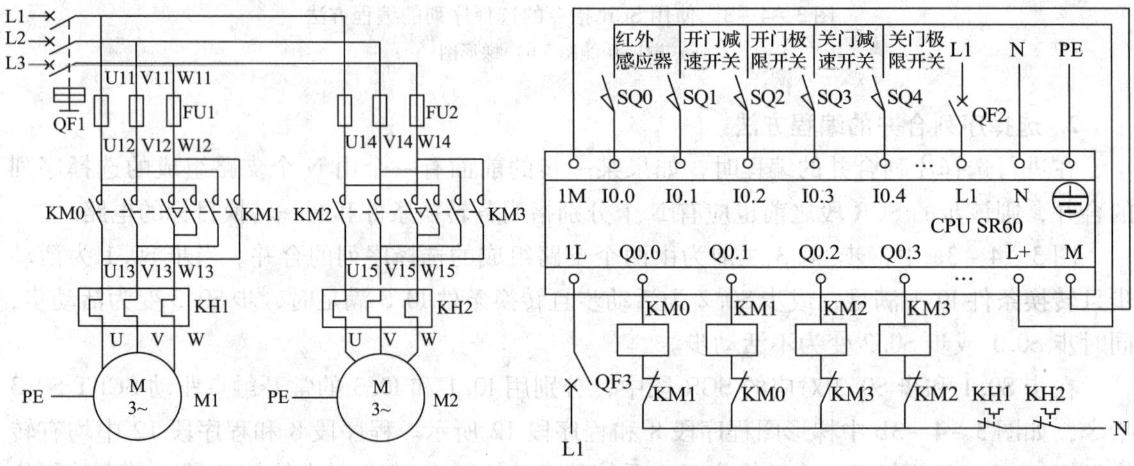

图 3-4-4　自动门 PLC 控制线路图

三、设计梯形图程序

编辑符号表，如图 3-4-5 所示。

分析自动门的工作过程，可以看出自动门在关门时有三种选择：一是关门期间无人要求进出，自动门会继续完成关门动作；二是高速关门期间有人要求进出，自动门会暂停关门动作，继续开门让人进出后再关门；三是低速关门期间有人要求进出，自动门会暂停关门动作，继续开门让人进出后再关门。据此可绘制出图 3-4-6 所示的步元件为顺序控制继电器 S 的顺序功能图。

符号表

	符号	地址	注释
1	红外感应器	I0.0	SQ0
2	开门减速开关	I0.1	SQ1
3	开门极限开关	I0.2	SQ2
4	关门减速开关	I0.3	SQ3
5	关门极限开关	I0.4	SQ4
6	高速开门接触器	Q0.0	KM0
7	低速开门接触器	Q0.1	KM1
8	高速关门接触器	Q0.2	KM2
9	低速关门接触器	Q0.3	KM3

用户定义1　POU Symbols

图3-4-5　符号表

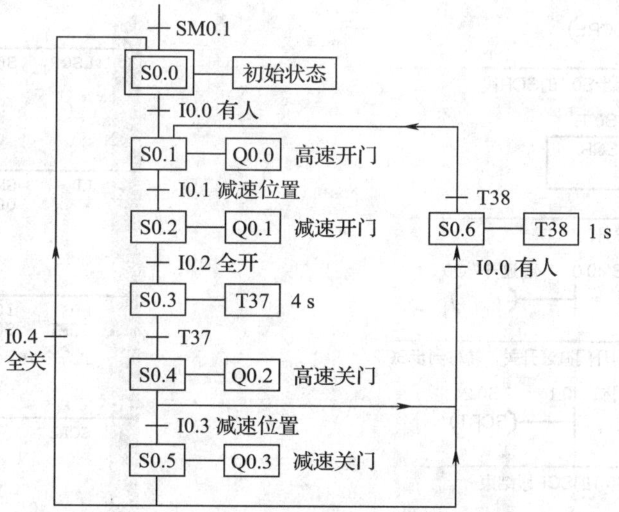

图3-4-6　自动门PLC控制顺序功能图

小提示

(1) 步S0.1之前有一个选择序列的合并，当S0.0为活动步且转换条件I0.0满足，或S0.6为活动步且转换条件T38满足时，步S0.1都应变为活动步。

(2) 步S0.4之后有一个选择序列的分支，当它的后续步S0.5或步S0.6变为活动步时，它都应变为不活动步。同样，步S0.5之后也有一个选择序列的分支，当它的后续步S0.0或步S0.6变为活动步时，它也应变为不活动步。

使用SCR指令的编程方法，将图3-4-6所示的顺序功能图转换为图3-4-7a所示的PLC控制梯形图，语句表如图3-4-7b所示。

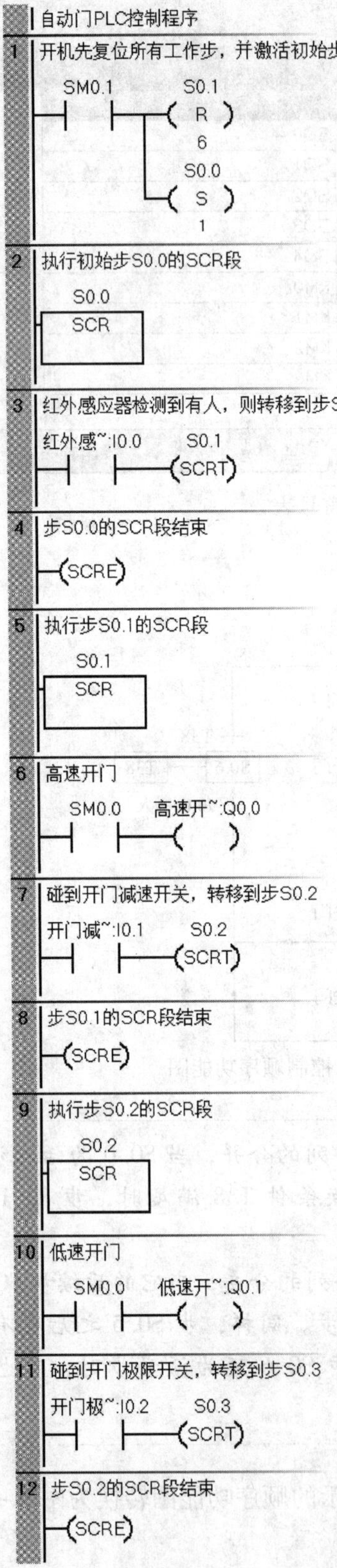


```
1   LD      SM0.1
    R       S0.1, 6
    S       S0.0, 1

2   LSCR    S0.0

3   LD      I0.0
    SCRT    S0.1

4   SCRE

5   LSCR    S0.1

6   LD      SM0.0
    =       Q0.0

7   LD      I0.1
    SCRT    S0.2

8   SCRE

9   LSCR    S0.2

10  LD      SM0.0
    =       Q0.1

11  LD      I0.2
    SCRT    S0.3

12  SCRE
```

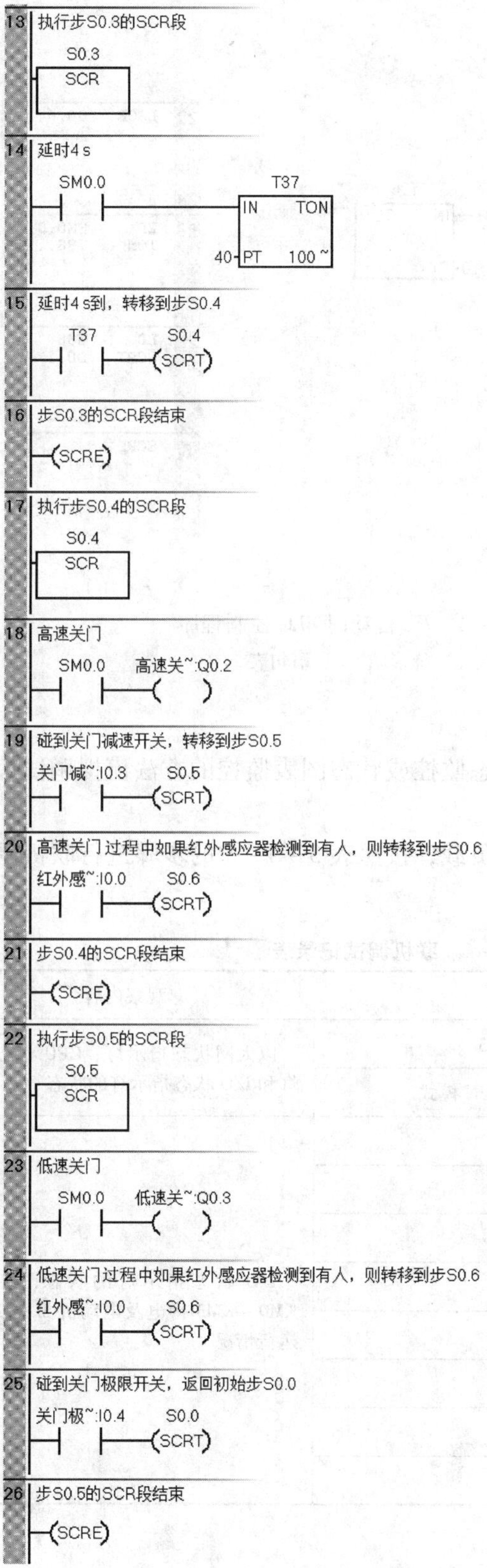


```
13  LSCR   S0.3

14  LD     SM0.0
    TON    T37, 40

15  LD     T37
    SCRT   S0.4

16  SCRE

17  LSCR   S0.4

18  LD     SM0.0
    =      Q0.2

19  LD     I0.3
    SCRT   S0.5

20  LD     I0.0
    SCRT   S0.6

21  SCRE

22  LSCR   S0.5

23  LD     SM0.0
    =      Q0.3

24  LD     I0.0
    SCRT   S0.6

25  LD     I0.4
    SCRT   S0.0

26  SCRE
```

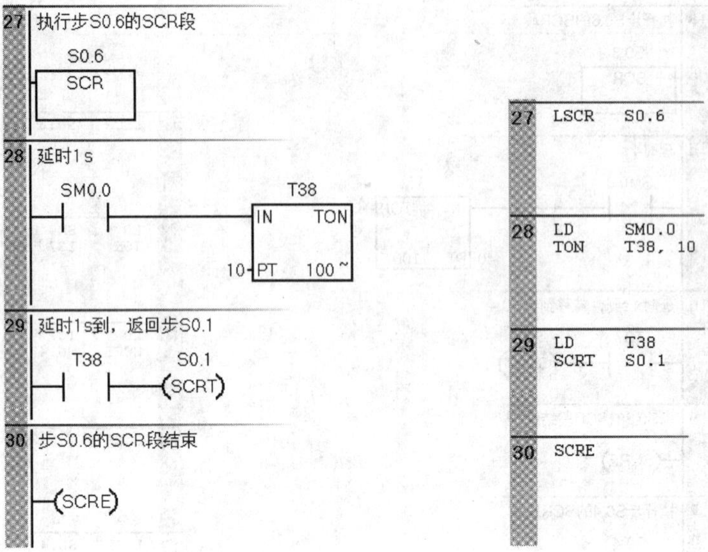

a）　　　　b）

图 3－4－7　自动门 PLC 控制程序

a）梯形图　b）语句表

四、模拟调试

根据顺序功能图，利用程序状态监控或状态图表监控的方法模拟调试程序。

五、联机调试

模拟调试成功后，接上实际的负载，按照表 3－4－3 的步骤进行联机调试，同时注意观察和记录。

表 3－4－3　　联机调试记录表

步骤	操作内容	观察内容	观察结果
1	合上电源开关 QF1、QF2 和 QF3	以太网状态指示灯、CPU 状态指示灯和 I/O 状态指示灯的状态	
2	通过编程软件，将 PLC 置于 RUN 模式		
3	接通 SQ4	I/O 状态指示灯的状态、接触器 KM0～KM3 得电及电动机 M1、M2 的运行情况	
4	接通 SQ0 并断开		
5	断开 SQ4		
6	接通 SQ1 并断开		
7	接通 SQ2		
8	定时器 T37 计时 4 s 到		
9	断开 SQ2		
10	接通 SQ3 并断开		

续表

步骤	操作内容	观察内容	观察结果
11	接通 SQ4	I/O 状态指示灯的状态、接触器 KM0～KM3 得电及电动机 M1、M2 的运行情况	
12	重复步骤 4～9		
13	接通 SQ0 并断开		
14	定时器 T38 计时 1 s 到		
15	重复步骤 6～10		
16	接通 SQ0 并断开		
17	定时器 T38 计时 1 s 到		
18	通过编程软件，将 PLC 置于 STOP 模式	CPU 状态指示灯和 I/O 状态指示灯的状态	
19	关断电源开关 QF1、QF2 和 QF3		

任务测评

参考表 1－3－10 进行任务测评。

任务 5 按钮式人行横道交通灯 PLC 控制

学习目标

1. 能使用 SCR 指令的编程方法，将步元件为 S 的并行序列顺序功能图改画为梯形图。

2. 能运用顺序控制设计法，根据系统控制要求绘制步元件为 S 的并行序列顺序功能图，并使用 SCR 指令设计并行序列顺序控制系统。

任务引入

图 3－5－1 所示为按钮式人行横道交通灯示意图。平时车行道都是绿灯，人行横道都是红灯。当有行人要过马路时，按下灯杆上的按钮 SB1 或 SB2，等待一定的时间，当车行道变为红灯时，车辆停驶，再等待一定的时间后，人行横道变为绿灯，行人才可以安全地穿过马路，这种按钮式人行横道交通灯体现了交通管理的人性化。

按钮式人行横道交通灯一个工作周期控制的时序图如图 3－5－2 所示。

本任务要求运用 PLC 顺序控制设计法，使用 SCR 指令设计按钮式人行横道交通灯 PLC 控制系统，并完成安装和调试。控制要求如下：

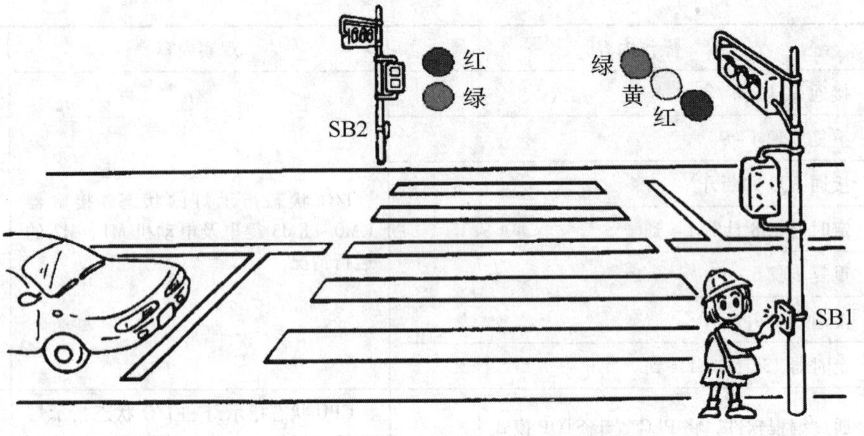

图 3-5-1　按钮式人行横道交通灯示意图

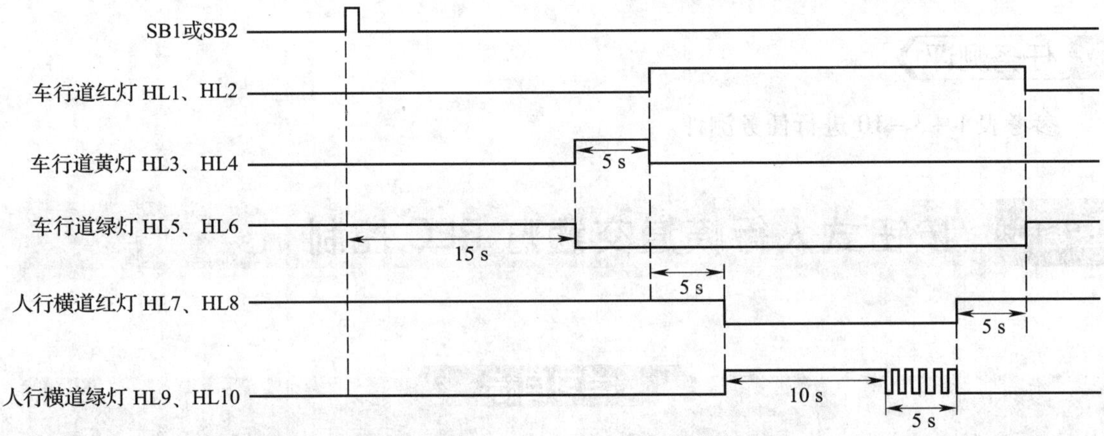

图 3-5-2　按钮式人行横道交通灯一个工作周期控制的时序图

1. 若无行人要过人行横道（初始状态），则车行道为绿灯信号，人行横道为红灯信号。

2. 若有行人要过人行横道，按下按钮 SB1 或 SB2，15 s 后车行道响应为黄灯信号，再经 5 s 转为红灯信号。为了确保安全，车行道红灯信号给出 5 s 后才允许人行横道绿灯亮，即人行横道方可通行。

3. 人行横道绿灯亮 10 s 后，转为绿灯闪烁信号（OFF/ON 各 0.5 s），以提示人行横道绿灯即将关闭。人行横道绿灯闪烁五次后转为红灯信号，再经 5 s 后返回初始状态。

4. 具有短路保护等必要的保护措施。

在只有纵向行驶的交通系统中，常需要考虑人行横道的设置，人行横道的通行一般都用启动按钮控制。这种车行道和人行横道同时进行的控制，属于典型的并行序列顺序控制。

实施本任务所使用的实训设备可参考表 3-5-1。

表 3－5－1　　实训设备清单

序号	设备名称	型号及规格	数量	单位	备注
1	微型计算机	带 STEP 7－Micro/WIN SMART 软件	1	台	
2	编程电缆	以太网电缆或 USB－PPI 电缆	1	条	
3	可编程序控制器	S7－200 SMART CPU SR60	1	台	配 C45 导轨
4	低压断路器	Multi9 C65N D20，单极	2	个	
5	按钮	LA4－2H	1	个	
6	信号灯	自定，AC 220 V	10	个	红/黄/绿（4/4/2）
7	接线端子排	TB－1520，20 位	2	条	
8	配电盘	600 mm×900 mm	1	块	

相关知识

一、并行序列的特点

在并行序列中，当转换条件满足时有两个或两个以上的步同时转移。也就是说，并行序列顺序控制过程进行到某一步时，若该步后面有多个分支，且该步结束后，转移条件满足，则同时开始所有分支的顺序动作。在全部分支的顺序动作结束后，合并成为一个控制流继续向下运行，这就是并行序列结构的顺序控制过程。

二、使用 SCR 指令的并行序列编程方法

并行序列的编程主要分两部分：并行序列分支的编程和并行序列合并的编程。

1. 并行序列分支的编程

并行序列的分支是指当转换实现后将同时激活多个后续步，每个序列中活动步的进展将是独立的。为了区别于选择序列顺序功能图，强调转换的同步实现，并行序列开始的分支水平连线用双线表示，转换条件放在双线之上。

在进行并行序列分支的编程时，如果某一步的后面有 N 个并行序列的分支，则该步的 SCR 段中应有同一转换条件控制的 N 个不同转换目标的电路，即应同时激活多个 SCR 段。

图 3－5－3a 中，在步 S0.1 之后有一个并行序列的分支，当步 S0.1 是活动步，且转换条件 I0.1 满足时，步 S0.2 与步 S0.3 应同时变为活动步。这是用 S0.1 对应的 SCR 段中 I0.1 的常开触点同时驱动指令 SCRT S0.2 和 SCRT S0.3 对应的线圈（见图 3－5－3b 中的程序段 7）来实现的。与此同时，S0.1 被自动复位，步 S0.1 变为不活动步。

2. 并行序列合并的编程

为了区别于选择序列顺序功能图，并行序列合并时的水平连线也用双线表示，转换条件放在双线之下。

在进行并行序列合并的编程时，如果某一步的前面有一个由 N 个支路组成的并行序

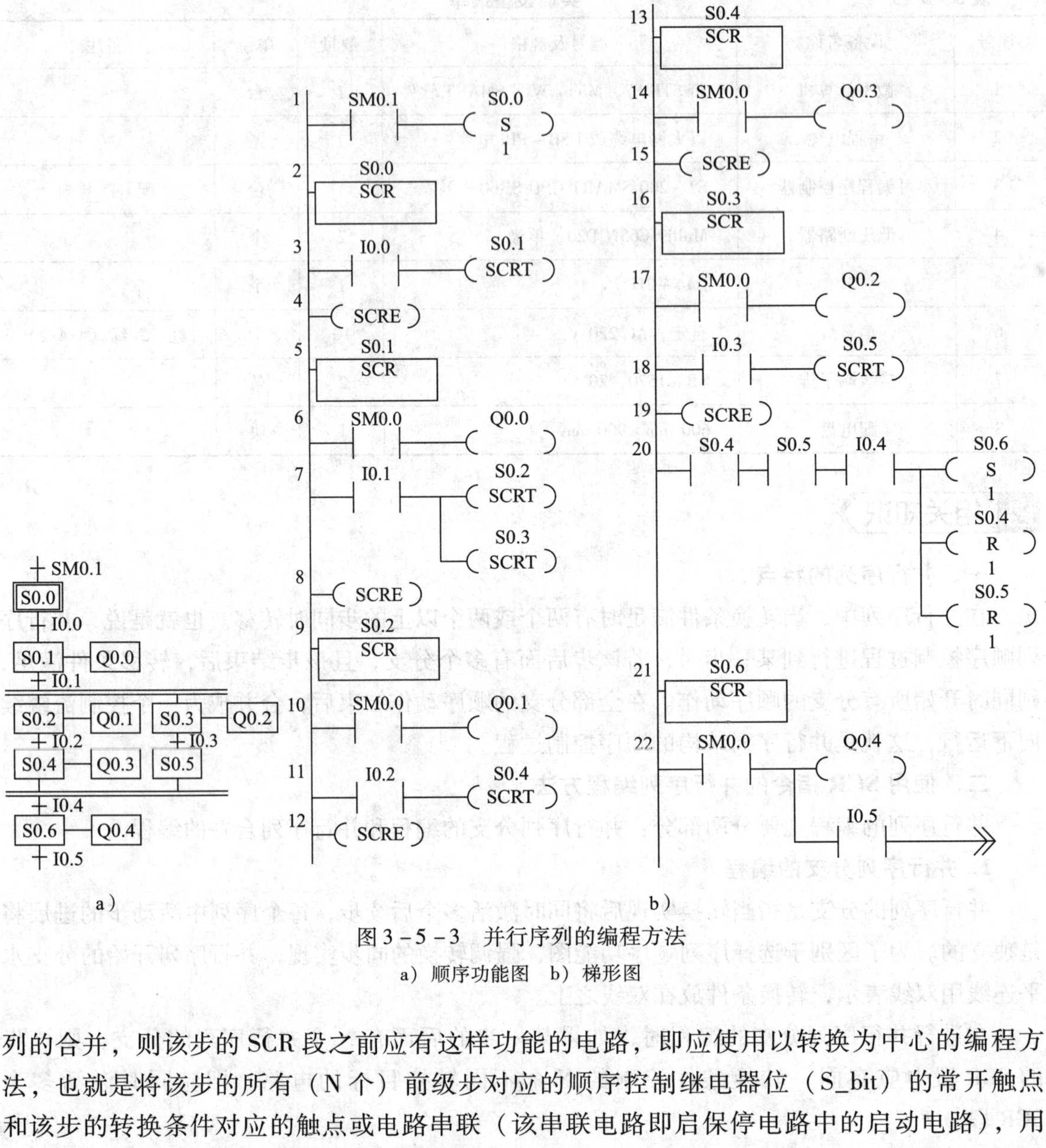

图3－5－3 并行序列的编程方法

a）顺序功能图 b）梯形图

列的合并，则该步的SCR段之前应有这样功能的电路，即应使用以转换为中心的编程方法，也就是将该步的所有（N个）前级步对应的顺序控制继电器位（S_bit）的常开触点和该步的转换条件对应的触点或电路串联（该串联电路即启保停电路中的启动电路），用此串联电路作为使该步对应的顺序控制继电器位置位和使所有前级步对应的顺序控制继电器位复位的条件。值得注意的是，由于并行序列是多个分支同时工作的，合并时必须等到所有分支的最后一个状态都处于活动状态，并且满足转换条件时，才能共同进入下一个SCR段。

图3－5－3a中，在步S0.6之前有一个并行序列的合并，转换实现的条件是所有的前级步（即步S0.4和步S0.5）都是活动步且转换条件I0.4满足。由此可知，应使用以转换为中心的编程方法，也就是将步S0.4、步S0.5和I0.4的常开触点串联，来控制步S0.6的置位和步S0.4、步S0.5的复位（见图3－5－3b中的程序段18），从而使步S0.6变为活动步，

步 S0.4 和步 S0.5 变为不活动步。

小提示

图 3-5-3 中并行序列合并时，步 S0.4 的 SCR 段没有使用 SCRT 指令，步 S0.5 甚至没有 SCR 段（没有使用 SCR 指令），所以步 S0.4 和步 S0.5 的复位不能自动进行，要用复位指令对其进行复位。这种处理方法在并行序列的合并处经常用到，而且并行序列合并前的最后一个状态往往是“等待”过渡状态，它们要等待并行序列所有分支的最后一个状态都为活动状态后一起转移到新的状态。这些“等待”状态（有时也称为等待步）不能自动复位，它们的复位必须使用复位指令来完成。

从上述并行序列分支和合并的编程方法可以总结出并行序列顺序功能图的特点：

1. 并行序列由同一个转换条件控制，同时激活各分支的第一个状态。
2. 并行序列在分支时是先条件后分支。
3. 并行序列在合并时是先合并后条件。

任务实施

一、分配 I/O 地址

I/O 地址分配见表 3-5-2。其中，相反方向的显示同一种颜色的两个信号灯占用一个输出点，可以节约 PLC 输出点，但是要注意输出公共点的电流容量。

表 3-5-2　　I/O 地址分配

输入				输出			
输入设备	文字符号	作用	输入继电器	输出设备	文字符号	作用	输出继电器
启动按钮	SB1	启动	I0.1	信号灯	HL1、HL2	车行道红灯	Q0.1
启动按钮	SB2	启动	I0.2	信号灯	HL3、HL4	车行道黄灯	Q0.2
				信号灯	HL5、HL6	车行道绿灯	Q0.3
				信号灯	HL7、HL8	人行横道红灯	Q0.4
				信号灯	HL9、HL10	人行横道绿灯	Q0.5

二、绘制并安装 PLC 控制线路

按钮式人行横道交通灯 PLC 控制线路图如图 3-5-4 所示，PLC 控制接线图请读者自行绘制。安装时，信号灯 HL1、HL2、HL3、HL4、HL5、HL6、HL7、HL8、HL9、HL10 暂时不接到 PLC 输出端 Q0.1、Q0.2、Q0.3、Q0.4、Q0.5，待模拟调试程序通过后再连接。

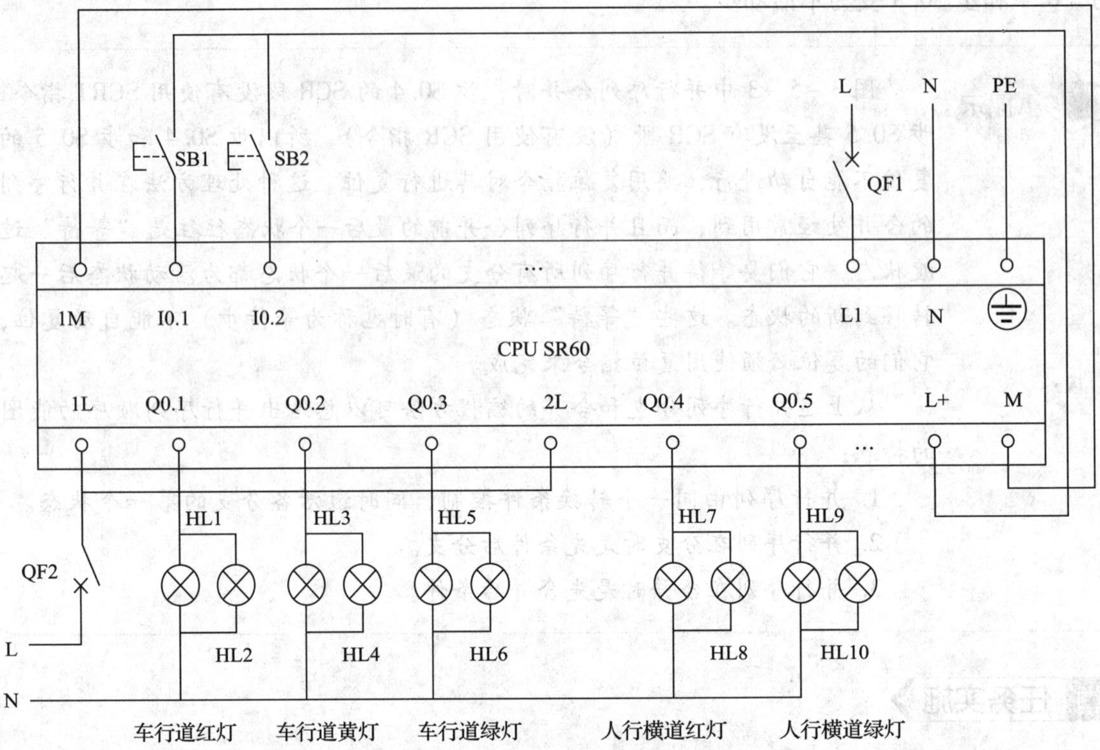

图 3－5－4　按钮式人行横道交通灯 PLC 控制线路图

三、设计梯形图程序

编辑符号表，如图 3－5－5 所示。

符号表

	符号	地址	注释
1	启动按钮SB1	I0.1	常开触点
2	启动按钮SB2	I0.2	常开触点
3	车行道红灯	Q0.1	HL1、HL2
4	车行道黄灯	Q0.2	HL3、HL4
5	车行道绿灯	Q0.3	HL5、HL6
6	人行横道红灯	Q0.4	HL7、HL8
7	人行横道绿灯	Q0.5	HL9、HL10

用户定义1　POU Symbols

图 3－5－5　符号表

分析按钮式人行横道交通灯的工作过程，可以看出车行道交通灯与人行横道交通灯是并行工作的，车行道允许通行的同时，人行横道禁止通行，反之亦然。将车行道交通灯与人行横道交通灯的运行流程分别作为一个分支，可以绘制出图 3－5－6 所示的步元件为顺序控制继电器 S 的顺序功能图。

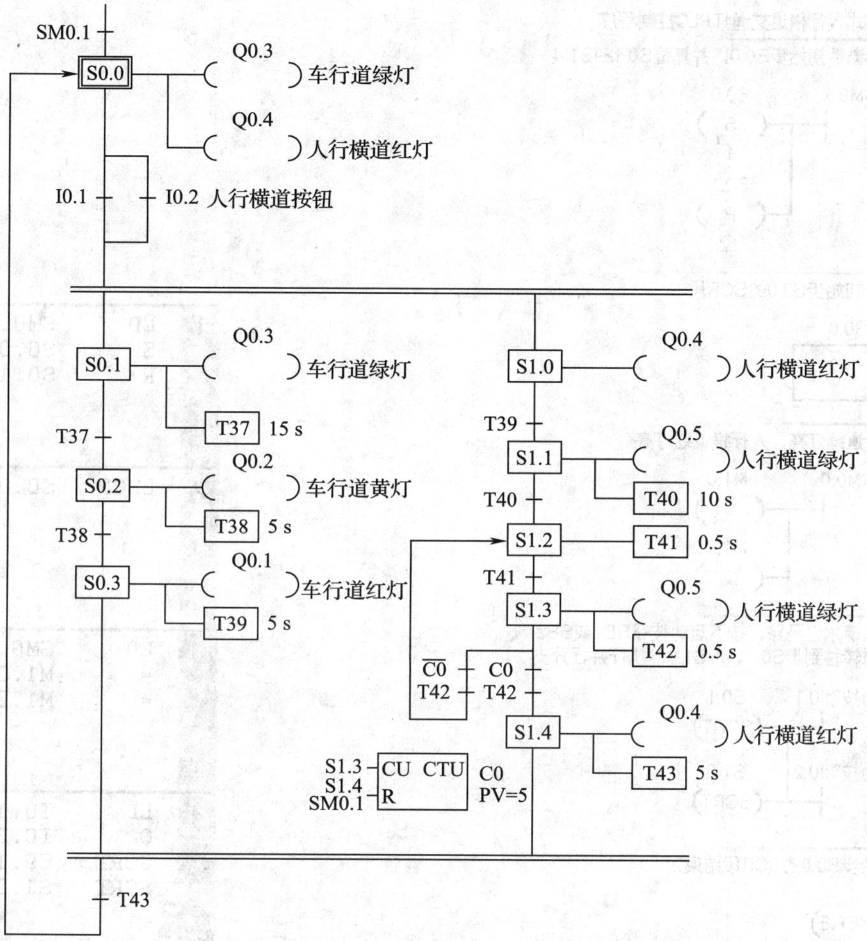

图3-5-6　按钮式人行横道交通灯顺序功能图

小提示

步S1.0转换到步S1.1的转换条件是定时器T39计时5 s到，但是，自按下启动按钮起，步S1.0即人行横道红灯实际上亮了25 s。这是由于人行横道交通灯分支中的步S1.0（人行横道红灯亮）是紧接着车行道交通灯分支中的步S0.3（车行道红灯亮5 s）编程的，而PLC是按照顺序扫描工作方式执行控制程序的。在时间上，PLC先扫描第一分支序列（车行道交通灯分支），接着才扫描第二分支序列（人行横道交通灯分支）。

另外，人行横道绿灯闪烁五次（ON/OFF各0.5 s）是使用定时器闪烁电路和计数器计数组合，通过重复执行步S1.2和步S1.3来实现的。也可以使用周期为1 s的时钟脉冲SM0.5和定时器T37的组合来实现人行横道绿灯闪烁五次的控制，读者可自行设计相应的顺序功能图。

使用SCR指令的编程方法，将图3-5-6所示的顺序功能图改画为图3-5-7a所示的PLC控制梯形图，语句表如图3-5-7b所示。

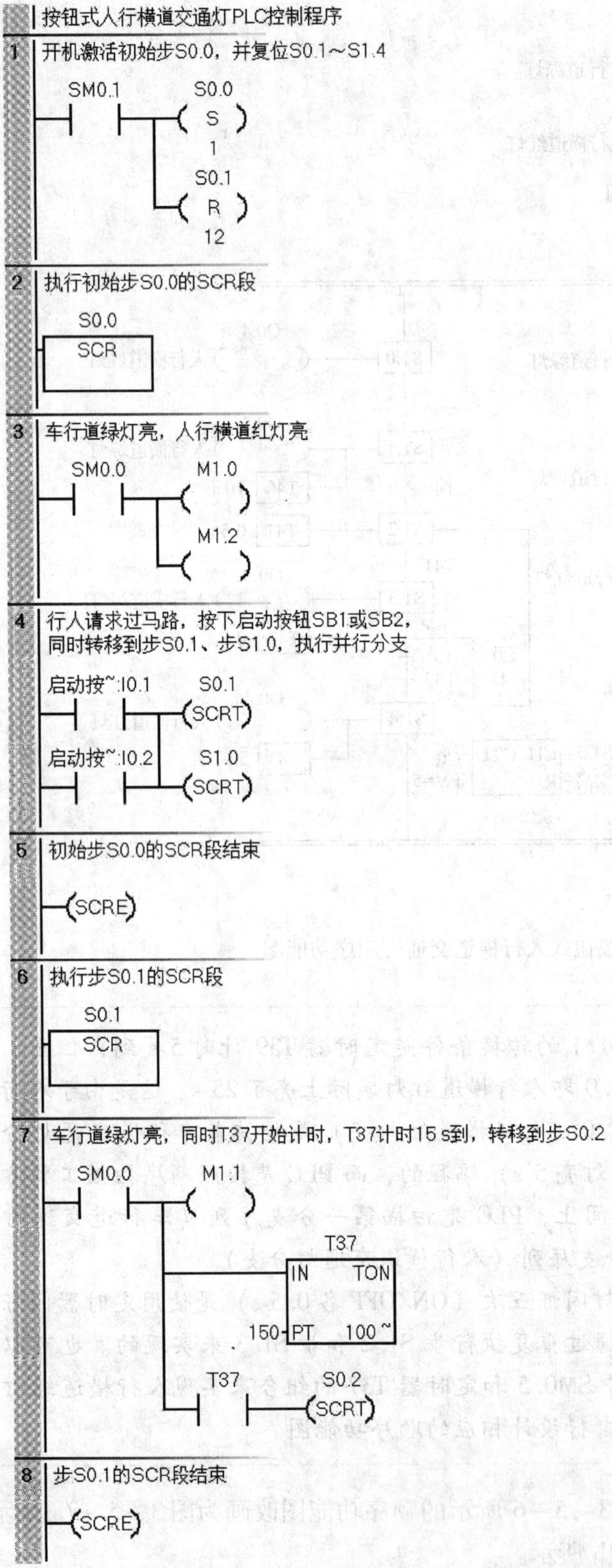


```
1  LD     SM0.1
   S      S0.0, 1
   R      S0.1, 12

2  LSCR   S0.0

3  LD     SM0.0
   =      M1.0
   =      M1.2

4  LD     I0.1
   O      I0.2
   SCRT   S0.1
   SCRT   S1.0

5  SCRE

6  LSCR   S0.1

7  LD     SM0.0
   =      M1.1
   TON    T37, 150
   A      T37
   SCRT   S0.2

8  SCRE
```

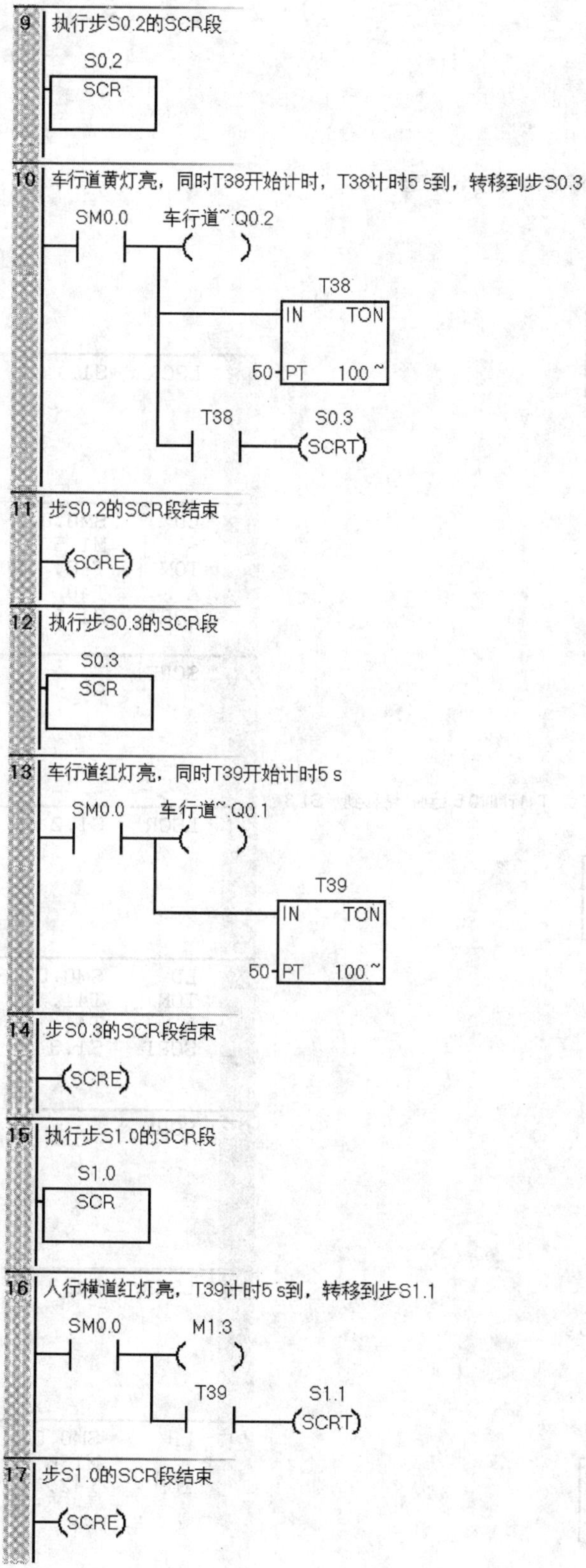


```
9   LSCR    S0.2

10  LD      SM0.0
    =       Q0.2
    TON     T38, 50
    A       T38
    SCRT    S0.3

11  SCRE

12  LSCR    S0.3

13  LD      SM0.0
    =       Q0.1
    TON     T39, 50

14  SCRE

15  LSCR    S1.0

16  LD      SM0.0
    =       M1.3
    A       T39
    SCRT    S1.1

17  SCRE
```

18 执行步S1.1的SCR段

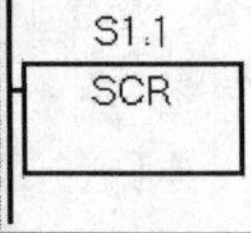

19 人行横道绿灯亮，同时T40开始计时，T40计时10 s到，转移到步S1.2

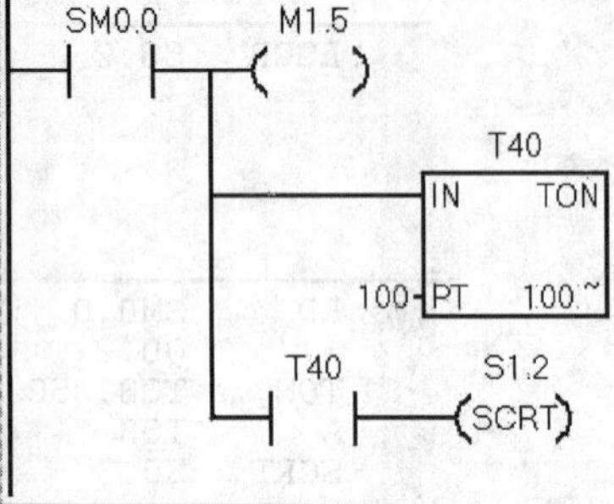

20 步S1.1的SCR段结束

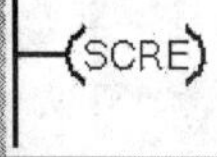

21 执行步S1.2的SCR段

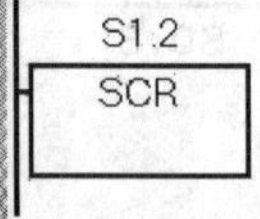

22 人行横道绿灯灭0.5 s，同时T41也计时0.5 s，T41计时0.5 s到，转移到步S1.3

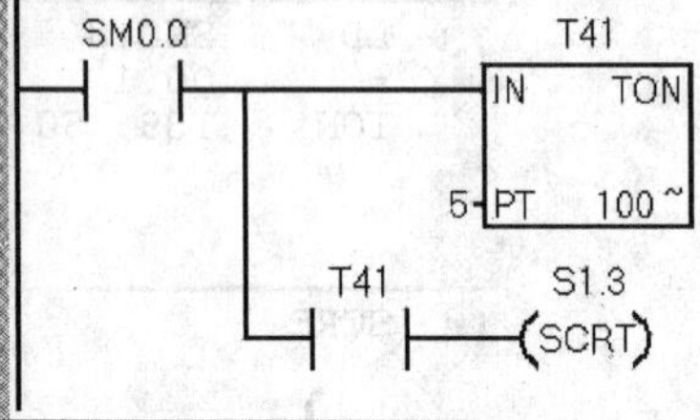

23 步S1.2的SCR段结束

24 执行步S1.3的SCR段

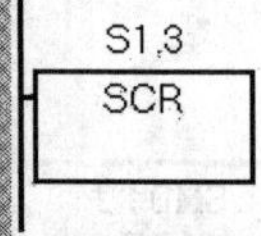

25 人行横道绿灯亮0.5 s，同时T42也计时0.5 s

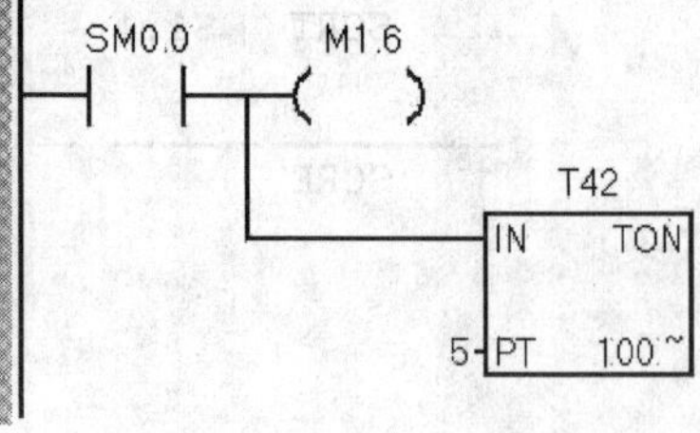


```
18  LSCR    S1.1

19  LD      SM0.0
    =       M1.5
    TON     T40, 100
    A       T40
    SCRT    S1.2

20  SCRE

21  LSCR    S1.2

22  LD      SM0.0
    TON     T41, 5
    A       T41
    SCRT    S1.3

23  SCRE

24  LSCR    S1.3

25  LD      SM0.0
    =       M1.6
    TON     T42, 5
```

26 若人行横道绿灯闪烁不到五次，则返回步S1.2重复执行步S1.2和步S1.3；若到五次则转移到步S1.4

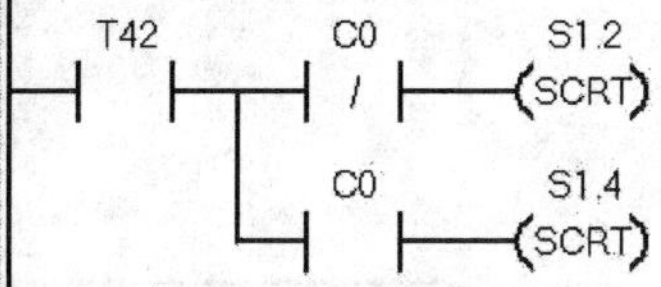

27 步S1.3的SCR段结束

28 执行步S1.4的SCR段

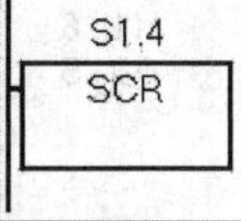

29 人行横道红灯亮，同时T43计时5 s

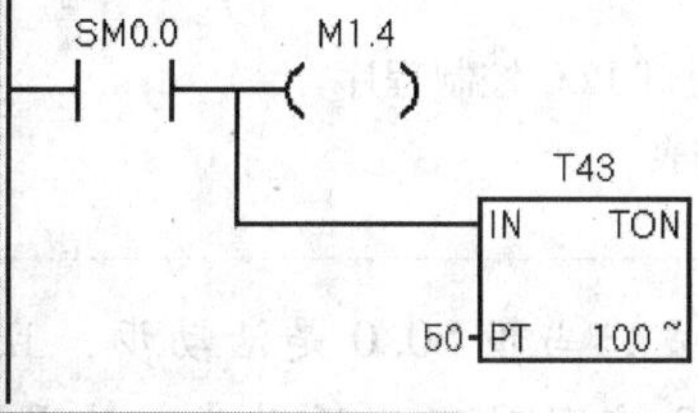

30 步S1.4的SCR段结束

31 人行横道绿灯闪烁五次计数

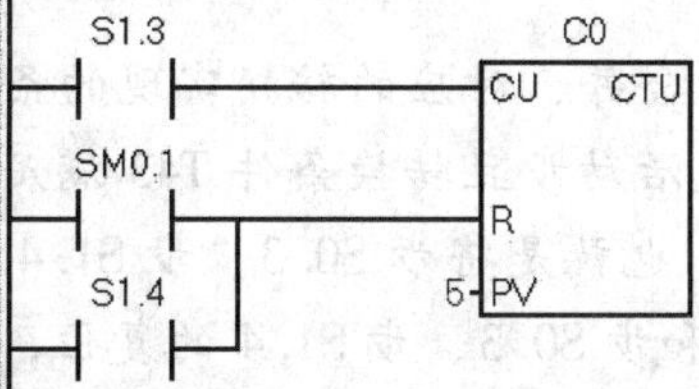

32 两分支完成，即步S0.3、步S1.4都为活动步，且T43计时5 s到，则返回初始步S0.0，步S0.3和步S1.4复位

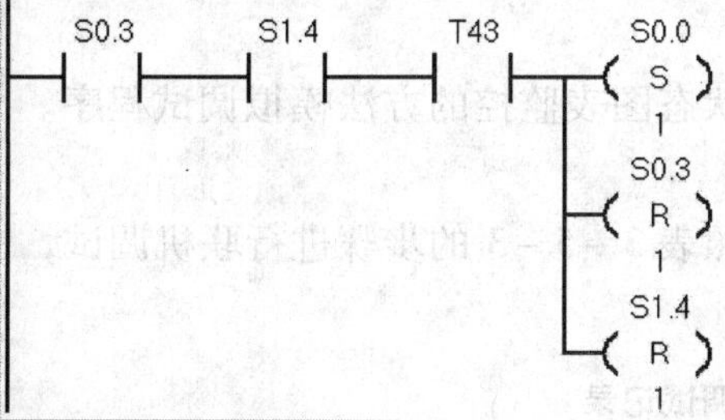

33 车行道绿灯亮（输出）

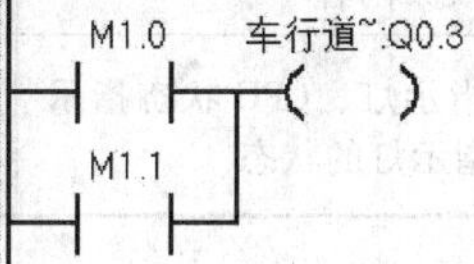


```
26  LD      T42
    LPS
    AN      C0
    SCRT    S1.2
    LPP
    A       C0
    SCRT    S1.4

27  SCRE

28  LSCR    S1.4

29  LD      SM0.0
    =       M1.4
    TON     T43, 50

30  SCRE

31  LD      S1.3
    LD      SM0.1
    O       S1.4
    CTU     C0, 5

32  LD      S0.3
    A       S1.4
    A       T43
    S       S0.0, 1
    R       S0.3, 1
    R       S1.4, 1

33  LD      M1.0
    O       M1.1
    =       Q0.3
```

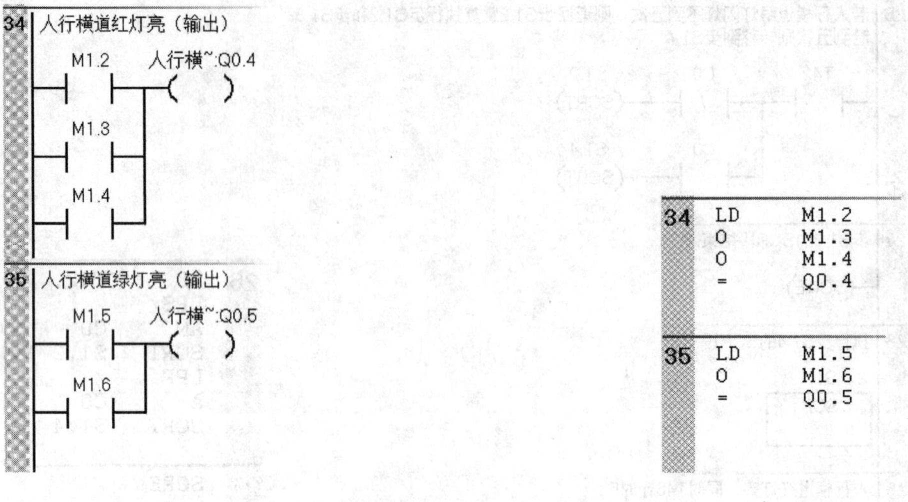

a） b）

图 3－5－7 按钮式人行横道交通灯 PLC 控制程序

a）梯形图 b）语句表

小提示

1. 步 S0.0 后有一个并行序列的分支，当步 S0.0 是活动步，且转换条件 I0.1 或 I0.2 满足时，步 S0.1 与步 S1.0 应同时变为活动步。这是用步 S0.0 对应的 SCR 段中 I0.1 或 I0.2 的常开触点同时驱动指令 SCRT S0.1 和 SCRT S1.0 对应的线圈来实现的。与此同时，步 S0.0 被自动复位，步 S0.0 变为不活动步。

2. 步 S0.0 之前有一个并行序列的合并，对应的转换实现的条件是所有的前级步（即步 S0.3 和步 S1.4）都是活动步且转换条件 T43 满足。由此可知，应使用以转换为中心的编程方法，也就是将步 S0.3、步 S1.4 和 T43 的常开触点串联，来控制步 S0.0 的置位和步 S0.3、步 S1.4 的复位，从而使步 S0.0 变为活动步，步 S0.3 和步 S1.4 变为不活动步。

四、模拟调试

根据顺序功能图，利用程序状态监控或状态图表监控的方法模拟调试程序。

五、联机调试

模拟调试成功后，接上实际的负载，按照表 3－5－3 的步骤进行联机调试，同时注意观察和记录。

表 3－5－3　联机调试记录

步骤	操作内容	观察内容	观察结果
1	合上电源开关 QF1 和 QF2	以太网状态指示灯、CPU 状态指示灯和 I/O 状态指示灯的状态	
2	通过编程软件，将 PLC 置于 RUN 模式		

续表

步骤	操作内容	观察内容	观察结果
3	按下启动按钮 SB1 或 SB2	I/O 状态指示灯的状态、信号灯 HL1 ~ HL10 的点亮情况	
4	15 s 后		
5	再 5 s 后		
6	再 5 s 后		
7	再 10 s 后		
8	再 5 s 后		
9	再 5 s 后		
10	通过编程软件，将 PLC 置于 STOP 模式	CPU 状态指示灯和 I/O 状态指示灯的状态	
11	关断电源开关 QF1 和 QF2		

任务测评

参考表 1 – 3 – 10 进行任务测评。

附　录

编程元件和指令索引

课题/任务	编程指令	编程元件
课题一　可编程序控制器基础知识		
任务 1　初识可编程序控制器		
任务 2　可编程序控制器硬件安装与接线		
任务 3　可编程序控制器编程软件的使用		变量存储器 V
课题二　基本控制指令应用		
任务 1　三相异步电动机单向连续运转 PLC 控制	1. 取指令 LD 2. 取非指令 LDN 3. 与指令 A 4. 与非指令 AN 5. 或指令 O 6. 或非指令 ON 7. 输出指令 = 8. 置位指令 S 9. 复位指令 R	输入继电器 I 输出继电器 Q 辅助继电器 M 特殊辅助继电器 SM
任务 2　三相异步电动机正反转 PLC 控制	1. 与装载指令 ALD 2. 或装载指令 OLD 3. 逻辑进栈指令 LPS 4. 逻辑读栈指令 LRD 5. 逻辑出栈指令 LPP 6. 装载堆栈指令 LDS	
任务 3　三相异步电动机Y－△降压启动 PLC 控制	1. 接通延时定时器指令 TON 2. 断开延时定时器指令 TOF 3. 保持型接通延时定时器指令 TONR	定时器 T
任务 4　声光报警器 PLC 控制	1. 上升沿检测器指令 EU 2. 下降沿检测器指令 ED 3. 增计数器指令 CTU 4. 减计数器指令 CTD 5. 增减计数器指令 CTUD	计数器 C
任务 5　花式喷泉 PLC 控制		
课题三　顺序控制设计法及顺序控制继电器指令应用		
任务 1　液压动力滑台 PLC 控制		